オランダ最新研究

環境制御のための植物生理

Ep Heuvelink　Tijs Kierkels
エペ・フゥーヴェリンク，タイス・キールケルス 著
中野明正・池田英男 他 監訳

Knowledge about plant is basis for successful cultivation

Greenhouse production is strongly driven by technology. But ultimately the crop determines the success of the cultivation. Therefore it's important for the grower and everyone in the horticultural sector to have a good basic knowledge about the functioning of a plant and its response to external influences such as light, temperature, humidity and CO_2.

Ep Heuvelink, associate professor at Wageningen University, and journalist Tijs Kierkels treat these topics in a language that's easy to understand. They provide insight into the latest scientific findings and how the horticultural sector can take advantage of it. Technology and cultivation methods have developed very fast in recent years. All the more reason to take another look at the plant.

原著による著者紹介

植物の身になって考える

“植物はどのように機能していて，生産者としてそれにどのように対処するのか”

エペ・フゥーヴェリンク博士とタイス・キールケルス氏は，2004年からオランダの園芸雑誌『施設園芸』と，その国際版『グリーンハウス』において，植物生理学に関する連載記事を執筆してきた。本書はそれらをもとにまとめたものであり，栽培に関する基礎理論と最新の技術開発に関する記事が一つにまとまっている。そして，施設園芸を営むうえで参考となる実践的な植物生理学のハンドブックとなっている。

エペ・フゥーヴェリンク博士（右）とタイス・キールケルス氏（左）

彼らの文章はいつも，植物の機能がどのようになっていて，それに生産者としてどのように対処すればよいのか，という書き方になっている。読者の反応はよい。それは，生産者の専門知識が広がることによって生産性の改善に役立つからである。また，生産体系全体の大きな枠組みの中ですでに知っていることがより理解でき，面白いからであろう。

植物生理学は施設園芸に活かされている。これは驚くことではない。そして，世界的に見て施設園芸の分野は社会の変化に大きく影響を受ける。たとえば，エネルギー消費の低減への要望は強い。そして，新しい生産システムは，生産者に対して技術革新を起こすことを求めている。たとえば，苗生産量の増加によって新たな苗管理手法，とくに苗の栽培法が必要になってきている。実際，苗市場はますます需要が高まっている。このようなすべての変化に対処するためには，植物の代謝の過程をよく理解し，栽培に関連する要素との相互作用を理解することが必要不可欠になる。

エペ・フゥーヴェリンク博士とタイス・キールケルス氏の取り組みは，農業ジャーナリズムの通常の手法とは異なる。それぞれの記事において，彼らは本質を見極め，多角的な視点で説明を試みている。そして，ペースを落とすことなく，最新の園芸研究の成果を紡ぎつつ，最新情報も組み込んでいる。

この准教授と農業ジャーナリストとの共同作業は名コンビといえる。科学者が内容の正確さを保証し，ジャーナリストが読みやすさを保証する。しかし，分担はそれほど厳密なものではない。ジャーナリストは総説的な記述を得意とする一方で，科学者は複雑な事柄を視覚的に整理することを得意とする。このような共同アプローチによる一連の記事の親しみやすさが評価され，農業ジャーナリズム賞が贈られている。

エペ・フゥーヴェリンク博士は，ワーゲニンゲン大学の園芸生産生理学部のハウス作物に関する生理学およびモデリングの准教授である。彼の研究には，ハウス栽培の省エネルギー，植物の生育と生産に関するシミュレーションモデル，そしてハウス内の環境と生産物の品質との関係に関するものがある。講演者としての依頼も多く，国際会議はもちろん生産者に対する講演会にも幅広く対応している。そして，1985 年から園芸学部の学生の論文指導などを行なっている。

タイス・キールケルス氏はフリーのジャーナリストであり，コピーライターでもあり，著書もある。彼は農業関係の出版社に勤務し，農業関係の組織内でのジャーナリストとして活躍し，園芸学，植物生理学，農業経済，地域開発，自然を専門としている。

エペ・フゥーヴェリンク博士とタイス・キールケルス氏は，農業や園芸を深く学ぶ学生や高い職業教育を受ける学生を対象とし，施設園芸における植物生理学に関するデジタル教材を開発している。

監訳者序文

本書の原書は，植物生理学をオランダの生産者向けに解説したものである。なぜ今，オランダでこのような本が出版されるのであろうか。答えは簡単である。施設栽培において，高品質安定多収をねらうには環境制御が欠かせないツールであり，環境制御を行なうにはその制御の根拠となる植物の生理を理解しておく必要があるからである。高度な施設園芸をさらに発展させようとしている日本においても，大いに参考になると思われる。

2015年8月，著者のエペ・フゥーヴェリンク先生が来日した際に，本書の内容について直接お話を伺う機会があった。とくに，私が驚いたのはその理論と実践の2点である。

まず，理論的には，トマトの収量は200t/10aが可能であるという点である。著者の前著『トマト オランダの多収技術と理論　100トンどりの秘密』（農文協）のさらに上をいく，驚愕すべき数字である。

また，実践面においては，高度な人材育成を志向している点である。華々しく語られることの多いオランダの施設園芸も，さらなる効率化を求められ，厳しい国際化の波にさらされている点は日本と同様である。それでも持ちこたえられるのは高度な人材育成がされているからである。オランダのグローワー（生産者）は本書の内容を十分理解できており，本書はむしろ次世代を担う若者に向けたものであるという。極めて高い水準であり，日本でもそのような人材の育成を急ぐべきであろう。

実際，本書ではかなり高度な知見も含まれ，難解な部分もあるため，農文協編集部と相談して，表現を工夫するとともに，さらに解説をつけることにした。すなわち，原文に記述されている内容を，日本の農業に当てはめたときにどのように考えればよいのかを「まとめと解説」として本文の要約とともに各節の末尾に短くまとめた。さらに補足として,「日本語版のための解説」も加えた。この労については，施設園芸の生産現場をつぶさに見て指導されている，斉藤章先生（株式会社 誠和。），池田英男先生（大阪府立大学名誉教授）にお願いした。

施設園芸分野は，単位面積当たりの収益性が高く，ICT（Information communication technology）や AI(Artificial intelligence: 人工知能)，ロボット技術など，最先端の技術を反映して，飛躍的な効率化が期待される分野である。今後ますます進む，輸入農産物への対抗，少子高齢化により弱体化が懸念される日本農業において，他産業とも連携して新たな強い産業を創る一つの柱となるポテンシャルを秘めている。それには，今後もまだまだ，オランダをはじめとした海外に学び，何よりそれを実践していく必要があると痛感する。本書が，高品質多収をめざす日本型施設園芸の推進の一助となれば幸いである。

農研機構　中野明正

監訳者注

本書でいう「ハウス」とは，基本的に「グリンハウス（Green house）」を指す。グリンハウスとは，植物の機能を最大限に引き出す施設（ハウス）であり，今後の日本の施設生産のモデルとなるような，「高度な環境制御が可能な植物生産施設」という意味である。

日本語では「ハウス」を「温室」と呼ぶことがあるが，温室は一般的に暖かくするための施設を意味しており，「グリンハウス」の概念とは異なる。「グリンハウス」では，暑い夏において，細霧冷房などによって冷やす操作もするからである。

なお，本書中の「ワーヘニンゲン UR」は Wageningen University & Reserch の略で，オランダ・ワーヘニンゲン大学と試験研究機関との統合で設立された共同機関のことである。

目次

第1章　植物の機能

細胞……6
DNA……10
光合成……14
CAM植物……18
パプリカのシンクとソース……22
光合成産物の分配……26
呼吸……30
ホルモン……34
蒸散……38
気孔……42
糖輸送……46
生物体内時計……50
最適葉面積……54
潜在的な収量……58
品質管理……62
種子生理……66
繁殖……70
台木……74
根……78
分枝……82
開花生理……86
単為結果……90
植物の移動……94

第2章　植物の環境反応

光……100
光質……104
光進入……108
温度……112
積算温度……116
コンパクトな鉢花……120
温度感受性……124
CO_2……128
根圏環境……132
次世代型栽培……136
省エネルギー……140
蒸散の抑制……144
オランダにおける秋の生産低下……148
〈日本語版のための解説その1〉……152

第3章　養分の役割

EC……156
健全な根……160
窒素……164
リン……168
カリウム……172
カルシウム……176
カルシウムの分配……180
マグネシウム……184
硫黄……188
ケイ素……192
鉄……196
〈日本語版のための解説その2〉……200

第4章　植物の防御と生産物の品質

ウイルス……204
糸状菌……208
SOSの香り……212
収穫後の品質……216

第1章

植物の機能

細胞：植物の一番小さな構成要素

工場(＝細胞)での生産においては，高レベルの体制が求められる

細胞は，植物のもっとも小さい基本的構成単位である。施設園芸で用いられる多くの栽培技術や環境制御は，植物の細胞のレベルで効果を及ぼしている。そのため細胞の機能に関して知ることは，植物を栽培するうえで大変役に立つ。細胞の構成要素であるオルガネラ（細胞小器官）は奇妙な名前が付いていて，それぞれの役割も理解しやすい。ここでは，細胞をよく理解するために，工場にたとえながら説明を行なうことにする。

工場での生産では，高レベルの組織化が求められる。原料が届き，厳しくチェックされ，中間製品もしくは最終製品として加工され，梱包され，運び出される。工場間では，仕事を整理するために調整が必要となる。当然のことであるが，すべてのことを問題なくスムースに動かすため，事務が存在する。工場と同じような組織や機能が，植物細胞内でも見られる。

外側と内側のバリア（細胞膜）

工場（＝細胞）の境界は細胞壁と呼ばれる。細胞壁はセルロースやリグニンといった物質で構成されており，それらはともに細胞の形を保持する役割を担っている。細胞壁を抜けると，ポーター（運搬係）とレセプション（受付）エリアに到着

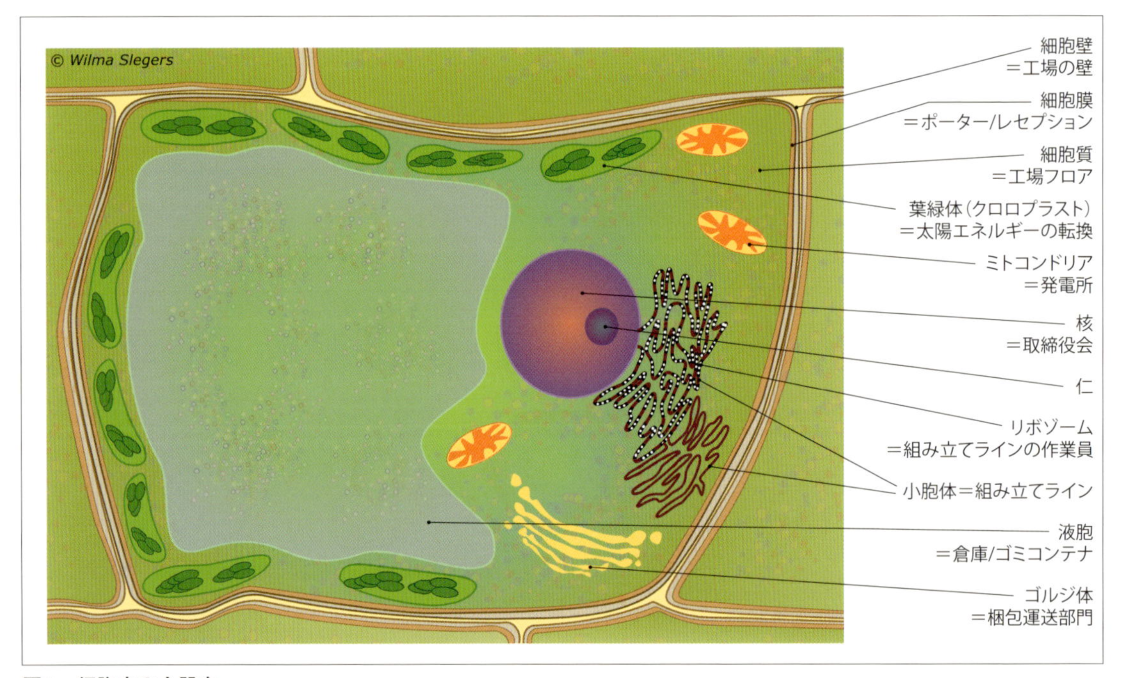

図1　細胞内の小器官

する。これが細胞膜と呼ばれるもので，外側と内側のバリアとなっている。細胞膜は，ドアマンのように，細胞の中に入る物質（カリウムやカルシウムなど）を選択する。さらに，いくつかの物質は，細胞で生み出されるエネルギーを使用して，能動的に流入もしくは流出する。細胞膜は，情報伝達部門（少なくともその一部）にもたとえることができ，細胞が外部と接触する場所でもある。細胞膜中には，外の世界の情報を受け取る多様な種類のレセプター（受容体）が存在する。

細胞が老化すると，たとえば生産物が収穫された後のように，細胞膜から細胞内の物質が漏出し始める。そのことは多くの問題の原因となる。通常は外部に存在している物質が細胞中に入ることにもなり，それは細胞死を導くさまざまな種類の制御不可能な反応を引き起こす。このことは生産物の品質に深刻な影響をもたらす。

葉緑体

工場においてフロアにあたるものが，細胞においては細胞質である。細胞質は，細胞中の流動体であり，その中には細胞小器官が浮遊している。細胞質は水，分子，そしてタンパク質のような多くの異なる化合物から構成される。細胞質はまた細胞小器官の間の物質輸送をも担っている。

細胞中の生産過程は，太陽エネルギーによって動いている。植物は，太陽エネルギーを化学エネルギーに変換できる小さな器官を持つことで，ほかの生物と区別される。このエネルギー変換，すなわち光合成によって，植物はエネルギーを貯蔵でき，後の生産過程でそれを利用できる。この役割を担う細胞小器官は葉緑体と呼ばれる。顕微鏡で見ると，葉緑体はコインを積み重ねたような層状の構造を含む姿をしていることがわかる。この層状構造はチラコイドと呼ばれるもので，そこで光合成が行なわれている。奇妙なことであるが，葉緑体はデンプンの貯蔵場所としても利用される。葉緑体内がデンプンでいっぱいになると光合成は抑制され，葉緑体は倉庫のようなものに変化する。

発電所（ミトコンドリア）

細胞（工場）は，生産のためだけではなく，細胞の維持や分裂，呼吸のためにもエネルギーを必

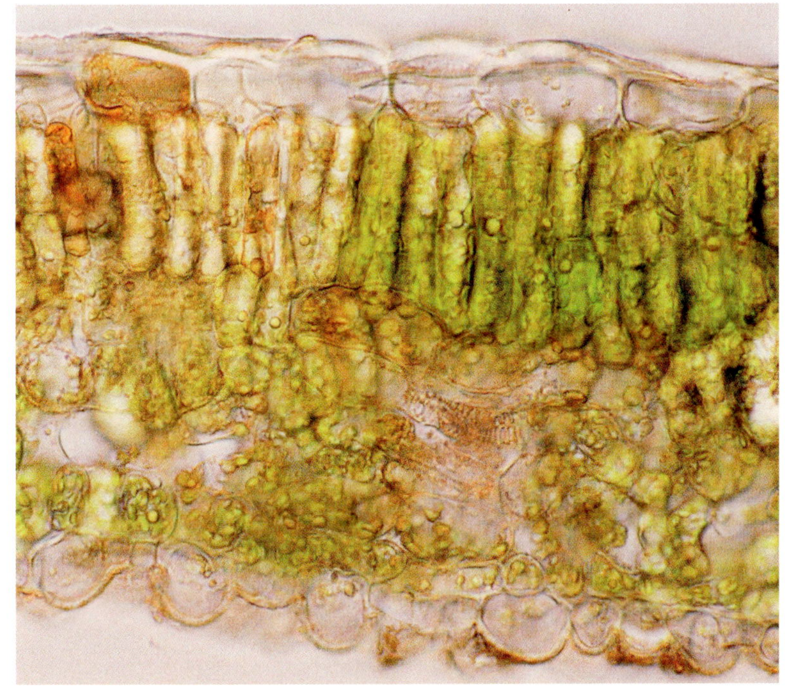

写真1　葉の横断面。十分生育した葉の中では，すべての細胞が，防御，光合成，輸送などの独自の機能を獲得している。それぞれの細胞はすべて同じ遺伝子を持っているが，いくつかの遺伝子のスイッチが「オフ」になっているため異なる発達をする。

要とする。細胞の中で発電所（細胞内のエネルギーを生み出すところ）にあたるのがミトコンドリアである。ミトコンドリアは，貯蔵された化学エネルギーを使用する。

葉緑体とミトコンドリアは似た特徴を持っている。両方とも遺伝情報を伝える独自のDNAを含んでいる。このことは，葉緑体とミトコンドリアはもともと独自に生活するバクテリアだったことを示している。遠い昔に，これらは初期の植物の中に共生関係として取り込まれ，その後，独立して生きることはできなくなっている。

組み立てライン（小胞体）

細胞（工場）の組み立てラインは，小胞体と呼ばれる。小胞体は細胞の中では大きな器官であり，細胞質内でジグザグに折りたたまれた形をして，細胞核とつながっている。核の近くにあり，表面が粗く見える。これはタンパク質を作る組み立てラインの作業員に相当するリボゾームが，表面に存在するためである。リボゾームは核の中の仁で生産される。表面が滑らかな小胞体の部分にはタンパク質が一時的に貯蔵される。タンパク質を含んだ小胞体の断片は切り離されて，ゴルジ体へ運ばれる。ゴルジ体は，工場（細胞）の梱包と輸送を担う部門である。材料が取り込まれ，ほかのプロセスを経て，再び運び出される。

多くのタンパク質は細胞膜へ運ばれる。なぜなら，細胞膜は細胞の機能を恒常的に維持するのに必要だからである。ゴルジ体はまた細胞の外に向けた物質，たとえば，植物体のほかの場所で効果を示す植物ホルモンなどを生産する。

倉庫（液胞）

細胞の構成要素は，顕微鏡を通してのみ見ることができる。最初に気付くものが液胞である。なぜなら，それは細胞内の多くのスペースを占めているからである。液胞は，水やイオン，廃棄物などの倉庫である。植物の硬さは液胞に依存する。液胞が十分な張力を持っていない場合，しおれが起きる。カリウムが細胞外から細胞質内へ，そこから液胞内に輸送されるため，気孔の孔辺細胞は，光やCO_2濃度，湿度などの変化に速やかに反応できる。気孔の孔辺細胞は多くの水を取り込んで膨圧を上げたり，もしくは逆に水を吐き出して膨圧を下げたりして，気孔の開閉を調整している。液胞は，カリウムの倉庫としても重要な役割を持っている。

細胞で有用な物質を生産する場合，工場の生産と同じく，ゴミ＝廃棄物が出る。廃棄物は液胞に集められる。植物は廃棄物を取り除くとき，それを葉の液胞内に貯蔵し，落葉することで植物体から離し，土に落とす。

生産過程の調整

細胞内での複雑な生産過程には，調整が必要である。これを行なう，すなわち会社の取締役会にあたるのが，細胞核である。細胞核はDNAとして遺伝情報を有している。DNAは植物体を構成するすべての細胞で同じであるが，植物の細胞は同じ機能を持っているわけではない。これは，遺伝情報のすべてが各細胞の中の生産過程で翻訳されているわけではないからである。いくつかの遺伝子が「オン」となり，ほかの遺伝子は「オフ」になっている。DNAの中の適切な情報を持つ領域の近くにスイッチが存在する。最近の研究では，分子生物学の技術を使うことによって，どの遺伝子が働いているか調べることが可能となり，いろいろな生理現象がどのような遺伝子が原因であるのか解明されつつある。

植物の生長点で新しい細胞が誕生したとき，その細胞はまだ未分化の状態にある。それは輸送細胞「導管」や，おもに光合成や蒸散を行なう葉の細胞や，貯蔵細胞になることもできる。それぞれ専門の細胞に分化するためは，適切な遺伝子がオンオフするように調節される必要がある。ここでは，植物ホルモンが重要な役割を果たす。同様に，植物自身が生産する糖も同様な役割を果たしている。細胞が分化する過程はまだ十分には解明されておらず，植物学の最前線となっている。

脱組織化

植物の中の何百万という細胞は，器官や組織を構成している。細胞が互いに接しながら同調して働くためには細胞間の適切な情報伝達が必要となる。植物ホルモンは細胞への情報の運び屋としての役割を果たしている。

細胞の分化が突然逆になることもある。たとえば，植物から切穂を取ったとき，新しい挿し木には根が必要になる。挿し木の基部に未分化の細胞塊（カルス）が形成され，その後，茎の中で分化した細胞に変わり始める。この現象は，生長点で起きている器官分化と異なる。新しい組織が形成されるためには，塊状の組織であるカルス形成が必要となる。このように，植物細胞は完全に未分化な細胞に戻るような極端な状況にも反応できるようになっている。

まとめと解説

植物を育てるうえで細胞の働きを理解することは基本である。細胞＝工場の概念で，きれいに整理整頓された生産性のよい工場＝細胞が生育にとって大事であることを説明している。葉の細胞内の葉緑体は光合成を行なうため，その働きを理解することは重要である。生長するには，細胞が分裂して伸長することが必要で，そのためにはエネルギーも必要となる。細胞小器官＝工場の各部署の機能を理解することで，細胞の働きや植物の生長への理解が深まり，適切な栽培管理の習得につながる。

すべての細胞は同じ遺伝情報を有する

DNA：植物体内のすべての代謝過程のレシピ本

DNA は，しばしばブループリント（青写真）と呼ばれる遺伝情報の運び手である。しかしレシピ本という言葉のほうが，よりよく表現している。それは，植物が条件の変化にどのように反応できるかを説明している。植物育種家は，DNA 中の自然変異を利用している。そして，遺伝子組み換えという手法は，育種を容易にする。

DNA は Deoxyribonucleic acid（デオキシリボ核酸）の略であり，生命のミステリーと呼ぶにふさわしい。DNA 中の塩基の配列が，すべての生命の膨大な多様性を決定している。塩基は，グアニン（G），シトシン（C），アデニン（A），チミン（T）の 4 種類である。遺伝子は，これら 4 種類の塩基の配列（たとえば AAGCTTACC）によって決められている。

長いらせん階段

DNA は，多くの場合，非常に長いらせん階段（二重らせん構造）として示される。階段の手すりと柵にあたるのが，糖とリン酸である。階段の踏み板部分は塩基である。塩基は，酸性分子と共有することができる自由電子対を有する分子である。

写真 1　育種で交配すると，遺伝素材は花粉親（父株）と種子親（母株）の二つに由来し，新しい二倍体の遺伝子セットができる。組み合わせは自然に任されるため，育種家は望ましい形質が子孫に受け継がれるかどうか人為的にコントロールできない。

これらの塩基は常に同じペアで結合しており，AとT，CとGが対になっている。

遺伝形質が発現するためには，遺伝子が読み出し可能な状態になる必要がある。塩基は互いに離れて，遊離した鎖になることができる。その後，遺伝子コードを精密にコピーするメッセンジャーRNAが形成される。このメッセージはリボゾームに送られ，そこで翻訳されてタンパク質が作られる。

研究者はしばしば遺伝子が，たとえば菌に対する耐性を，エンコード（記号化）しているという。しかし厳密にいえば，遺伝子はただ植物の構成要素であるタンパク質のアミノ酸の配列をエンコードしているだけである。

遺伝子の塩基配列がタンパク質のアミノ酸の配列を決め，タンパク質を形成している。これは非常に簡単な記号である。たった三つの塩基の組み合わせ（たとえばAAC）が，20種類のアミノ酸の中から配列するアミノ酸を決める。タンパク質中のアミノ酸の配列は，タンパク質の折りたたみ方法を決定している。折りたたまれてできあがる立体構造は，タンパク質（酵素）の運命を決定する。翻訳の小さなミスによって，機能が完全に無効化（失活）する可能性もある。

同じ遺伝情報

すべての細胞は同じ遺伝情報を持っている。たとえばトマトの葉の細胞には，花や果実の形成に必要なすべての情報が含まれている。このことは，葉の断片から取られた組織をもとにして，完全な植物体が形成できることから容易に理解できる。

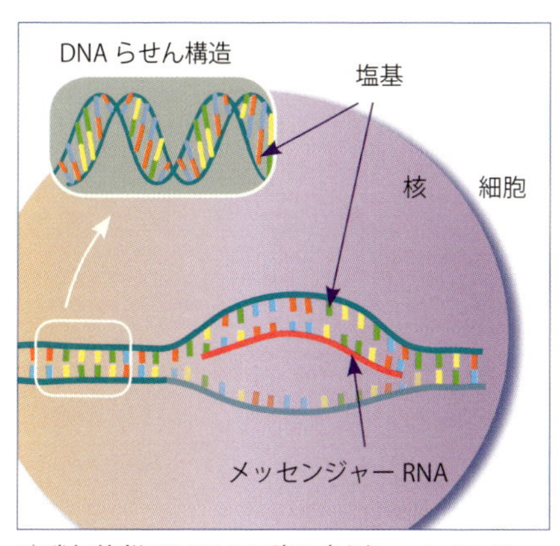

1）遺伝情報がDNAから読み出され，メッセンジャーRNAに転写される。

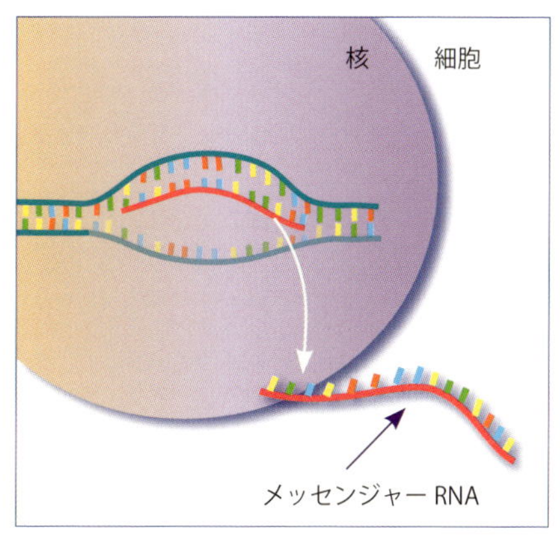

2）メッセンジャーRNAは核から離れ，リボゾームに移動する。

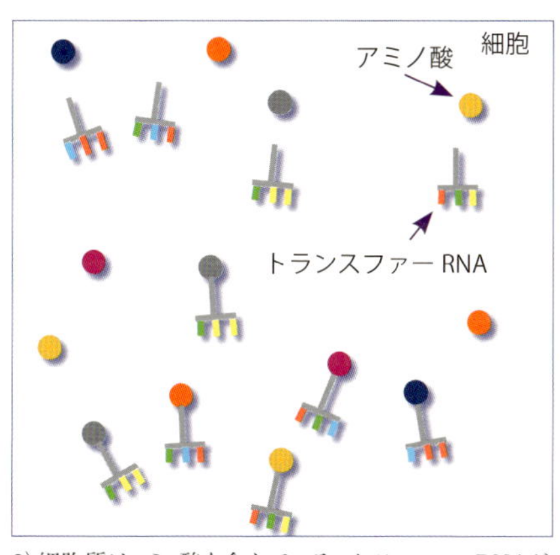

3）細胞質はアミノ酸を含んでいる。トランスファーRNAがそれらをリボゾームに運ぶ。

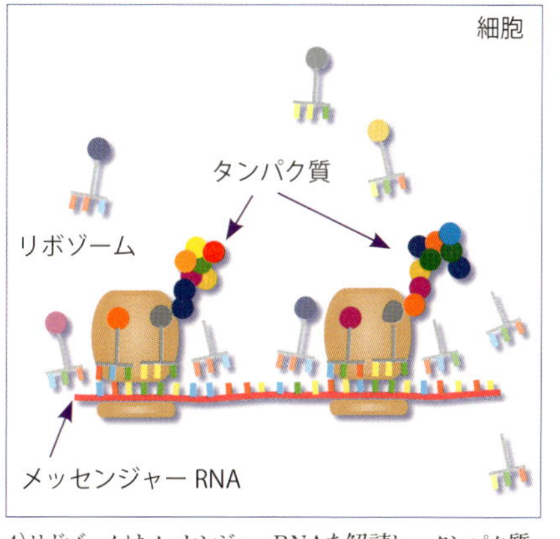

4）リボゾームはメッセンジャーRNAを解読し，タンパク質（たとえば酵素）を形成するためアミノ酸を結合する。

図1　DNA転写

Text: Ep Heuvelink (Wageningen University) and Tijs Kierkels
Images: Wilma Slegers and Marleen Arkesteijn

どのようなしくみで，葉の細胞はいつまでもそのままの状態を保ち，突然に花や果実にならないのだろうか？　これはほとんどすべての遺伝子が「スイッチオフ」になっているからである。DNAは折りたたまれて，核の中に配置されている。遺伝子が解読されるには，迅速にアクセス可能である必要がある。制御タンパク質がこのことを行なっていて，いわば遺伝子のスイッチを入れる役割を果たしている。スイッチが入る刺激は，たとえば，気象のような外部環境や植物ホルモンなどである。

DNAの大多数は，何の遺伝情報も持たないことが明らかである。それはジャンクDNAと呼ばれる。ヒトでは，総DNAの97％がこれにあたる。

植物独自の性質は，DNAが細胞核だけでなく細胞のエネルギー工場である葉緑体やミトコンドリアにも存在することである。たとえばトウモロコシの場合，細胞核は3万，葉緑体は125，ミトコンドリアは40の遺伝子を有している。このことは，これらの細胞小器官はもともとバクテリア由来で取り込まれたものであるという理論を支持しており，現在の植物がそれなしにはもはや生きられないような共生関係に最終的に至ったことを示している。

DNAダメージによる変異

DNAは，二重らせん構造によって安定的な状態に保護されているが，紫外線照射などでダメージを受けることがある。これが変異の原因であり，大多数の場合にはDNAの機能不全をまねく。しかし，ごくまれに，新しい性質が創造される。ハウス内において，すべて白のキクであるはずなのに，突然1本だけピンクのキクが出現するような現象を引き起こす。これは，色に対応する遺伝子の突然変異の結果である。しかし，一つの遺伝子の変異で形質が変わることはまれで，ほとんどの形質は複数の遺伝子が関与している。たとえば，収量はとても複雑な形質であり，1個あるいは数個の遺伝子変異によって劇的に増加することは不可能である。

育種家は，植物形質の自然変異を活用し，交配するためのもっとも望ましい形質を選択する。ときどき彼らは，有用な形質変異を誘導するため，遺伝資源の素材に故意にダメージを与える。

育種は時間がかかる

育種の可能性を述べる前に，初めに染色体について理解しなければならない。染色体はDNAにより作られており，遺伝物質の担体である。通常，細胞中の遺伝情報を有した染色体は2対（二倍体）あり，一方は母方，もう一方は父方由来である。しかし，父方の花粉や母方の卵細胞は減数分裂を経た一倍体（半数体）であり，1セットの染色体のみを持っている。この1セットの中の遺伝子が母由来か父由来かはまったくの偶然である。

交配時，すなわち卵細胞の受精時には，両親由来の遺伝物質が一つの新しい遺伝子対（染色体）を作るのである。両親の望ましい形質が子孫に受け継がれるかどうかを，育種家はコントロールできない。この理由として，第一に，母方もしくは父方の有用な形質が，1セットの染色体になったときに継承されず，遺伝しない可能性がある。第二に，遺伝子には優勢遺伝子と劣勢遺伝子があり，優勢遺伝子は発現するが，劣勢遺伝子は発現しないという性質がある。有用な形質が優性遺伝子である場合，劣勢遺伝子同士の組み合わせとなると，その形質は遺伝しない。第三に，遺伝は単純でないことがある。ときどき両方の遺伝子が発現する。さらに，多くの形質は，複数の遺伝子の協調した働きによって制御されている。このようなことから，有用な遺伝子を集めて新品種を作る育種という作業は，とても時間がかかることになる。

遺伝子組み換え

もし病気に耐性のある変異体を偶然見つけるとしたら，それを用いて優良な品種を作り出すまでには膨大な時間が必要となる。よく知られている方法は，野生の変異体を現有の品種あるいは親系統と交雑することや，選抜後代（耐病性が遺伝している）と交雑することであるが，営利栽培可能な品種にするには大変な時間がかかる。この過程は，通常数年の期間を要する。

そのため，目的とする遺伝子のみを「切り貼り」

できることは，とても魅力的である。野生の変異体から耐病性の遺伝子（もしくは遺伝子群）を取り出して，現有の品種の中で正常に働くように組み込む必要がある。これが遺伝子組み換え技術である。植物育種では，遺伝子組み換えはおもに根頭癌腫病菌（アグロバクテリウム チュメファシエンス）を利用して行なう。このバクテリアは，瘤を作るために，植物の中に自然に遺伝子を導入する。育種家はこの性質を遺伝子組み換えに利用する。望ましい遺伝子を最初にアグロバクテリウムに導入し，それを植物のDNAに運ぶのである。

遺伝子組み換えに関する議論

遺伝子組み換えに関しては，有用性や安全性などいろいろな点において多くの意見がある。植物育種的には，遺伝子組み換えは，伝統的な交配よりも安全性が低いといわれる。しかし，植物の野生変異からの遺伝子を，遺伝子組み換えによって植物に導入することは実質上安全である。遺伝子組み換えでは，組み換えた遺伝子が明らかになっているので，何が変化しているのか正確に知ることができるが，通常の交雑の場合には，何の遺伝子が原因で変化したのかを知ることはできない。一方，植物以外の外来遺伝子（たとえばバクテリアや動物由来の）導入の場合は状況が異なる。このような状況は自然界において通常は起きず（もしくは大変まれであるので），最終的な結果がどうなるか予測不可能となる可能性が増大するからである。

まとめと解説

植物の生理現象は，関連する遺伝子が発現し，酵素が合成され，その酵素が働くことで，細胞が物質を合成したり輸送したりして，工場のように働くことで生じている。そのおおもとは核の中にあるDNA配列であり，さまざまな刺激により，オンやオフになる遺伝子である。施設園芸での栽培技術は，環境制御やホルモン剤などで，作物に適切に刺激を与えて，作物の中の遺伝子をいかに適切に発現させるかということから成り立っている。また育種をするうえで，遺伝やDNA，遺伝子の理解は必須である。遺伝子組み換えに加え，ゲノム編集のような新しい技術も応用されつつあり，今後，どのような方向で新しい品種を作出していくのがよいか，社会的によく議論することが必要である。

ハウス内の植物は化学工場である

光合成：すべての生産の基本

ハウス内のすべての植物はまさに化学工場といえる。光合成は，すべての生産の基本であり，その過程は複雑なシステムである。光合成は魅惑的な現象であるが，その多くの過程を人為的に効率よく再現することはできない。皮肉にも，重要な物質であるルビスコのような酵素は，その性能がよくないためか，大量に作られ，葉中に存在する。それらの性質が徐々に明らかになっている。

光合成は，植物をほかの生物と区別するものである。太陽からの光を用いて，植物はCO_2と水を自らの食料に変える。そのようなことは地球上のほかの生物（一部のバクテリアや藻類を除く）には不可能であり，みな植物が生産したものに依存している。植物はそのため地球上のすべての生命の源となっている。石炭やガス，石油といった化石燃料でさえ，数百万年前に植物によって獲得された太陽光エネルギーといえる。

写真１　植物は自分の食料を太陽からの光エネルギーを利用してCO_2と水から作る。植物は地球上の生命の源である。

放射エネルギーの変換

われわれがふつう光合成といっているのは，じつは二つの反応（光エネルギー変換反応と炭素同化反応）からなるものである。最初の光エネルギー変換反応は，もう片方の反応であるCO_2と水から糖を合成する炭素同化反応に必要なエネルギーを供給する。エネルギー会社の説明のように，エネルギーは「生産」されていないことを明確にすることがまず必要である。エネルギーはすでに存在しているため，利用するためには利用できる別の形に変換することが必要となる。植物体内では，太陽からの光エネルギーを化学エネルギーに変換することで，植物体内において利用できるエネルギーへ変換している。緑の葉には葉緑体があり，その中には光合成に関連する二つの経路があるが（光化学系ⅠとⅡ），それぞれはクロロフィルを含むタンパク質の複合体である。これらのシステムの中で光エネルギーは，電子を高エネルギーレベルである励起された状態に活性化する。電子は負電荷した小さな粒子であり，それは通常原子の構成要素である。電子はまた電気ケーブルの中で電流を形成し，それはマイナスからプラスへ流れる。この高いレベルのエネルギー状態は不安定であり，10億分の１秒間しかもたずに，次の三つになる可能性が考えられる。

第一の可能性は，生産者によってもっとも都合がよいことで，高エネルギーの励起状態の電子は，最終的にエネルギーキャリアであるATPとNADPHを生じる反応として利用される。

第二の可能性は，励起された電子のすべてが化学反応で使用されるわけではないので，一部は元のエネルギーレベルに戻り，そのエネルギーは葉の中で温度を上げる熱エネルギーに変換される。

第三の可能性は，励起された電子が，エネルギーが中間のポジションに戻り，蛍光として測定できる光として放出されることである。

もちろん生産者としては，できるだけ第一の可能性となることが望ましい。最適な生産条件下では第一の可能性が起きている。葉から多くの蛍光が出ている場合，植物は最適に機能していないことを示している。

大気からの CO_2 固定

もし太陽光エネルギーが，そのキャリアであるATPやNADPHに化学的に蓄積されている状態なら，光合成の第二の反応を開始することができる。それは大気からの CO_2 の固定である。しかし，葉は CO_2 を取り込むために，いくつかのハードルを越えなければならない。

第一のハードルは，葉の周りの停滞した空気の層（葉面境界層）である。葉面境界層が厚くなると，CO_2 を取り込むときの抵抗が強くなる。葉の周囲の空気の流動は，この層を薄くし，CO_2 がその層を通過するのを容易にする。CO_2 は，光合成のために葉の中に入らなければならないが，気孔が第二のハードルである。CO_2 が気孔を通過できるかどうかは，気孔開度に依存する。気孔を通過した CO_2 は細胞内に入り，溶解した状

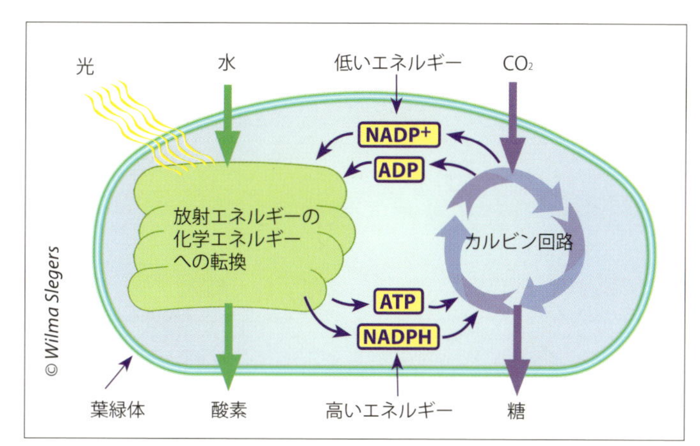

光合成を行なう葉緑体中の二つのプロセス

図1　光エネルギー変換反応と炭素同化反応

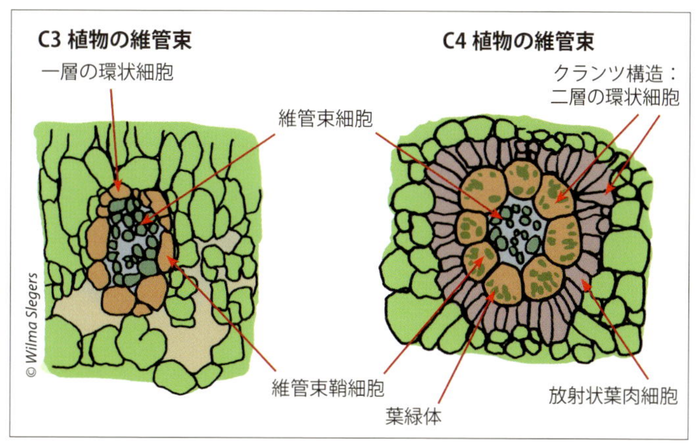

C4植物は顕微鏡下で識別することは簡単である。なぜならそれは，クランツ構造と呼ばれる二層の細胞を維管束周辺に持っているからである。C4植物の光合成はここで行なわれる。

図2　C3，C4植物における光合成過程

写真2　蛍光は光合成の効率を示すことができる。蛍光センサ（クロロフィル蛍光測定装置）を用いることで光合成の効率を測定できる。

Text: Ep Heuvelink (Wageningen University) and Tijs Kierkels
Images: Wilma Slegers

態で葉緑体へと運ばれる必要があるが，これは第三のハードルとなる。

地球上でもっとも重要な酵素

葉緑体内で，CO_2 はルビスコと呼ばれる酵素によって同化反応に取り込まれる。もし地球上でもっとも重要な酵素に与えられる賞があるとするなら，ルビスコはそのよい候補だろう。この酵素は光合成の中で中心的な役割を果たしており，地球のほとんどのバイオマスはこの酵素のお世話になっている。しかし，審査員のレポートは大変重要な注釈を含むこととなる。じつはルビスコは明らかに非効率であるということである。ルビスコは CO_2 と酸素の区別ができない。もしルビスコが CO_2 を固定すると「光合成」が起こる。しかし，もしルビスコが酸素を固定した場合には，植物は貯蔵した栄養を「光呼吸」に利用してしまう。これは植物の生産には望ましくないことである。

カルビン・ベンソン回路

すべてがうまく運べば，CO_2 は水と一緒にカルビン・ベンソン回路として知られる一連の反応系で糖に変えられる。糖は CO_2 や水より高いエネルギー値を有するので，糖を合成するためにはエネルギーがさらに加えられる必要がある。そのエネルギーは，上述のエネルギーキャリアであるATP と NADPH からくる。

形成された糖の一部はデンプンに，また別の一部はスクロース（ショ糖）に変わり，植物の輸送システム（師管）に入る。デンプンは食料備蓄として役立ち，植物は夜間にそれを利用する。もしスクロースの転流がスムースにいかないと，過剰なデンプンが葉緑体にたまることになり，葉緑体の正常な機能は妨げられる。たとえば，トマトでは 24 時間日長に置かれた場合，葉に障害が生じる。このような場合，最低 6 時間くらいは暗期にしたほうがよいということになる。

C4 植物

暑く乾燥した条件では，ルビスコの非効率性がトラブルの原因になる。それゆえ，このような条件で生育している植物は，異なる光合成のしくみを発展させた。これらの植物は C4 植物と呼ばれている。通常の植物は C3 植物と呼ばれ，ルビスコが三つの炭素原子の分子を利用するのに対し，C4 植物では最初に四つの炭素原子を持つ分子の中に CO_2 を組み込む。

C4 植物では，CO_2 を取り込んだ化合物は，葉の維管束周辺の特別な細胞に運ばれる。ここで CO_2 は再び放たれ，通常の光合成反応が行なわれる。この細胞は葉のより中心的なところにあるため，そこにはほとんど酸素が存在せず，ルビスコにおける CO_2 と酸素の競争が少なくなる。そのため，C4 植物は強光と高温下での光合成において，C3 植物より効率的である。一方，温度が低い条件では，光合成に余分なステップがなく，余分なエネルギーを使わない C3 植物のほうが有利である。

数千の C4 植物が同定されているが，そのほとんどは施設園芸とは関係ない。C4 植物には，トウモロコシやサトウキビなどの多くの熱帯の草本，ネリネやアガパンサスのようないくつかの球根植物，トウダイグサやイチビなどの 2，3 の鉢植え植物などが含まれる。

C4 植物は，顕微鏡下であれば，葉の横断面の特徴的な形態を調べることにより，簡単に識別可能である。二つの細胞のリング（維管束鞘細胞）が維管束の周辺を取り囲んでいる。

極限環境

CAM 植物は，砂漠などの極限環境への対応において，さらに先を進んでいる。CAM 植物は C4 システムにより CO_2 をすばやく固定するが，それは夜間にのみ行なっている。砂漠に生える CAM 植物にとって，昼間 CO_2 の取り込み口である気孔を開けることは，蒸散を許容して脱水を引き起こすことになり，危険な状態を引き起こす可能性がある。CAM 植物は昼間は気孔を閉じて，夜間にため込んだ CO_2 を利用して光合成を行なっている。光合成は光が必要なので，昼間行なう必要がある。

しかし CAM 植物はあまり効率的ではない。

CAM植物はとてもゆっくり生長する。なぜなら，夜に気孔を開きC4システムでCO_2を蓄積するからである。CAM植物はすぐCO_2を使うことはできず，取り込んだCO_2は短期間で倉庫いっぱいになる。このカテゴリとしては，サボテンや多肉植物，いくつかのパイナップル科の植物，厚い葉のランなどが含まれる。

昼間のCO_2利用

CAM植物は昼間には気孔が閉じているため，昼間CO_2施用を行なうことは意味がないことだと思われている。しかし，それは単純なことではなく，例外が存在する。

典型的なCAM植物のカランコエの最近の品種は，ハウスの条件に適応し，昼間，湿度が十分高い状態でCO_2を固定できる。ファレノプシス（CAM植物）のある品種ではCO_2施用が効果的である場合があり，昼間の終わりごろの光呼吸を減少させることが知られている。その効果は，光強度や日長，昼夜の温度に依存する。また，異なる品種では午後の異なる時間に気孔を開けることが知られており，CO_2施用の開始時間は，それによって決められる。

CAM植物の研究では，同じ種類の多肉植物の中で，昼間CO_2固定を行なっているものや，厳格なCAM植物もあり，多くの変異が存在することが示されている。変異があるCAM植物のケースでは，日々の生産が増えるような価値ある系統の選抜が可能である。

光合成の測定

生産者にとっては，植物生産の基本となる光合成の測定は有効である。光合成がしっかり進まないと安心できない。光合成を測定するもっとも直接的な方法はCO_2の吸収量を測定することである。しかし，この方法の問題は，研究室レベルではうまくいっても，ハウス内では信頼できる測定結果を得ることが難しいということである。加えて，この方法には解釈の問題もある。通常，この方法では数枚の葉しか測定できないため，1枚もしくは2，3枚の葉の測定が作物全体と同じだろうか？　という問題があるのである。

上述したように，葉からの蛍光を測定することで光合成の効率を示すことができる。クロロフィル蛍光測定装置を用いることで，光合成効率やストレスの程度の推定ができる。しかし，クロロフィル蛍光の測定値を，実際の光合成量に翻訳することは困難である。葉の断片を測定しても，群落全体の光合成を決めることは難しい。光合成を直接的，間接的に測定しても，光合成がうまく進んでいないことを示すことはできるが，何が原因で光合成がうまくいかないのかはわからない。

まとめと解説

生育や収量を増加させるためには，光合成を高めることが必須である。光合成のしくみを理解することが，ハウス内の環境制御を効率的に行なうことにつながる。光合成の型にはC3，C4，CAMの3種類があり，園芸作物の多くはC3型である。施設園芸ではC3型の光合成に適する環境制御を行なっている。C4型はサトウキビやトウモロコシが，CAM型はサボテンや多肉植物が含まれる。これらの植物はC3型と異なる特徴を持つので，施設園芸において利用する場合には，C3型とは異なる制御が必要になる。

CAM 植物は扱いが難しい

CAM植物では，光合成のためにCO_2施用と補光が有効であるという理解が当てはまらないことがある

夜にCO_2固定を行なうCAM植物を施設園芸で扱うことは以前では少なかった。しかし現在，施設園芸分野の中で，CAM植物はもはや例外ではなくなった。最近，オランダで一番売れる鉢物植物であるファレノプシス（コチョウラン）はこのグループに属する。CAM植物については次のような疑問が生じる。CAM植物は上記の特別な光合成をいつして，いつしないのか？ CAM植物にCO_2施用と補光を行なう意味があるのか？

一般的なC3植物は昼間気孔を開く。ルビスコの助けを借りてCO_2を固定し，CO_2と水からカルビン・ベンソン回路を使って糖に変換する。この炭素同化反応にはエネルギーが必要であるが，そのエネルギーとしては，太陽光エネルギーが化学エネルギーに変換されたものを利用している。

自ら死刑判決

もしCAM植物が，野生の環境の中でC3植物のように昼間に気孔を開く光合成を行なうとしたら，自ら死刑判決にサインするようなものである。

写真1 施設園芸分野におけるもっとも重要なCAM植物であるファレノプシスの研究が，トム・デック（ワーヘニンゲンUR）の指導のもとで行なわれ，CO_2施用が生産の末期に有効であることが示された。

写真 2　栽培方法によりベニベンケイ（カランコエ）が CAM 型に移行するのを延期することができる。

CAM 植物の多くは，昼間に気孔を開けておくには危険すぎる，高温で乾燥した過酷な場所で生育している。昼間気孔が開いた状態ではすぐに枯死してしまうだろう。そのため，CAM 植物は C3 植物とは別の戦略をとっている。CAM 植物の気孔は低温湿潤の夜間に開き，CO_2 を取り込む。C3 植物とは別の酵素（PEP カルボキシラーゼ）を利用して CO_2 を固定し，液胞中にリンゴ酸として貯蔵する。

しかし，夜は暗く太陽光エネルギーがないため，光合成を経て糖に変換する反応を行なうことはできない。CO_2 をリンゴ酸として取り込む容量にも限界がある。昼間，明るくなると，CAM 植物は乾燥を避けて気孔を再び閉じてしまう。

夜の間に液胞に貯蔵されたリンゴ酸は葉緑体に運ばれる。それから光合成と糖形成が通常の方法で起こる。貯蔵された

写真 3　ブロメリアもタイプによっては適切な水供給により CAM 型から C3 型へ転換することができる。

Text: Ep Heuvelink (Wageningen University) and Tijs Kierkels
Image: Wilma Slegers

リンゴ酸を使い終わると同時に，光合成はストップする。そのため，CAM 植物は早く生長できない。

ゆっくりした生長

もちろん現実は理論より複雑である。CAM 植物と同定されているいくつかの植物は厳密に CAM であるが，いくつかのものは通常の C3 光合成に転換できる。ワーヘニンゲン UR でトム・デックの指導下で行なわれた実験では，ファレノプシスの古葉が CAM 型光合成をしているのに対し，若い葉は C3 光合成をしていることが示されている。

良好な生育を示すものが選抜された結果，園芸作物では厳密な CAM 植物がほとんど存在しないことが裏付けられている。CAM 植物はゆっくり生長するが，その中で一番早く生長するものは，しばしば C3 光合成の特徴を持つ。C3 植物なら CO_2 施用や補光によって生長を促進することが可能である。

C3 型から CAM 型へまたは CAM 型から C3 型へ

注目すべき問題点が二つある。それはフェイズ（相）とそれを引き起こす要因に関することであり，C3 型から CAM 型へ，あるいは CAM 型から C3 型への転換とかかわっている。CAM 植物は，通常以下の 4 つのフェイズを持っている。

フェイズ 1……夜：気孔が開き，CO_2 を取り込み，リンゴ酸に固定する。

フェイズ 2……早朝：PEP カルボキシラーゼ酵素の活性が低下し，ルビスコの活性が光の影響下で増加する。両方の酵素が一時的に活性化している。言い換えるなら，光合成が行なわれ，CO_2 はリンゴ酸として固定される。

フェイズ 3……日中：気孔はきつく閉じる。リンゴ酸の形で貯蔵された CO_2 は使い切るまで光合成で利用される。

フェイズ 4……夕方：リンゴ酸がなくなる。気孔が開き，一時的に，入ってきた CO_2 が C3 型光合成で直接使用される。

選抜の機会

これらのフェイズ間の関係は，種や品種によって異なり，育種や選抜のための機会を広げることになる。さらに，これらのフェイズは栽培方法の影響を受ける。適切な水の供給が大変重要である。通常，植物は明期に，より多くの CO_2 を取り込む。水不足はフェイズ 4 の省略や期間短縮を導く。水不足がもっと深刻なときには，フェイズ 1 が 2 ～ 3 時間遅延し，結局わずかな CO_2 だけが取り込まれることになる。深刻な乾燥状態のとき，CAM 植物はサバイバルモードに入り，昼も夜も気孔を閉じる。

転換とフェイズシフト

興味深いことに，いくつかの種は C3 型と CAM 型を転換できる。代表的なものはクルシア属（木の一種）であり，その一つの種―クルシアロセア―は鉢物として育てられていて，2 ～ 3 時間のうちに光合成型を変換できる。

光合成型の変換に影響するおもな要因は，温度，水，光である。夜と昼の温度差が大きくなると，CAM 型になることが多くなる。乾燥も CAM 型を誘導する。強光は水分ストレスがある間だけ同様な効果を持つ。すなわち，適切な水供給と高い相対湿度が，望ましくない CAM 型への転換を防止する。

ドイツの研究では，青色光と紫外線の UV-A が転換を引き起こすことを示している。植物が 530nm 以上の波長のみの光を受けたなら，C3 型のままである。これらは本当にフェイズの転換であるのか，フェイズのシフトなのか疑問が残る。もしフェイズ 2 と 4 がはっきりとして，フェイズ 3 が不明瞭な場合，夜に CO_2 を取り込むことを除けば，まさに C3 型のようにみえる。

明確な転換型の植物として，パイナップル科の中でブロメリア（グズモニア ブロメリアーセ）と名付けられたものが知られている。水供給が良好な場合は C3 型を選択する。それ以外にインコアナナス属などほかの種類でも転換可能なものが存在する。

それぞれの種や品種に適した生産体制

ベニベンケイ（カランコエ ブロスフェルディアナ）の若い植物体はC3型としてふるまうが，老いた植物体はCAM型の特徴を示す。そのため，栽培方法を選択する際，株の若さを考慮することが重要である。さらに，長日はC3型にとどめ，良好な窒素供給もまたC3型であるのを助長する。

CAM植物にいつCO_2施用と補光を行なえばよいのだろうか？　前述したように，簡単な答えはないということは明らかである。基本的なことは，気孔が開き，光が供給されている場合，炭素同化が行なわれる場合，ほかの言葉でいえば，リンゴ酸が利用できるときにのみCO_2施用に意味がある。フェイズの分断とC3型への変化は作用を複雑にしており，それぞれの種や品種ごとに適した独自の生産体制が必要となる。

まとめと解説

ファレノプシス（コチョウラン）は熱帯・亜熱帯由来のランで，CAM型とC3型と両方の光合成を使い分ける独特の光合成を行なう園芸作物である。サボテンや観葉植物の中にこのようなCAM型とC3型とを使い分ける作物がある。これらは通常のC3型作物で行なうような環境制御とは別に，それぞれの作物に適した環境制御を行なう必要がある。

発育中の果実はシンク作用がきわめて強い

若い果実が同化産物を強く引き付けるので，その上の花は着果しない

パプリカの収量には波がある。新しい果実は同化産物を自らに引き付け，そのためその上の花は着果しない。ここでは収量の山や谷を平準化するためのさまざまな案を提供する。長期的にみれば育種が収量の平準化に大きな役割を持つ。

パプリカの収量には明白に変動があり，収量の山や谷が見られる。これは一つの植物体で見られるだけでなく，農場全体や産地全体においても見られる。よくあるのは以下のパターンである。少数の花が咲き，それらが着果する⇒その上の花は着果しない⇒さらにその上の花は着果する。この収量変動の波は，農場全体で同時に起こるため，多くのパプリカ生産者にとって大きな問題となる。なぜなら，収量変動が週ごとの生産物価格に影響するからである。

若い果実が同化産物を強く引き付ける

このような収量の波がなぜ起こるかを説明するのは簡単であるが，解決法を見つけるのはいささか難しい。

収量の波が生じる理由は，発育中の果実のシンク作用が強すぎるからである。植物のすべての器官は排水管のような（シンク）役割を持ち，その器官に向かって糖が引き付けられる。しかし，それぞれのシンクは同じ力で糖を引き付けているわけではない。若い果実は，強い力で糖を引き付けるので，その上部の花へ到達できる糖はほとんど残っておらず，その結果，果実の上の花は着果しない（表1）。着果がなければ，その後の果実の発達にも同化産物は必要なく，その次の花には着果の機会が訪れるのである。

実際，パプリカは普通の作物と異なり，常に着果のバランスをとる必要がある。すぐに2～4個が着果するが，それでは多すぎるのである。この問題は，温度を上げたり，光を増やしたり，CO_2濃度を高めたりしても解決できない。温度，光，CO_2濃度を上げた効果で収量は増加するが，収量の波は依然として残ったままとなる。この問

果実1への受粉	果実1の着果率	果実1の種子の数	果実2の着果率
受粉しない	23%	5	65%
受粉を制限	68%	54	42%
手で受粉	71%	251	20%

果実内の種子数が次の果実の着生率に及ぼす影響。
果実1に種子が多いと次の果実の着生率は低い。

表1　着果に対する種子数の影響

写真1 通常の条件では，パプリカの収量には波がある（左）。試験的に花にオーキシン処理すると，着果は均等になる（右）。この処理は，不稔花を減らし，種なしで果実を肥大させる効果がある。

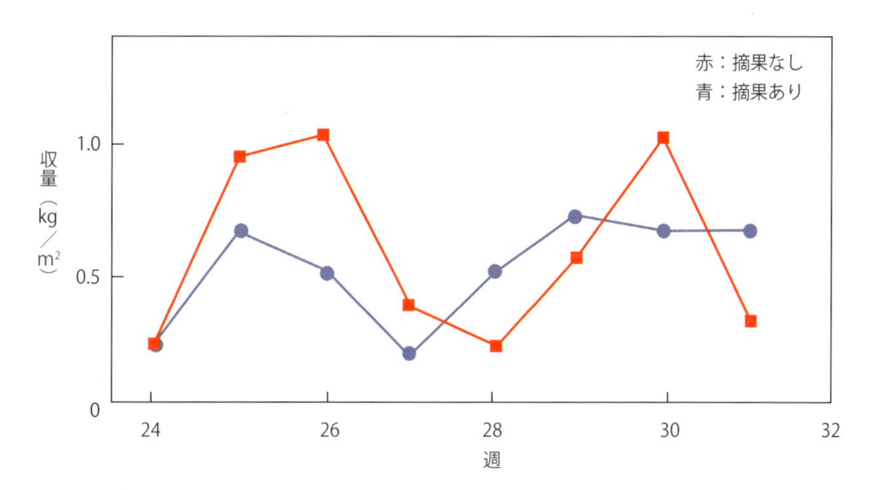

摘果をすることによって，収量の山や谷はいくらか均一化される。試験は4月定植のもので植物体当たり2果（茎当たり1果）に維持するように摘果した。

図1　果実生産に及ぼす摘果の影響

題には，ハウスの温度制御の影響があり，夏に波が顕著になることが多い。活力のある花を得るため，生産者は設定温度を下げることがしばしばあるが，その後，再び温度を上げて発育を促進させることが多い。この後半の温度管理が，収量変動を増強させてしまうのである。

種子がシンク作用を強める

ここで注目する点は，果実のシンクの大きさは，パプリカよりもキュウリのほうが大きいが，キュウリの収量はパプリカのような極端な波を示さな

Text: Ep Heuvelink (Wageningen University), Leo Marcelis (PRI) and Tijs Kierkels

いことである。これには二つの理由がある。一つは，キュウリの果実が植物体に着いているのはわずか3週間だけであるのに対し，赤色パプリカでは8週間も植物体に着いている点である。もう一つは，キュウリには種子がないことである。種子はオーキシンを生成し，そのためにシンクの作用が強まる。

種子の役割については，花にオーキシンを塗布する試験で研究されている。受粉のできない状態でオーキシン塗布を行なうと，不着果を防ぐことができる。この結果，通常よりも小さめではあるが，種なしの果実が連続して均等に着いたのである（写真1右）。

ほかの解決方法

農場レベルでは，半数の植物の収穫ピークをずらすことによって，もう半数の植物の収穫の谷を相殺するのが有効である。これは定植日を2回に分けることで達成できる。まず，4月に定植して，その後，5月に定植すればよい。しかし，この方法は，もちろん，実際にはいつも有効であるとはいえない。12月に定植し，続いて1月に定植した場合，初期には明らかな違いが見られる。しかし，暗い季節が過ぎると，両者の生育ステージはほとんど同じになる。12月，1月は1年の中でも光が非常に弱い時期だからである。

二つめの解決法には，2果か3果のみ着果させ，その後の3週間，半数の植物体のすべての花を取り除いてしまう方法がある。この方法では，半数の植物の生育相がずれてくる。このやり方はすでに試験されており，うまくいくことがわかっている。しかし，いくつかの短所もある。まず，手で花を取り除くのには大きな労力が必要である。また，総収量が低下してしまう。さらに収量変動の波がさらに大きくなるリスクもあり，結果として尻腐れ果が増加して果実品質が低下することもある。

第三の方法は，温度コントロールによって収量変動の波をずらすことである。

果実を間引く

経済的にいえば，ほかの生産者が収量の谷間に入っている間に果実を出荷できるように生育相をずらすことができればよいのである。この場合，生産量が少なくても果実の価格が高ければそれをカバーできる。しかし，当然であるが，価格が上がるといった保証はない。

別の方法として，生産量を均一化するために果実を間引くことがある。この方法により，収量のピークや谷は小さくなる（図1）。しかし，やはり欠点はあり，着果を完全に制御することはできない。着果してほしいときに着果が期待どおりにいかないこともあり，その結果，何kgもの収量が失われることもある。

最後の方法は，着果が難しそうなときにだけマルハナバチを用いることである。マルハナバチによる受粉は種子をより多く作るため，シンク作用が強くなってしまう。理論的に考えると，この方法はうまくいくはずである。

単為結果品種

この問題の難しさは，着果の総量を増やせないことが基本にある。トマトやキュウリに比べると，パプリカ果実に届く同化産物の量ははるかに少ない。パプリカで果実に回される同化産物は全体の65％であるのに対し，トマトでもキュウリでも70％の同化産物が果実に回る。この違いを説明できる技術的な理由はない。たとえば，パプリカ植物体は十分な葉を持ち，その葉は，トマトに比べても，長期間よい状態にある。そのため，植物体自身は余分なエネルギーを使う必要はない。パプリカの茎はトマトやキュウリよりも明らかに強度はあるが，これだけでトマトやキュウリとパプリカとの違いを完全に説明することはできない。つまり，パプリカで果実への分配が少ないことを解決するのは難しいのである。

その際，種子の役割がヒントとなる。種なしの果実であっても収量変動のパターンは見られる。しかし，もし果実内に種子がなければ，収量の波は小さなものになり，果実は一定間隔に着きやすくなるだろう。しかしそのときには，果実はやや小さくなるかもしれない。現在，単為結果のパプリカ品種は存在しないが，単為結果品種ができれば，花粉なしで着果して，果実に種子はできない。単為結果による収量変動の解決については，さらに研究が必要である。また，消費者にとっても種子のないパプリカは，魅力的である。

収量変動の波のパターンには品種間差がある。ワーヘニンゲン UR の研究によると，果実重の大きな品種に比べると，果実重の小さな品種のほうが，着果が均等になり，安定的な収穫が続くことが示されている。

まとめと解説

パプリカの果実は同化産物を引き付ける力，すなわちシンク強度が強く，そのため，果実の上の花が不着果となる。着果と不着果が交互に生じるために収量に波が現われる。この解決方法には，定植日を分けて作物の生育相をずらし，収量のピークや谷を相殺することがある。しかし，季節や天候などによってピークが揃ってしまう可能性もあり，高度な計画と管理技術が必要である。

光合成でできた糖をすべての器官ができる限り引き付けようとする

同化産物の分配は操作可能

植物体内での同化産物の分配を，温度や光，CO_2 の管理などで操作することは難しい。作物の収量は，同化産物の総量と，そのうちどの程度が有用な部分に集まるかで決まる。収穫が少ない場合，より重要となるのは，糖が適切な場所まで到達しているかということである。果菜類においては，若い葉を摘むことは，果実への同化産物のよりよい分配につながる。

同化産物の分配は，果菜類においてもっとも重要な問題である。果実は植物体のうちの一つの器官にすぎないが，収穫物となるために，同化産物の分配に関する研究は果菜類で数多く行なわれてきた。

分配に関する研究は，切り花でははるかに少ない。切り花では，収穫する器官は花だけでなく，葉や茎も含まれ，作物種によって収穫部位に大きな違いがある。たとえば，キクは植物体全体を収穫する一方で，ガーベラの収穫部分は比較的小さ

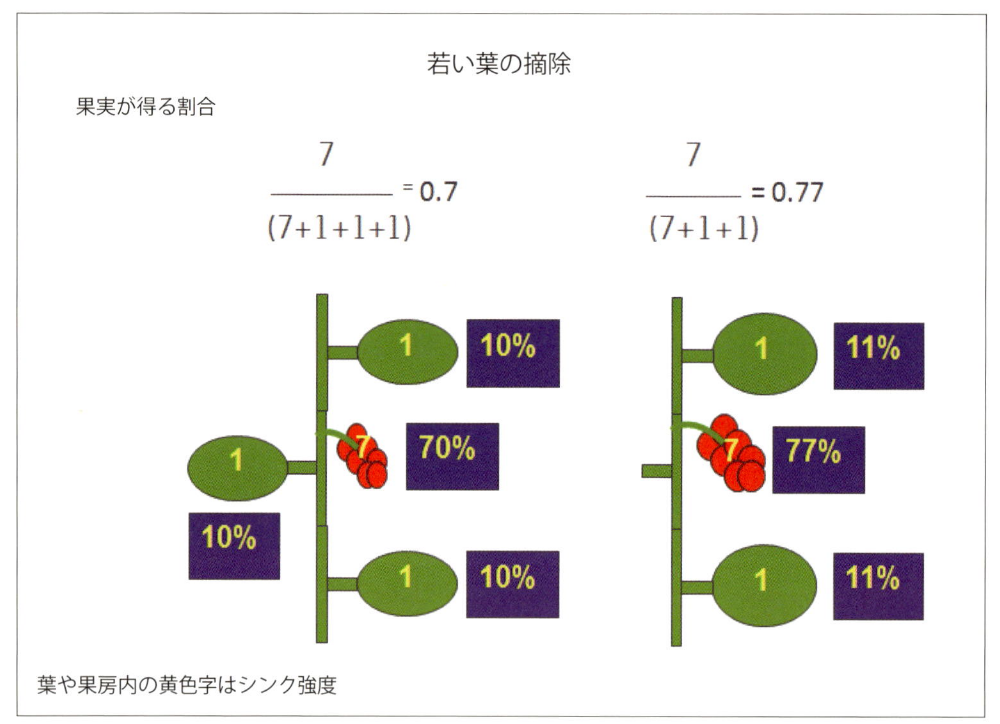

3葉と1果房を持つ植物では，糖の70%が果房に引き付けられ，それぞれの葉は10%ずつ受け取る。3葉のうち1葉を摘除すると，77%の同化産物が果房に回る。数字の1や7（葉や果房内の黄色字）はシンク強度を示す。

図1　植物体内での同化産物の分配

写真1　植物が十分な葉面積を持っているとき，若い葉の摘除は収量を高める。

い。このため，ガーベラの改良では，おもにたくさんの花茎を形成するような方向に進んでいる。鉢物では，糖の分配の問題はまた異なる。鉢物では，物質生産の100％が収穫されるだけでなく，糖の分配が視覚的な外観にも役割を持つのである。

固定された分配

さまざまな研究から，トマトの同化産物の2/3が果実に回されることが示されている。この割合はかなり多いといえる。キュウリにおいてもほぼ同じ割合が果実にいく。パプリカでは，実際の同化産物の果実への分配割合はトマト，キュウリに比べると少し小さいが，同化産物の果実への分配を増やすことによって大きな収量増加が見込める。パプリカでは果実への同化産物の分配を増やそうとすると，植物体当たりの果実数をより多く着生しなければならず，その結果，2/3の花は着果しなくなる。バラの場合も最初の年は全生長の2/3が生産物（花＋茎＋葉）として収穫される。

植物ごとに分配の割合が一定であることは注目に値する。最適な果実を着けたトマトでは，いつも2/3（72％まで）が果実へ分配される。光や温度，CO_2濃度は，基本的には分配に影響しない（後述）。もちろん，光が多く，CO_2濃度が高い場合，着果がよくなり，その結果，果実への糖分配が多くなることはある。しかし，これは糖分配に関しては間接的な影響である。摘果のように，植物を操作することで直接的な影響を与えることも可能である。

シンク強度

同化産物の分配がどのように起こるのかを理解するには，植物についての理論的な知識が必要である。同化産物分配の原理としては，いわゆるシンク強度といった概念が使われる。植物のすべての器官はシンクとして働き，それぞれが同化産物である糖を引き付けている。このシンクの強さは

Text: Ep Heuvelink (Wageningen University) and Tijs Kierkels
Images: Eric van Houten and Menno Bakker (Wageningen University)

各器官とも同じというわけではない。シンク強度，すなわち，引き付ける力がもっとも強いのは果実であり，とくに発達の中期ごろがもっとも強い力を持つ。若い生長点や花も糖を引き付けるが，古い葉には糖を引き付ける力はほとんどない。

器官（葉や花，果実）のそれぞれのシンク強度は，もし競合がないとすれば，1日当たりに成し遂げられる最大生長で示される。しかし，植物体内での競合は非常に大きい。すべての器官が使える糖を力の限り引き付けようとする。引き付ける力が強いほど多くの糖を獲得できる。つまり，シンク強度の弱い器官よりも強い器官が多くの同化産物を得ることができる。たとえば，トマトの果房のシンク強度が3であるならば，シンク強度が1の葉よりも3倍の同化産物を受け取るのである。光合成でできた糖が多くても少なくても，この比率は変わらない。

若い葉の摘除

シンク強度と分配の原則にもとづいて，通常の栽培ではほとんど起こらない管理方法を考えることができる。ワーヘニンゲン大学では，トマト植物体の生長点付近の若い葉を摘除する実験が，シミュレーションと栽培試験によって行なわれている。この実験では，果実への糖の流入割合を増やすため，葉長が3cmになる前に，若い葉を取り除いた。写真1がその様子である。トマトの果房も若い葉も，どちらもそれぞれのシンク強度で糖を引き付ける。たとえば，果房のシンク強度は7であり，葉1枚のシンク強度は1であるとする（図1）。今，これを単純化して3枚の若い葉と果房1つを考えると，70％の糖が果房に行き，各葉にはそれぞれかろうじて10％の糖が行くことになる。その中で若い葉を1枚取り除くと，果房にはより多くの77％の糖が行くことになる。そして，残された2枚の葉もより多くの糖を得ることができるが，果房と葉のシンク強度の違いから，摘葉しない場合よりも果房の受け取る糖が増えるのである。

これが果実への糖の分配を多くする方法であり，この方法が使えるのはトマトに限らない。ただし，古い葉の除去は分配を増やすのには有効でない。なぜなら，すでに完全に生育した葉は，糖を引き付ける力がほとんどないからである。

しかしながら，この方法には二つの注意点が必要である。一つめの注意点は，ちょうど3cmの葉を摘除するのは難しいことである。3cmよりも少し大きな葉を摘除しても同様な効果は期待できるが，葉が完全に展開したときの葉長の50％以下のときまでに摘葉しなければいけない。二つめの注意点は，摘葉自体が同化産物の生産に影響することである。植物には十分な葉を残しておく必要がある。言い換えると，葉面積指数（圃場面積1m^{2}当たりの総葉面積m^2）をある値で維持しなければならない。したがって，若い葉を摘除する場合には，古い葉の摘除は控えめにしなければならない。ちなみに葉面積指数を増やすには，面積当たりの茎数（茎密度）を増やすといった方法もある。

より高い果実生産へ

第一印象としては，若い葉を摘除するのは奇妙に思うかもしれない。しかし，モデルによる計算では有効であることが示されている。6葉ごとに1枚摘葉した場合，果実生産は約3％増加した。極端な場合として，2葉に1葉摘除した場合，果実生産は10％増加した。ただし，このとき同化産物の生産能力が維持されていることに留意しなければならない。

ハウスにおける栽培実験では，3葉のうちの中間の葉を摘除した。その結果，果実生産は明らかに増加した。

この方法の欠点は余分な労力が必要なことである。しかしながら，芽かき作業と同時に行なってしまえばそんなに手間はかからない。何人かの（ミニ）トマト生産者がこの方法を用いている。

分配

育種家たちの会議でこれらの方法を披露したところ，非常に興味を持たれた。果房と果房との間の葉数を減らすことは，育種によって可能になるかもしれない。そうなれば，果実へより多くの糖が回されることになる。

果房間の葉数が３枚ではなく，２枚しかないトマトの種，品種はいくつかある。この特性が商業品種に導入されれば，生産はさらに増加するであろう。しかしながら，果房間に２葉しかない野生種の持つ特性は，欠点となるほかの形質と結び付いている。新しい育種技術でこれを解決できるかもしれない。

まとめと解説

果実生産を増やすためには，果実に同化産物をより多く集めることが重要である。オランダの研究によれば，葉面積指数を維持した状態で２葉のうち１葉を摘除すれば果実生産は10%多くなった。しかし，実際には，摘葉はその後の展開葉数や受光態勢にまで影響するため，摘葉によって果実への乾物分配割合が多くなっても，収量が必ずしも増えるわけではないと考えられる。

夏季の生長速度は冬季の10倍である

呼吸は生長と維持に必要である

呼吸は，生産したものからエネルギーを奪っているのか，それとも生産の役に立っているのか。答えは両方である。呼吸にもとづいて植物の生長を操作するのは大変複雑である。しかしながら，次世代型栽培では維持呼吸をコントロールできるようになる。

植物は，光合成によってCO_2と水から糖を生産する。光合成の生産物である糖は，呼吸によって消費され，植物自身に必要なエネルギーを放出すると同時にCO_2を排出する。つまり，呼吸は光合成と反対の反応を示すのである。

これは単純なようであるがそうではない。実際には呼吸は二つの要素に分けられる。すなわち，維持呼吸と生長呼吸である。研究者によっては三つめの構成要素として，養分吸収に要する呼吸について挙げるかもしれない。しかし，これは生長呼吸の一部に過ぎない。なぜなら，生長するには，当然，多くの養分吸収が必要であるからである。

写真1　経験則では，葉や茎を形成する際には，約1/3の糖が生長呼吸に使われる。

植物を生かしておく

維持呼吸は，植物が生きていくために必要であ

モデルを作る

コンピュータによって植物の生育モデルを作る際，呼吸は複雑な現象となるが，とくに維持呼吸が関係する場合には複雑である。大きく生長した作物について，冬の暗い日をモデル式で計算すると，作物は負の生長を示すようにみえる。これは，植物が縮んでいることを示すものであるが，実際に縮む現象を目にすることはない。

生長呼吸と維持呼吸は厳密に分かれているのではない。植物の生長が遅い場合，維持呼吸も抑制されているのである。つまり，生長が抑制されている場合には，酵素はあまり働かず，分解も遅くなる。そのために維持に必要な呼吸も少なくなる。これは，酵素以外の，維持に関係するプロセスでも同じである。このような理由で，維持呼吸が生長速度とモデル中でリンクすることがしばしばある。モデルでは，光合成速度が極めて低い場合，生長が負となることを防ぐために呼吸をゼロにして対応する。

る。たとえば，酵素はすべての代謝過程において必要であるが，酵素自体の命は永遠ではない。酵素は分解されて新しい酵素に置き換わっていくのである。細胞膜をはさんでイオン濃度を異なる濃度に維持しておくことも必要であり，これにはエネルギーが必要である。植物が生きていくためには，このようなたくさんのプロセスを継続的に行なう必要がある。

生長呼吸は，光合成産物である糖を変換して，細胞壁や酵素，タンパク質および脂肪のような構造物質を合成する際に必要である。

生長よりも維持

エネルギーは，まず，維持のプロセスに使われる。そうしないと植物は生きていくことができない。しかし，このとき植物には何も起こらない。維持のプロセスは生長よりも優先されるのである。維持呼吸は昼も夜も常に続いており，温度の上昇に伴って急激に増加する（図1）。また，大きくて重い作物は，維持呼吸も大きなものとなる。25℃では，乾物100gの葉の行なう維持呼吸に3gの糖が必要である。また，茎や根にはその半分の糖が必要である。古い植物体の場合には代謝速度が低下しているため，維持呼吸の必要性は低下する。

生長呼吸

一般的に，温度が10℃上昇すると維持呼吸は2倍になる。また，植物体の重量が2倍になると維持呼吸も2倍になる。原則的には，維持呼吸を減らすためには有効な光量に応じて温度調整すれ

写真2　冬の暗い日では，補光のない場合，成熟したバラは光合成したものすべてを維持呼吸で消費してしまう。そういった日には，生産に必要なものはまったくないことになる。

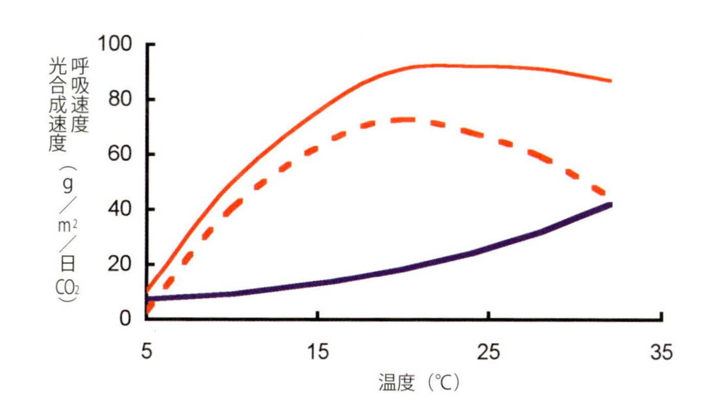

図1　光合成と呼吸

総光合成速度も維持呼吸も，温度が高くなるほど高くなる。17℃以上では総光合成速度はあまり増加しないが，維持呼吸は増加する。このため純光合成速度（生長）には最適値が存在する。この最適値は，光強度やCO_2濃度によって変わり，作物の種類や品種，生育ステージなどによっても変わる。

1）総光合成速度＝実際に観察される光合成速度（純光合成速度）に暗呼吸速度を加えて求める。

2）純光合成速度＝真の光合成速度から呼吸速度を差し引いたもの。実際に観察されるCO_2吸収をさす。

ばよいと思うかもしれないが，それでは十分な生長呼吸を得ることはできない。生長，すなわち，生産のためには，すべての呼吸が必要なのである。

経験則では，糖が葉や茎などの栄養器官に変わる際，消費される糖の1/3が生長呼吸に用いられる。言い換えると，植物は100gの同化産物（グルコース）から70gの葉（乾物）を作ることができるが，残りの30gは呼吸に使われているのである。

器官によっては，生長呼吸の割合はさらに高いものとなる。たとえば，油脂分の高い種子を生産する場合には，たくさんのエネルギーを消費する。100gの糖からたった40gの種子しか生産できないのである（計算参照）。

維持呼吸

光合成産物の総量に占める全呼吸の割合は一定であるという人もいるが，これは間違いである。測定によると，植物が異なったり条件が異なったりすれば，光合成に対する呼吸の割合は，25％から100％に変化する。冬の暗い日では，補光のない場合，成熟したバラは光合成産物のすべてを維持呼吸で消費してしまう。したがって，そういった日にはまったく物質生産が行なわれていないことになる。

一般的に，維持呼吸を操作しようとする生産者はあまりいない。しかしながら，秋にトマトを栽培しているキュウリ生産者は，維持呼吸の操作を試みる。なぜなら，彼らは期限までにトマト栽培を終わらせる必要があるからである。彼らは，9月にトマトを定植し，摘心までにできる限り早く4～5果房を収穫してしまおうとする。そのため，光が強い日には，生長を最大化するために温度を高め，光が弱い日には維持呼吸を制限するために室温を下げる。このような光に応じた温度管理で，年が明けるまでにトマト栽培を終わらせるのである。この場合，維持呼吸を減らすため，生産者は比較的小さいトマト植物体を作ろうとする。

糖必要量の計算

成熟したトマトやバラの植物体は，1m^{2}当たり200gの乾物を持つ。冬に補光がない場合，光合成の大部分は維持呼吸で消費されてしまう。

経験則であるが，1日に1m^{2}で必要とする維持呼吸では，乾物1g当たり1.5gの糖が使われると仮定する。総光合成産物（糖）は，まず維持呼吸に使われる。残りの1gの糖からはおおよそ0.7gの乾物が生産される。

この計算では，夏の総光合成は冬の4倍であるとしている（光が多いため）。夏の生長速度は冬よりもかなり高く，冬の10倍ほどである。なぜなら，維持呼吸は，光合成とは無関係であり，作物のサイズと温度によって決まるからである。ここでは，これらの二つの要素（作物のサイズと温度）は，夏と冬で同じであるとしている。

総光合成に占める維持呼吸の割合は，夏の場合にはちょうど15％であるが（20gのうちの3g），冬の場合には60％（5gのうちの3g）となる。若い植物の場合，たとえば，1m^{2}当たり乾物50gの場合，総光合成に占める維持呼吸の割合はより小さくなる。

	夏	冬
総光合成（g/m^2/日）	20	5
維持呼吸（g/m^2/日）	3	3
糖（g/m^2/日）	17	2
生長速度（g乾物/m^2/日）	12	1.4

次世代型栽培

温度がもっとも容易に制御できることから，維持呼吸を考慮した次世代型栽培の開発が期待できる。温度が上がるにつれて維持呼吸も増加するが，面積当たりの物質生産を高めるには，生産された糖を転流させたり代謝させたりするための高温もまた必要である。ここで疑問にあがるのは，CO_2や光レベルが高い場合には，最適温度は何度なのか？ ということである。その場合の最適温度は，従来考えられてきた最適温度よりも高いはずであるが，はたして何度高くすればよいのであろうか？　これに対する答えは，どのくらいの能力の冷房設備を導入すればよいかを考えるのに大変重要である。

まとめと解説

植物の呼吸には 2 種類あり，一つが，植物が生きていくのに必要な維持呼吸である。維持呼吸は温度と植物体の重量によって決まり，温度を下げることで減らすことができる。もう一つは生長呼吸である。葉や茎を形成する際には，必要な糖の 1/3 が生長呼吸に使われる。したがって，100g の同化産物から 70g の植物の体（乾物）が作られるのである。呼吸を考慮して温度管理を行なう必要があるが，適切に行なうには深く正しい知識が必要であり，簡単ではない。

ホルモン：植物の中の郵便配達

ホルモンは植物の多くの生長発育過程における鍵因子である

ホルモンは，植物の生長過程で進行する多くの反応や応答を動かすための引き金となっている。ホルモンが働いている例は，生長や分化，開花や結実などである。通常の植物ホルモンの機能は，情報の伝達にたとえられる。ここではさまざまなホルモンとその実用的な利用について概説する。

施設園芸において，私たちは植物生長を調節するための栽培条件を作り出すことができるようになってきている。その場合，実際には環境制御をすることによって，植物のホルモンシステムを制御しているという場合が多い。その結果，ホルモンが植物の生長や発育，開花や結実を制御しているのである。ホルモンは，多くの植物の生長や発育の過程における鍵因子なのである。

植物ホルモンの役割の重要性は，そのホルモンを作ることができない変異体をみれば一目瞭然である。たとえばジベレリンを作ることができないトマトがあるが，ジベレリンは伸長を促進するホルモンであることから，その変異体は背丈が非常に低いままである。

メッセージを伝える

植物ホルモンが及ぼす大きな効果は，その濃度が非常に低いことを考慮に入れると，極めて顕著であるといえる。植物ホルモンの作用は，メッセージの伝達にたとえられ，極めて少量で作用し，多くを必要としない。植物ホルモンは，細胞膜に存在する受容体に結合する。いうならば，ベルを鳴らすことで一連のプロセスを作動させているのである。

人間などの動物も，ホルモンを作る。しかし動物のホルモンと植物のホルモンでは重要な違いがある。人間におけるホルモンの作用は非常に特異的である。たとえば，インスリンは私たちの細胞がグルコースを取り込む機能を保証している。対照的に，植物ホルモンは幅の広い作用を持ち，またほかのホルモン作用との重複もある。

伝統的に，五つの植物ホルモン（ジベレリン，オーキシン，サイトカイニン，アブシジン酸，エチレン）が知られている。しかしここ10年で，カ

写真1　抗ジベレリン剤は，ハイビスカスの花柄やそのほか多くの鉢植物や花壇用の植物が徒長するのを防ぐ。この生長阻害剤は，ジベレリンの生産をブロックすることで伸長を抑制している。

写真2　試験内での植物増殖はオーキシンとサイトカイニンのバランスによって制御可能である。

ルシウムや糖，ジャスモン酸など，そのほかの多くの物質もホルモン様の効果を持つことが示されている。つまり，植物のホルモンシステムは，まだ多くのことを研究すべき分野である。最近でも，ストリゴラクトンと呼ばれるまったく新しい一群が発見されている。

マイナス DIF：伸長を抑える

ハウスの環境条件をコントロールすることによって，ホルモンシステムにより容易に影響を与えることができる。一例として，昼温と夜温の利用(DIF)が挙げられる。マイナス DIF(昼温より夜温を高める管理方法）は草丈の低い植物を作り出す。研究によると，このような温度管理はジベレリンの合成に影響を与える。このことはジベレリンを作ることができないトマト（わい性変異体）では，DIF が草丈伸長に影響を与えないことから結論された（図 1）。正常なトマトは，昼温 24℃夜温 16℃の場合，昼温 16℃夜温 24℃の場合（マイナス DIF）に比べ，非常に多くのジベレリンを生産する。このように，マイナス DIF の場合には，ジベレリン生産量を減らすことで伸長を抑制することができるのである。

ジベレリン

これまでに 100 種類以上のジベレリンが見出されている。一つの植物内でも 10 種類程度の異なるジベレリンが存在するが，それらすべてがホルモンとしての活性を持つわけではない。ジベレリンは細胞の分裂や伸長の促進，とくに草丈の伸長制御に重要である。開花する植物においては，シュート形成にかかわることが知られている。

いくつかの植物において，ジベレリンが花成ホルモンとして働くことが示

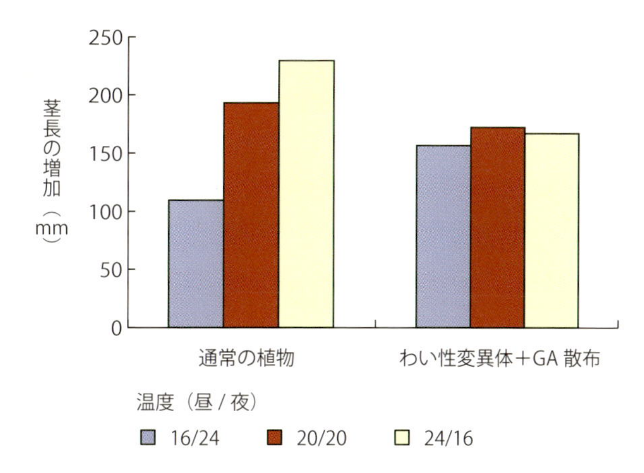

高い昼温と低い夜温（24/16℃；プラスDIF）の温度管理は，逆（16/24℃；マイナスDIF）のものより草丈の高いトマトを作り出す。昼温と夜温が同じもの（20/20℃）は双方の中間になる。DIFはわい性変異体の草丈には影響を与えない。この変異体はジベレリン（GA）を散布することで伸長するが，変異体自身はジベレリンを生産できない。この試験結果はDIFの影響がジベレリンの合成量の調節を通じて茎の伸長に作用していることを示している。

図 1　昼温と夜温が茎長に与える影響

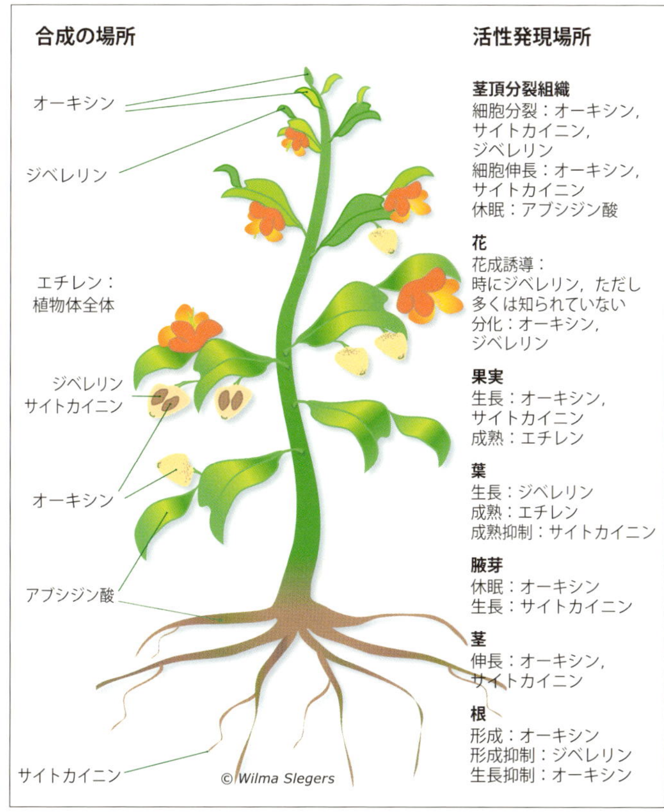

植物ホルモンは植物自身により作られる物質であり，少量で植物の生長や分化をコントロールする。この作用は，しばしば合成される場所とは違う場所で起こ

図 2　植物ホルモン

Text: Ep Heuvelink (Wageningen University) and Tijs Kierkels
Images: Marleen Arkesteijn

されている。また抗ジベレリン剤は，一般に花茎や散形花序の徒長を防ぐために使用されている。これらの生長抑制剤は，ポットマムやカランコエ，ポインセチア，そのほか多くの鉢植え植物や花壇用の植物を，コンパクトに保つために使用されている。抗ジベレリン剤は，植物体内でのジベレリンの合成を阻害することで，植物の伸長を抑制している。また，抗ジベレリン剤は，ジャガイモの芽の発達を防ぐための発芽阻害剤としても利用される。

すでに述べたように，植物ホルモンはしばしば広い作用を持つ。ジベレリンは，ルバーブの芽や種子の休眠打破において重要な役割を担っている。ジベレリンの散布は，休眠打破のための低温要求性を部分的に置き換えることができるため，栽培家はルバーブの促成栽培を早く始めることができる。

さらにジベレリンは単為結果（受粉せずとも結実すること）を促進することができる。これは種なしブドウに応用されている。単為結果を起こすトマト品種の子房が高濃度のジベレリンとオーキシンを含むことが知られている。正常な品種では，これらのホルモンは受粉と受精が起こった後にのみ，そのレベルが上昇する。

オーキシン

オーキシンは伸長を促進するホルモンである。エチレンはオーキシン濃度が過剰に高いときに作り出される。オーキシンはいわゆる頂芽優勢を支配している。頂芽優勢とは，植物の茎頂（オーキシンが多く作られている場所）に近い腋芽の生長が，このホルモンによって抑えられることである（図2）。

オーキシンは花の形成と果実の発達を促進する。また，オーキシンは根の新規形成を促進することから，人工オーキシンが発根剤として利用されている。このホルモンは，高濃度では毒性を示すことから，2,4-Dなどは除草剤としても利用されており，枯葉剤として悪名高いオレンジ剤がベトナム戦争で使用された。

サイトカイニン

サイトカイニンは，すでに分化して最終的な機能を獲得した細胞であっても，細胞分裂を活性化することができる。その結果，未分化の細胞塊（カルス）が出現することから，組織培養などに利用されている。以上のことから，植物の試験管培養に用いられる培地には，通常サイトカイニンとオーキシンが含まれる。異なる濃度のサイトカイニンやオーキシンを用いることによって，実験室内で，新たな植物の増殖やさらなる分化が誘導されている。

ここまでの要約をすると，ここで触れたすべての植物ホルモンは，細胞の増殖や伸長を通して，植物生長に何らかの役割を担っている。ときには協調的に作用し，またときにはまったく逆の作用を及ぼすこともある。たとえば，サイトカイニンはオーキシンによる頂芽優勢を打ち消すことができる。バラを用いた研究では，丈夫な台木はひ弱な台木より多くのサイトカイニンを生産し，シュートが早く生長する理由の一つであることが示されている。

また，サイトカイニンは葉の老化を抑制することができる。

アブシジン酸

これまでに触れた植物ホルモンとは異なり，アブシジン酸は生長を抑制する効果を持つ。アブシジン酸は細胞の分裂活性を抑え，種子の休眠を維持し，芽の生長を抑制し，葉の老化を促進する。また，アブシジン酸は植物を休眠ステージに移行させ，エチレンの生成を通して間接的に落葉に作用している。さらに，植物の蒸散はアブシジン酸に強く依存している。アブシジン酸は気孔が閉じることを制御している。仮に根による吸水が蒸散に追いつかない場合，根はアブシジン酸の合成を開始する。そしてそれは導管液中を通って葉に到達する。葉は気孔を閉じる情報としてアブシジン酸を受け取る。人工的なアブシジン酸は今のところ知られていない。

エチレン

エチレンは，多すぎると深刻な品質劣化につながるために，評判のよくないホルモンである。エチレンは速やかに花をしおれさせ，非常に早く果実を成熟させる。果物貿易商が，熟したバナナの入ったパレットを間違ってリンゴのすぐ近くに置いてしまうと，いずれリンゴをすべて捨てなければならなくなる，というのはよく知られた話である。果実のコントロールできない成熟を防ぐために，エチレンは低温保存室からフィルターを用いて除去されている。チオ硫酸銀は花瓶での切り花の老化を防ぐが，これはこの物質がエチレンの作用を抑えるためである。

上記のように，エチレンはさまざまな問題を引き起こすものの，植物にとっては非常に有用なホルモンである。エチレンは果実の成熟には必須であり，落葉性植物の葉の黄化や落下を引き起こすことも知られている。

植物のストレス反応の多くも，エチレンの作用の結果である。エチレンガスの生産は，しばしばオーキシンやアブシジン酸のようなほかのホルモンの影響下で促進される。いったん合成が進行すると，さらにその合成を促進させる制御があることが知られている。

園芸産業ではエチレンの積極的応用例がある。生産者はエチレンを発生させるエテフォンを含む物質を，アナナスの開花の促進に，また最近ではトマトやトウガラシを早く成熟させるために使用している。

ストリゴラクトン

このグループのホルモンは，ほんの数年前にワーヘニンゲンURの研究者らによって発見された。ストリゴラクトンは，シュートや根の分枝に重要な役割を担っていることから，植物の外観を大方決めているといえる。ストリゴラクトンは休眠芽が芽吹くのを抑制する。分枝は多くの鉢植え植物の観賞価値にとって非常に重要であることから，ストリゴラクトンに関する知識が今後得られることは，とくに育種家にとっては非常にありがたいことである。

リン酸欠乏時には，植物はストリゴラクトンの作用のもとで根系構造を順応させる。また大量のストリゴラクトンが根圏に分泌され，ミネラル吸収を大いに改善させる助けとなる菌根菌（根と共生する有益な糸状菌）を誘引する。

そのほかのホルモン

上に述べた五つの古典的なホルモンに加え，多くの物質がホルモン様の効果を持つものとして見出されている。それらのなかには，ジャスモン酸やブラシノステロイドのような真のホルモンのほかに，カルシウムや糖のようなものも含まれる。通常，細胞質内のカルシウム濃度は非常に低い。その濃度が上昇することが芽の生長などの非常に多くのプロセスの引き金になっている。この濃度上昇は細胞がカルシウムを取り込まないと起こらない。サイトカイニンやオーキシンが欠乏したときにも同様の効果（発育停止）をみることができる。糖もまた，側枝の生長促進など，サイトカイニンと同様の効果を持っている。

まとめと解説

植物ホルモンは，植物細胞が秩序だった形態形成や生長を維持するための基本的因子として必要であるが，外の環境変化に応答した生長調節のための植物体内メッセンジャーとしての役割も担っている。乾燥ストレスに応答したアブシジン酸の合成誘導や，窒素栄養に応答したサイトカイニンの合成誘導がよく知られている。植物ホルモンの作用を正しく理解することは，生育環境制御によって生産性を向上させるうえで重要である。

湿度は高めのほうがよい場合もある

蒸散は冷却や養分の吸収・輸送の原動力

植物は蒸散なしでは生命活動を維持できない。しかし，ときには蒸散機能が低下することもあるし，商業的に好ましくないレベルにまで低下する場合もある。ここでは，蒸散を促進または抑制するさまざまな方法を挙げていく。

写真1　蒸散は植物の冷却に必要であるが，過度の蒸散はストレスの原因となる。

トマトは吸い上げた水の90％以上を蒸散によって消費しており，この割合はジャガイモと同じくらい高い。蒸散の過程においては，植物はただの水の通り道に過ぎず，蒸散は養分の吸収・輸送および冷却の二つの機能を担っている。そのため，植物の生命維持のためには，常に一定量の蒸散が必要である。

蒸散を制御するもっとも重要なメカニズムは，気孔の開閉である。もし水分供給量が蒸散量に追いつかない場合，気孔は閉じていく。この反応は，葉内の水分張力によるものであるが，同時にアブシジン酸のような植物ホルモンによっても制御されている。実際に，蒸散量に対して水の吸い上げが十分でなかった場合，根でアブシジン酸が合成される。アブシジン酸は水とともに気孔へ移動し，気孔を閉鎖させる。

消費エネルギーの削減

ノルウェーの研究者が，通常より高い湿度条件下でバラを栽培した事例がある。これは，換気や加温に必要なエネルギーを抑えることが目的である。この実験によって，高湿度条件下でも生産性が低下しない可能性が明らかとなった。しかし，高湿度には限度があり，高すぎる湿度条件下でバラを栽培すると，切り花にした際に葉のしおれが急激に起こる。このとき，気孔は制御能力を失って開いたままになっている。この場合，気孔の機能を回復させるために，アブシジン酸を施用することもある。

ミクロの熱交換器

水が水蒸気に変化する際，多くのエネルギーを必要とする。このエネルギー（この場合は熱エネルギー）は植物から奪われる。したがって，蒸散には植物を冷却する効果がある。この効果は，日射によって上昇した植物体温を低下させるのに必要である。しかし，過剰な蒸散も悪影響を及ぼす。根による水分吸収が追いつかず，ストレスを受けてしまうためで，これによって多くの機能が阻害される。一般的に，ハウス栽培では蒸散を促進しすぎないほうがよいようである。

朝に最小限の加温と組み合わせて換気を行なう慣行法に，科学的な根拠はほとんどない。いくつかの果菜類を栽培した現地試験では，意図的に湿度を上昇させることで，収量を低下させずに蒸散量が10～30％低下する可能性が示されており，さらに，水分ストレスが抑えられるため，生育によい影響を及ぼす場合もあった。

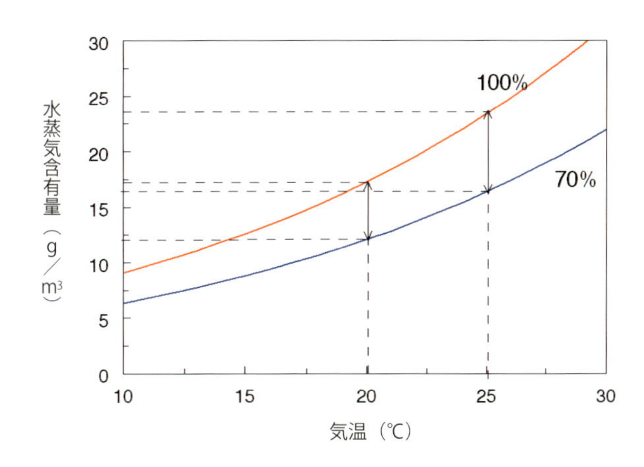

気温が高いと空気は多くの水蒸気を含むことができる。気温25℃，相対湿度70％の場合，同湿度で気温20℃の場合より蒸散速度が大きくなる。蒸散量を飽差として両矢印で示す。次ページに示すように，飽差をグラフから計算することも可能である。

図1　屋根散水が蒸散に及ぼす影響

写真2　細霧は水を水蒸気に変換させ，温度低下と湿度上昇に有効である。

加温による除湿にはエネルギーを要する

ハウス内を除湿するための加温にかかるエネルギーは，オランダのハウス生産におけるエネルギー消費のうち10～25％を占める。換気と加温を同時に行なうことで除湿ができるが，水蒸気中にも潜熱という形でエネルギーを持つことから，除湿はエネルギーのロスにつながる。これとは異なる方法でハウス内の湿度のみを制御することができれば，非常に望ましい。ある程度の高湿度（75％以上）を許容してしまうというのも一つの

Text: Ep Heuvelink (Wageningen University) and Tijs Kierkels
Images: Marleen Arkesteijn

方法であり，すでに述べているとおり，これは非常に有効である。この場合，植物体表面の結露は病害発生の原因となるため，防ぐ必要がある。これには急激な温度変化を防ぐことが重要である。そうすれば，高湿度条件下でも問題なく生育する。

植物体以外の部分（たとえば冷却板の表面など）で意図的に結露を発生させることで，窓の開閉なしで水蒸気が持つエネルギーを外に逃がすことなく，ハウス内の湿度を低下させることも可能である。この場合，エネルギーは水蒸気から水に変化する際にハウス内に戻り，結露水を回収すれば再利用も可能である。

植物の蒸散量を低下させることも，湿度低下に有効である。たとえば屋根散水のような方法を使えば，夏季にハウス内気温を低下させることで，植物体の温度が低下し，蒸散量が減少する（図1）。

さらに，蒸散の抑制には遮光も有効である。遮光はハウス内への日射の進入を制限し，それによって蒸散を抑制する。しかし，どのように被覆するかが問題となる。被覆によって湿度がかなり高くなるようであれば，植物体温も同様に上昇している。この場合，再度蒸散が促進され，その結果さらに湿度が上昇してしまう。この現象を防ぐためには，被覆資材には隙間を空けて，適度に水分を放出する必要がある。

ECによる制御

蒸散はECによっても制御される。ECが低いと植物はより容易に水を吸い上げることが可能になる。したがって，日中の日射が強いときは，低いECで管理したほうが賢明である。そうした場合，夜間はECを若干高めにしたほうがよいかもしれない。

日中の低EC（1dS/m）と夜間の高EC（9dS/m）を組み合わせて管理することで，昼夜一定のEC管理（5dS/m）に比べてトマトの生産性は10％向上することが研究によって明らかとなっている。この効果はおそらく，日中の低EC管理による水ストレスの緩和に起因していると考えられる。これによって気孔はより長い時間開くことができ，CO_2の取り込みも長時間となり，より多く光合成ができる。この管理方法では，より多くの吸水が起こり，十分な量のカルシウムが吸収されるため，尻腐れ果の発生も軽減される。

飽差の計算

気孔内部の相対湿度は100％であり，ハウス内の空気は，どれだけ高くても気孔内の湿度よりは低くなっている。気孔内外の温度が等しいとき，気孔が開いていれば蒸散は常に起こるし，CO_2を光合成に用いる必要がある場合も，気孔が開くときがある。蒸散する水の量は，気孔内とハウス内湿度の水蒸気濃度の差によって決まる。

園芸分野では相対湿度が多く利用されるが，蒸散能力を推定する場合には使用すべきでない。蒸散能力は絶対湿度に依存するからである。絶対湿度は空気中の水蒸気濃度を示し，1m^3の空気当たりのグラム数で表わされる。20℃の空気は，1m^3当たり最大17.3gの水蒸気を含むことができる（図1を参照）。相対湿度が70％であれば，空気1m^3当たり12.1g（17.3×0.7）の水蒸気が含まれることになる。したがって，このときの空気はさらに5.2g（17.3－12.1）の水蒸気を含むことができる。この値を飽差と呼び，蒸散の駆動力となる。

25℃の空気中には1m^3当たり23.5gの水蒸気を含むことができ，相対湿度が70％の場合は1m^3当たり16.5g（23.5×0.7）の水蒸気が含まれている。したがって，この空気はさらに7gの水蒸気を含むことができる。つまり，同じ相対湿度であっても，20℃より25℃のほうが植物にとってより多くの水分を放出することができる。

細霧冷房

最終的に，日射が強すぎると気孔は閉じ，光合成はストップする。気孔の閉鎖は気孔内とハウス内空気との水蒸気圧差によって起こる。この水蒸気圧差は，葉やハウス内の相対湿度と温度によって決まる。生産者は細霧によって相対湿度を上げることができる。水が水蒸気に変化するとき，多くの熱エネルギーが奪われるため，冷却効果が得られる。つまり，細霧によって高湿度と冷却効果を同時に得ることができ，気孔がより長い時間開き，十分な日射があるなら CO_2 の取り込みが促進され，生産性の向上につながる。

まとめと解説

植物による蒸散には，養分の吸収と植物体の冷却という二つの重要な機能がある。したがって，植物の生命活動を維持するためには，常にある程度の蒸散が必要である。蒸散の制御には培養液の EC や，湿度を調整することが有効である。蒸散の過度の促進には温湿度制御に多くのエネルギーを必要とするため，ある程度の高湿度は許容したほうがよいだろう。

気孔：葉にある門

気孔は光合成と蒸散のバランスを常に調整している

気孔は葉の表面に形成された門で，CO_2 を取り込み，酸素や水を放出するために必要なものである。気孔の開閉は多くの気象要素によって制御されているため，その挙動は非常に複雑である。

植物が地上で生きていくには，いくつかの適応が必要不可欠である。進化の過程において，植物は葉からの水分蒸発を防ぐために，ワックス層であるクチクラを発達させた。この層は，水だけでなく気体の透過も防いでしまう。一方で，植物は同化のために気体を取り込み，放出する必要がある。これが，葉において微小な門である気孔が存在する理由である。

門番のいない門

気孔の周囲には，迅速に形を変化させることに特化した孔辺細胞が存在する。そして，この働きによって気孔が開閉している。孔辺細胞の周囲には多くの表皮細胞が存在しており，これらが気孔の開閉を制御している。この門には門番が存在しない。そのため，CO_2 や酸素，水蒸気だけでなく，有害物質であるエチレンや一酸化炭素も通り抜けてしまう。植物は，これら有害物質を遮断するようには発達しなかった。

原理的には，気孔は CO_2 の葉内への流入を最大化するために，可能な限り開放状態を維持しようとする。それと同時に，水分損失を最小化するために，可能な限り閉鎖状態を維持しようとする。

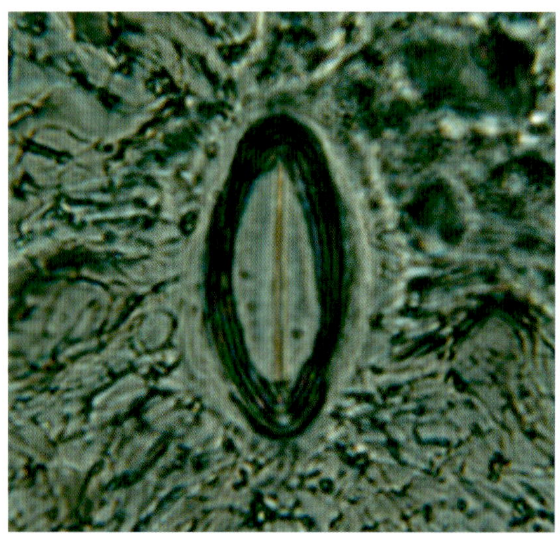

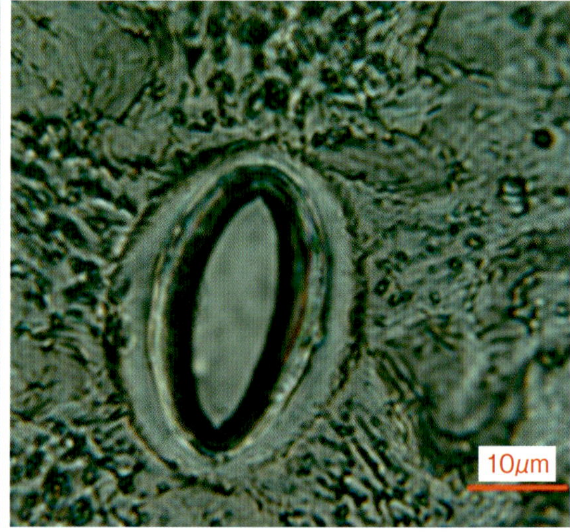

写真1　バラの気孔で，左は閉じている気孔，右は開いている気孔である。この植物には葉の裏側にしか気孔が存在しない。$1\mu m$ は 0.000001m，0.001mm である。

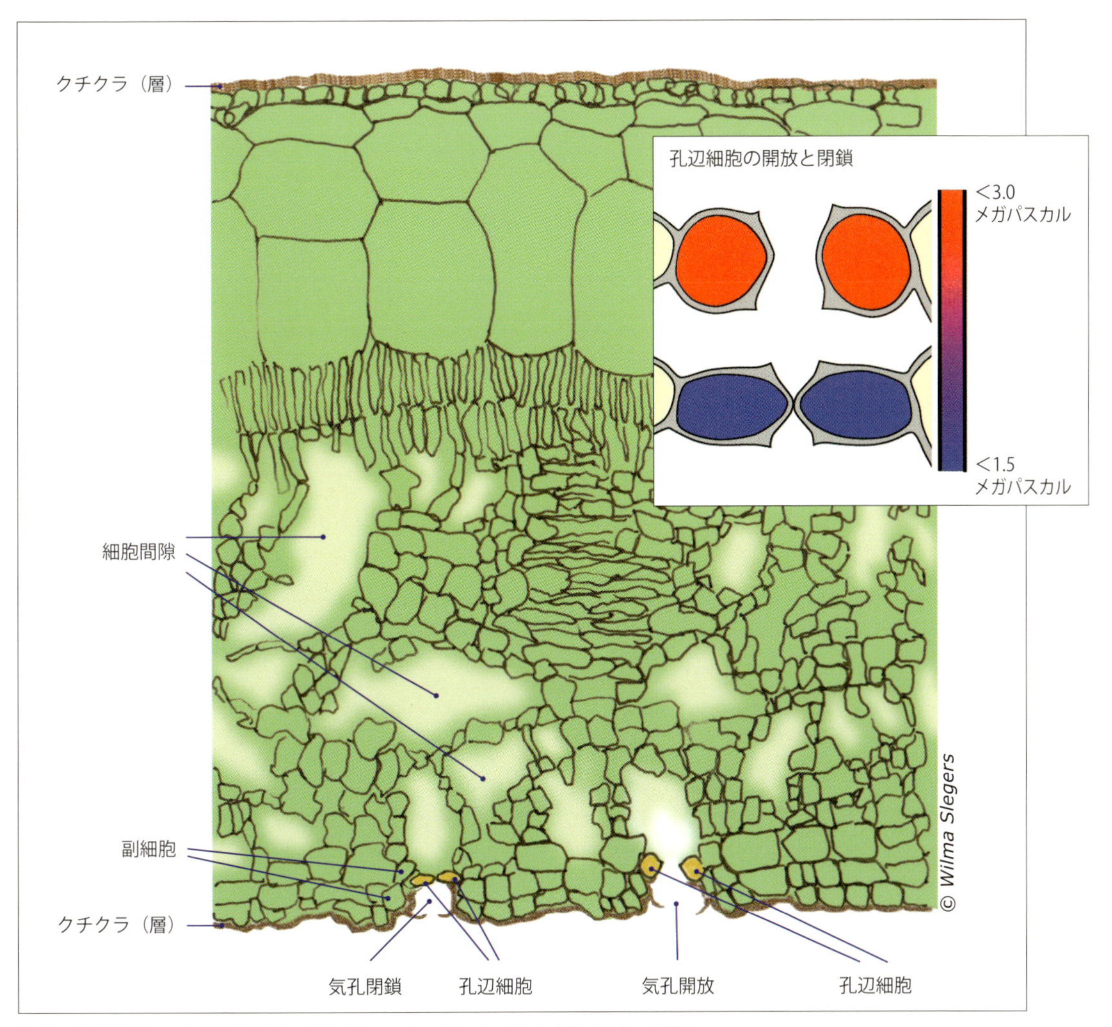

気孔は孔辺細胞内の急激な浸透圧の増加（1.5～3.0メガパスカル）による吸水によって開く。
この反応はカリウムの輸送によって可能となっている。

図1　葉内の気孔

当然，これら二つの機能は相反する。そこで，植物は水分の損失と CO_2 の取り込みが最適なバランスになるように，常に調節し続けているのである。このバランスは，常に変化しており，それは植物の水分状態や周辺環境の湿度，光強度，光質，CO_2 濃度などに影響されている。これらすべての要素と植物体自身の内生リズムによって，気孔の開閉や，その程度が決定されている。

水圧駆動型のバルブ

気孔は，孔辺細胞内の水分の出入りによって開閉することから，水圧駆動型のバルブと見なすこともできる。この孔辺細胞の挙動は，浸透作用によるものである。浸透作用とは，物質が高濃度に溶解している液体が，膜を通じて外部から水を引き込む現象のことである。つまり，孔辺細胞内にカリウムや糖を高濃度に蓄積することで，外から水分を流入させるのである。

孔辺細胞は特殊なチャンネルを持っており，そのチャンネルを通じて周囲の特殊な表皮細胞からカリウムを引き込む。逆に，孔辺細胞から周囲の細胞へカリウムを放出する別のチャンネルも存在する。カリウムの引き込みは，放出より短時間で

Text: Ep Heuvelink (Wageningen University) and Tijs Kierkels
Images: Dimitrios Fanourakis (Wageningen University)

起こるため，気孔の開放は閉鎖より反応が早い。

気孔閉鎖のシグナルは，植物ホルモンの一種であるアブシジン酸によってもたらされる。アブシジン酸は水ストレス条件下の葉内でも生成されるが，水分吸収が十分でなかった場合には，水分バランスを維持するために根においても生成される。

いつ開き，いつ閉じるか？

ハウス内の気象環境は，季節や日，時間などによって変化する。気孔はこの変化を感知し，反応できなければならない。まず，気孔には昼夜のリズムがある。夜は閉じ，日中は開くことでストレスを回避している。このリズムは内生の概日（サーカディアン）リズムと呼ばれ，たとえ人工的に昼夜を逆転させたとしても，しばらくはそれまでの概日リズムが維持される。その後，徐々に気孔は新しい環境に適応していくが，それはフィトクロム（色素）の働きによって光を感知し，気孔を順応させているためである。フィトクロムは光が‘見える’のである。

気孔の開度は光強度に依存しており，多くの場合は光が強いほど開度は大きくなる。しかし，孔辺細胞は光の強さを‘見る’ことはできないため，反応は間接的となる。受光量が増加すると同化量が増加し，葉内の CO_2 濃度が低下する。これがシグナルとなって孔辺細胞が開き，より多くの CO_2 を外気から取り込むことができるようになる。

植物は，葉内外の CO_2 濃度の関係を一定に保とうとする。そのため，ハウス内の CO_2 濃度が非常に高くなると，一部の気孔が閉じる。たとえばナスでは，外気の CO_2 濃度が 700 ～ 800ppm になると気孔が部分的に閉じる。しかし，この反応は必ずしも理にかなっているわけではない。というのは，気孔が閉じると，葉温が過度に上昇したり，葉が黄化したりする原因になるからである。空気循環による冷却は，この現象を抑えるのに有効である。ちなみにトマトでは，1,500ppm の CO_2 濃度までは，気孔閉鎖の要因となることはほとんどない。

臨時の生命維持反応

植物は，ハウスの湿度に対して直接反応するわけではなく，植物内部の水分状態に対して反応する。水分状態は，湿度や蒸散，水分吸収などによって影響される。

たとえ CO_2 の取り込みが減少し，光合成が抑制されるとしても，植物体内の水分の損失が問題となるような場合には，気孔は閉鎖される。これは極めて合理的な反応である。ストレス環境下における気孔の閉鎖は，生命維持のために必要な反応なのである。しかし，これが問題となる場合もある。気孔の閉鎖は葉温上昇の原因となり（たとえ気孔が閉じていても，蒸散を完全に防ぐことはできないため），再び蒸散を促進することとなる。この結果，植物はさらなる水分ストレスを受ける。

さらに，蒸散量が低下すると，ハウス内の湿度も低下する。これによって，ハウス内と植物体内の水分環境に大きな差が生じ，この差がさらなる蒸散の促進につながってしまう。結局のところ，気孔の閉鎖は意図したほど蒸散の抑制には効果がないことになる。

光質の影響

ワーヘニンゲン大学が実施した研究によると，気孔は水分状態に反応することを学習していることが明らかにされている。もし，植物を常に高湿度条件下で生育させると，水分の損失を抑えるために気孔を閉じる必要がなくなる。そのような植物は，気孔の閉じ方を学習していない。その結果，乾燥ストレス条件下に移しても，気孔を閉鎖する反応が起こらない。このような条件で育てたバラは，品種によって差はあるものの，切り花の花持ちが極端に短くなる。気孔の挙動に影響を及ぼすもう一つの要素は，光質である。青色光は赤色光より気孔開放に及ぼす影響が大きい。

LED 技術の進歩によって，青色光を生産現場で活用できるようになった。これによって，気孔の状態を直接制御することも可能となったが，だからといって安直に気孔を制御しようとするのは，あまりに軽率である。植物は CO_2 吸収と水分損失のバランスをとる，極めて精巧なシステムを持っている。実際のところ，これを改善する余地はほとんどない。

内蔵されたセキュリティ

近年の研究によって，気孔は一つの要素に単純に反応しているわけではないことが明らかになった。今まで述べてきたように，植物内で行なわれる多くのプロセスは複雑であり，気孔の開閉もその一つである。これはある意味，内蔵された多数の安全装置によるシステムのようなものである。このシステムは，何か悪いことが起こったときに備え，植物自身が相応のコストを支払って準備したものなので，とくに驚くものではない。研究者は，この気孔による調節機能の一部を停止させたものを作出することで，停止させないものと比較し，その機能を明らかにしている。たとえば，遺伝子欠損によって青色光の感受性を失ったいくつかの変異体が作出されている。とはいえ，別の反応系が青色光に対する反応を引き継ぐので，これら変異体は青色光に対して反応する。これもまた，植物ホルモンの一種のアブシジン酸が，異なる経路で孔辺細胞内のイオン濃度を制御している結果である。もし，何らかの理由である経路がふさがれた場合，別の経路が利用される。

まとめと解説

気孔は CO_2 を取り入れるために，可能な限り開いた状態を維持しなければならない。一方で水分損失量を最小化するために，可能な限り閉じた状態を維持しなければならない。植物はこの二つの相反した要求のバランスを常にとり続けている。気孔の開閉は，昼夜リズム，光強度，光質，CO_2 濃度，植物の水分状態など，多くの要素が複雑に影響し合って制御されている。そのため，生産現場における気孔の厳格な制御はほとんど不可能である。このような複雑さを理解したうえで環境制御を実施する必要がある。

花，果実，根そして生長点が糖を取り合っている

精巧な輸送システムが‘ソース’から‘シンク’へ糖を運ぶ

光合成は葉で行なわれるが，その産物，すなわち糖はほかの部位へ輸送されなければならない。その役割は師部が担っている。糖を受け取る器官の温度は，輸送速度と糖の転流速度に影響するという意味で重要な役割を持つ。糖の生産と輸送プロセスとの関係が崩れると大きな問題となる。

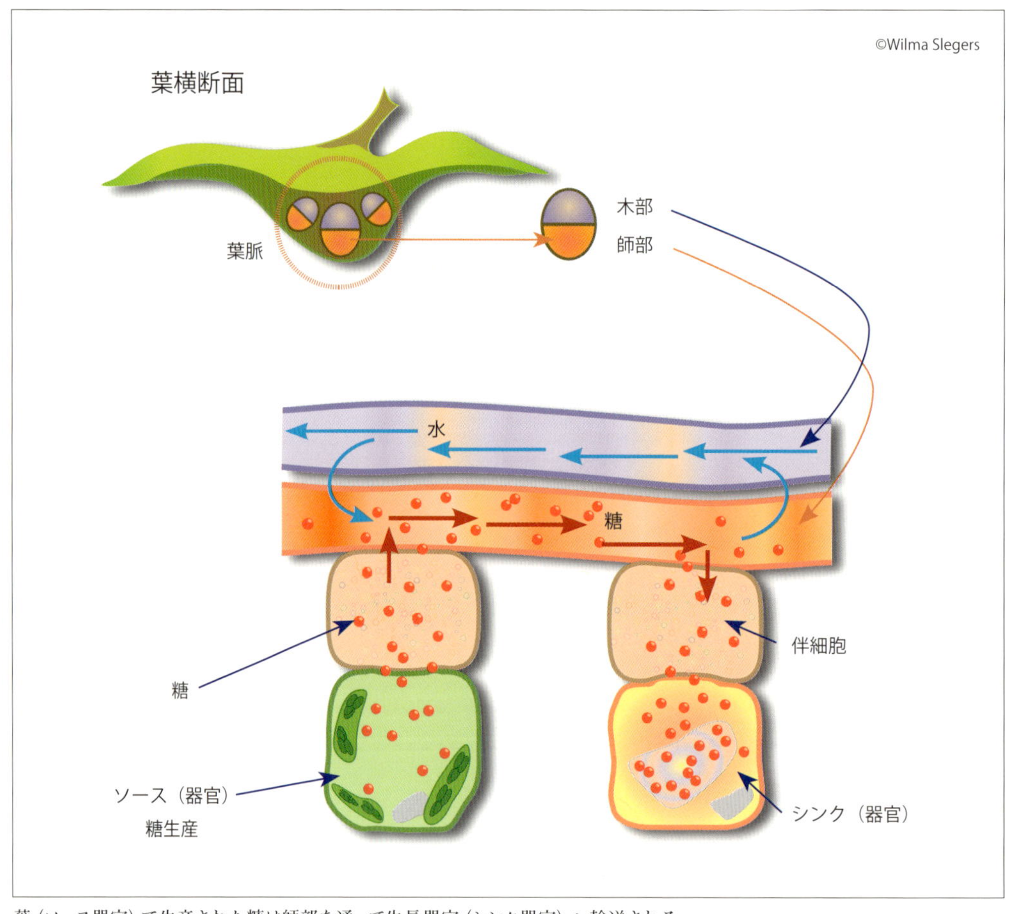

葉（ソース器官）で生産された糖は師部を通って生長器官（シンク器官）へ輸送される。

図1　葉脈における糖輸送

©Wilma Slegers

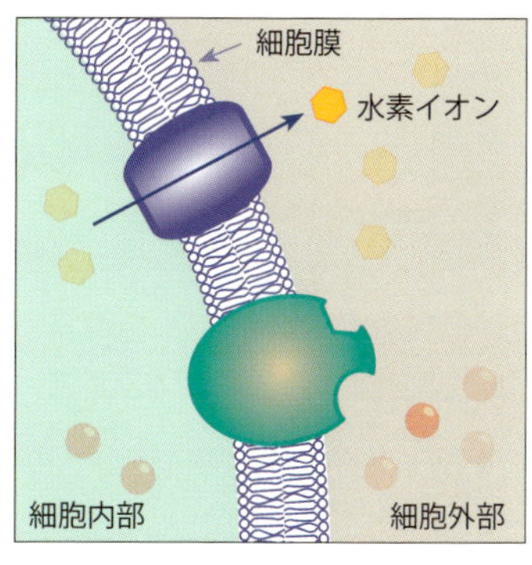

シンク細胞はどうやって糖を取り入れるか？　まずは水素イオン（H^+）を放出する。

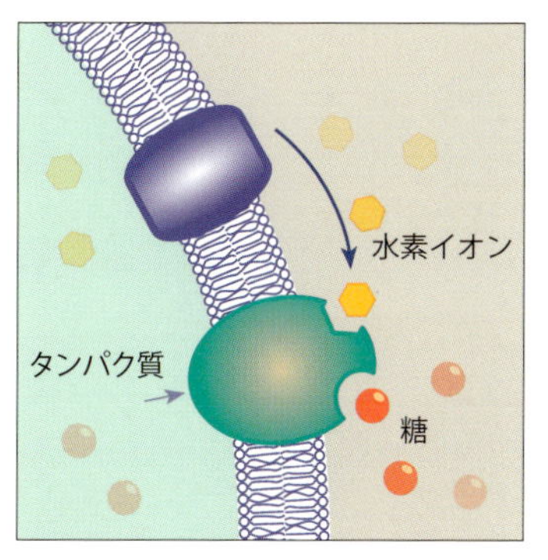

細胞外へ放出された水素イオンは，特殊なタンパク質に糖分子と同時に結合することで，細胞内へ戻る。

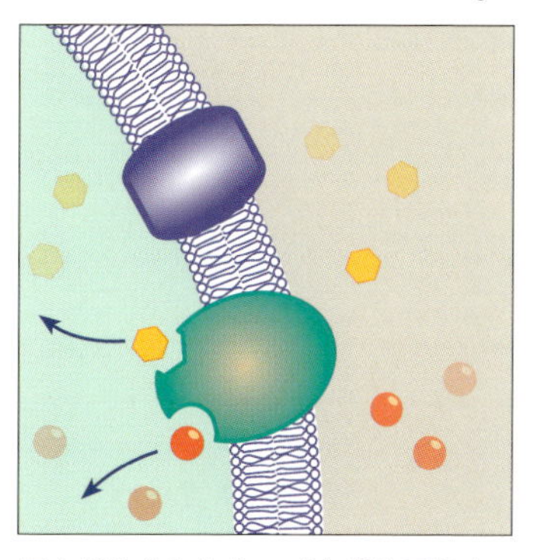
両方が結合したタンパク質は反転する。こうして水素イオンと糖が細胞内に入る。

細胞膜の水素イオンショ糖ポンプ（ショ糖トランスポーター）が師部の糖の取り込みを可能にしている。

図2　膜を通る糖輸送

晴れた日には，施設内の植物は全力で光合成をしている。葉で生産されたたくさんの糖は，生長部位に向かって運ばれる。これには輸送システムが必要で，師部として知られている。

糖の競合

植物は二つの輸送システムを持つ。一つは木部で，水や養分を蒸散している部位へ輸送する。木部を形成する導管は死んだ細胞でできており，下方から上方への一方通行である。もう一つは師部で，師部を形成する師管は生きた細胞からなり，輸送はどの方向にも起こりうる。糖やアミノ酸などの光合成産物は，水とともに師部を通って輸送される。果実などの蒸散が起こらない部位の水分は，多くが師部由来である（図1）。

ここでは師部について解説する。最初に‘ソース’と‘シンク’という言葉をよく理解する必要がある。ソースとは光合成を行なう部位のことをいい，その大部分は多くの光を受ける展開葉である。シンクは，おもに光合成産物を受け取り，消費したり蓄えたりする部位のことをいい，果実や，生長点，若い葉，根などがそれに相当する。

ショ糖トランスポーター

植物のすべての器官は，そこに糖が流れ込む容器（シンク）としての役割を持つ。花や果実，根，生長点は，糖を他器官から引き込もうとする。全シンク容量は，生産される糖の量よりはるかに大きい。栽培期間で平均すると，トマトのシンク容量はソース容量の2倍になり，キュウリでは3倍にもなる。つまり植物では，糖を巡って激しい競合が起こっているのである。そのため，ほとんど糖を得られない器官もあれば，十分な量を得る器官もある。

光合成の過程で，いくつかの段階を経て糖（ブドウ糖）が形成されていく。その形態は，貯蔵と輸送それぞれに向いた2種類がある。貯蔵にはデンプンという形態をとり，輸送にはショ糖という形態をとる。ショ糖は師部内へ簡単には移動しない。その理由は，細胞膜がショ糖の透過を防いでいるためである。そのため，ショ糖を師部へ移動させるためには，エネルギーを使った能動輸送が必要になる。

この過程は，次のようになっている。師部細胞

(もしくはその伴細胞) は最初に水素イオン (H^+) を放出する。これにはエネルギーを必要とする。この放出によって師部外部の水素イオン濃度が内部より高くなり，濃度勾配が発生する。水素イオンは細胞内へ戻ろうとするが，水素イオンが細胞内に戻れるのは，細胞膜にある輸送タンパク質を経由するときだけである。水素イオンはそのタンパク質に結合するが，同時にショ糖も結合したときに，タンパク質が反転し，師部内へ移動する。このタンパク質は，水素イオンショ糖ポンプ（ショ糖トランスポーター）と呼ばれている（図2）。

静水圧

この過程において，師部のショ糖濃度は上昇を続ける。物質が溶けた高濃度の溶液は，周辺細胞から細胞膜を通して水を引き寄せる。これが浸透作用であり，水圧差によって水が移動する。トータルとして糖と水が移動することになる。

糖が，たとえば花が形成されているようなシンク器官に達すると，まったく逆の原理で，ショ糖トランスポーターを通じて糖が放出される。そのとき水も同時に浸透作用で放出される。水の一部は師部内に残り，余剰分は木部へ移動する（図1）。

ベルトコンベヤーと似ている

理解のために，師部をベルトコンベヤーと比較するとわかりやすい。糖の生産はクロロフィルで行なわれる。生産された糖は‘働き手’によってベルトコンベヤーに乗せられ，遠くまで運ばれた後に別の‘働き手’によって降ろされる。この働き手は，通常ローディング（ソースから師部へ糖を送る）よりアンローディング（シンクが師部から糖を受け取る）のほうがはるかに多い。

そのため，アンローディングの働き手が多少少なくなっても，ローディングには影響しない。植物生理学的にいえば，シンク強度の合計はソース強度の合計よりはるかに大きい。例外的なケースとして，シンク強度が低下する場合もあるが，その場合は同化産物の生産（ソース強度）に悪影響を及ぼす。

生産者としては，糖が最終的に植物の収穫部位に移動していくことがおもな関心である。その点で，温度は非常に重要である。光合成は，師部を通るローディングやアンローディングと同様に，それほど温度感受性は高くないが，アンローディングの後のプロセスは温度感受性が高い。糖は，それを受け入れた細胞内で変換され，植物体の一部となる。これらのプロセスには多くの酵素がかかわっており，温度が高いほど早く反応が進む。

ソースとシンクのバランス

低温によって反応速度の低下が起こった場合，多くの‘働き手’はアンローディングを停止させる。一連の反応が滞ると，ローディングも滞る。一方で，光合成自体は温度感受性が高くないため継続して行なわれているので，糖がソース器官に蓄積し始める。光合成が行なわれている細胞内のショ糖の濃度が上昇していき，それがその細胞自身のシグナルとなって，糖の貯蔵が開始される。驚くべきことに，デンプンは葉緑体内に蓄積されるのである。しかし蓄積量が多くなりすぎると，光合成も影響を受ける。トマトにおいては，温度が低すぎると葉の色が濃くなり（糖蓄積による現象），その後黄化する（クロロフィルが影響を受けている）。

このため，ソースとシンクのバランスをとり続ける必要がある。もし温度を上げたら，シンク強度が上がるので，補光やCO_2施用などによってソース強度を向上させる必要がある。逆に，光やCO_2が十分にある場合は，バランスを修正するために温度を上げる必要がある。

糖の一時的な貯蔵

植物は，さまざまな方法で光合成産物をためたり使ったりしていることを知っておく必要がある。これまで述べてきたように，一般的にシンク強度はソース強度よりはるかに大きい。もし，植物にわずかな花や果実しかないなら，植物は余剰分の糖を茎や根に送る。それによって茎や根は見てわかるほどに肥大する。

植物は過剰な糖を，一時的に茎や根に貯蔵することができる。ここで貯蔵された糖は，光合成が不十分なときに師部を通じて放出される。たとえば，バラでは茎に蓄積された糖が切り花の品質に重要な影響を及ぼす。もしすべての花を一度に収穫した場合，多くの葉も同時に収穫されるため，非常に少ない葉面積でしか光合成が行なわれない。そのため，新しく茎が伸びるのに必要な糖の一部は，茎や根に貯蔵されたデンプンから供給される。もう一つの例としては，球根の水栽培が挙げられる。この例では球根に蓄えられた糖が最初に利用される。

最終的に疑問に残ることは，葉はいつシンク器官からソース器官に変化するのかということである。未熟葉では，自身の生長に必要なだけの糖生産が行なえない。そのため，ほかの成熟葉から糖が輸送されている。このことから，未熟葉はシンク器官であるといえる。若い葉は大きくなるにつれて，他部位からもらう糖の量は少なくなる。そして，自身の糖生産力が向上し，最終的にソース器官となる。この変化は，葉の大きさが最終的なサイズのおよそ半分に達したときに起こる。

まとめと解説

糖はソース器官である展開葉で作られ，師部を通ってほかのシンク器官へ輸送される。高い生産性を発揮するためには，糖の生産と消費，すなわちソース強度とシンク強度を，よいバランスで保つことが重要である。糖の生産は光強度と CO_2 の影響が大きく，消費には温度の影響が大きい。このため，これらの環境をうまく調節することがポイントとなる。シンク・ソースバランスの管理に失敗した例が，トマトでいえば，葉の過繁茂や茎の過剰肥大に象徴される，「暴れる」といわれる状態である。

植物は1日の中でいろいろ反応する

生物体内時計が植物の多くの代謝を決めている

植物の体内時計は，多くの代謝過程で役割を担っている。人工光による日長延長やCO_2施用が期待どおりの反応を示さないことがあるが，これは体内時計が原因かもしれない。

植物は，光が当たる前から光に備えている。体内の代謝が円滑に進むように準備を始めるのだ。植物はまるで日の出を知っているかのようだ。そのような過程を開始させるのは，光自体ではなく，植物の体内にある‘時計’なのである。時間によって植物の反応が異なる例がある。気温変化に対する植物の反応が，時間によって異なるのである。たとえば，日の出前の気温の低下は多くの鉢物植物の伸長を抑制することができ，この効果はDROPと呼ばれる。しかし，気温の低下が1日の終わりに与えられた場合，その効果はごくわずかか，あるいは生じない。このように，DROPに対する植物の感度は1日の中で変化するのである。

写真1　長時間の補光は，若いトウガラシの着果や，栄養生長と生殖生長のバランスを壊し，生産性を下げる。補光は長ければよいというものではない。

概日リズム

植物の営みの多くにリズムがありそうなことが，次第に明らかになってきている。そのような例があまりに多いので，事実上すべての過程にリズムがあると考える研究者もいる。代表的な例は，発芽，伸長，光合成，植物ホルモンの生合成，酵素活性，気孔の開閉（図1），開花と香りの分泌などがある。そして，遺伝情報の翻訳ですらリズムがあるのである。シロイヌナズナ（52ページ囲み記事参照）では，機能している遺伝子の少なくとも10%にリズムが影響している。研究者によっては，影響は35%にも及ぶとしているが，実際の影響の大きさを説明するのは難しい。

この現象は，概日（サーカディアン）リズムと呼ばれる。概日とは「約1日の」を意味する。多くのリズムはおおむね24時間を周期としているが，30時間に及ぶものもある。これは，植物の真に内生的なリズムであることも示唆している。地球はいつも24時間をかけて自転しているので，もしリズムがそのシグナルだけによるものであれば，日ごとの正確な24時間の昼—夜リズムしかないだろう。

概日リズムを無視すると

ハウス栽培において，われわれはすべてのことを制御すべく取り組んできた。われわれは環境制御の長い道のりを歩み，そして植物の生長過程を制御することにかなり成功しているといってよい。しかし，概日リズムはときどき，われわれの作業の阻害要因になり，実際にしばしば予期しない反応を生じさせる原因になっている。その際，概日リズムの知見を念頭に置いて植物の反応をみれば，その理解は容易になる。たとえば，1日の終わりにDROPの効果がないのは，1日の終わりには，植物がその感受性サイクルの低い状態にあることに原因がある。概日リズムを無視して，補光などの栽培法をとることは，自然のリズムと大きく異なった状態を植物に引き起こすことがある。たとえば，長時間の人工光の使用，異なる光色の使用，誤った時刻のCO_2施用などである。問題がない場合，植物の生長は促進されるが，効果がない場合は体内時計があるからだと考えるとよい。体内時計が問題の場合，それを回避する対策技術はほとんどないといってよい。

植物をだます

植物は体内時計を調整するしくみを持っていて，特定の光や温度条件によって，時計を実際の1日のリズムに修正することができる。そのため，われわれはこれを活用することで植物をだますことができるのである。たとえば，日の出の直前に短時間の強光を当てると，時計を進めることができる。日没後に同じことをすれば，リズムを遅らせることができる。植物は光をフィトクロムやクリプトクロムのような色素で「見て」いるため，強光の照射はリズムに影響を与える手段

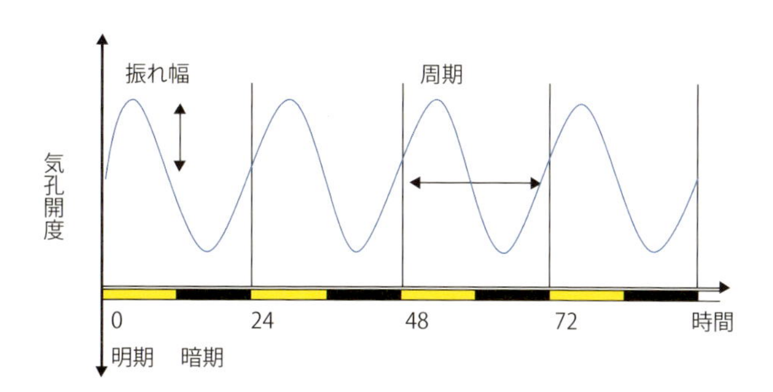

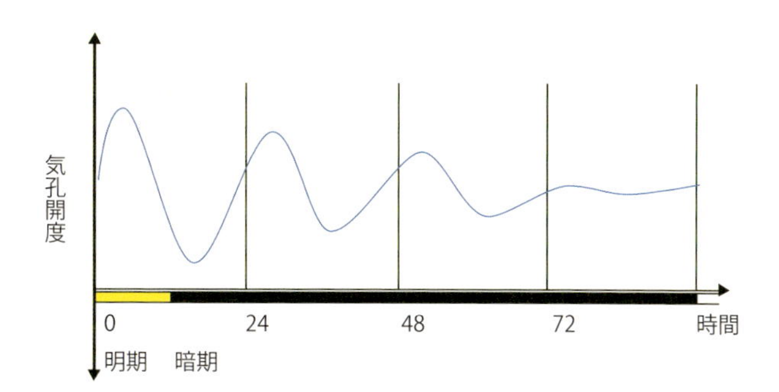

上の図は通常の概日リズムにおける気孔の開度を示す（x軸下の黄色部分は明期，黒色部分は暗期）。
下の図は暗期にした場合，そのリズムがおおよそ同じ周期で数回続いた後になくなることを示している。このとき体内時計は機能しなくなる。

図1　概日リズム

写真2　時計を1時間早めると，ヒトでもバイオリズムが混乱する。植物の場合，バイオリズムに大きく影響するのは光である。植物は基本的に光に合わせてリズムを刻む。

Text: Ep Heuvelink (Wageningen University) and Tijs Kierkels
Image: Wilma Slegers

とすることができるのである。

長時間補光は，栽培に利用できそうである。つまり，極端な長時間の補光は，間違いなくすべての概日リズムに反することになる。この場合，植物は体内時計を再修正する機会がなくなるので，われわれは気孔や光合成やすべての酵素反応のリズムを無視して栽培できることになる。

フィトクロムやクリプトクロムに影響する特定の波長の光によって，概日リズムを修正するというような研究は価値があるだろう。しかし，この部分はよくわかっていない。それは，概日リズムがこのようにさまざまに植物に影響することは，最近わかってきたからである。どの程度早く植物をだますことができるかが課題である。1日で時計を調整しないのなら，数日間の単位で人工光を与え続け，その後24時間の暗期を設ける，などの処理が可能となる。最終的に，自然の夜を経験すれば，植物の体内時計は再び自然の周期に合うのである。

長時間補光の効果

若いトウガラシに長時間の補光をすると，着果を阻害したり，栄養生長と生殖生長のバランスを崩したりする原因となる。同様に，多くの鉢物植物は，昼と夜とで葉の配置を変えている。一つの植物に光が当たると，次の植物に当たる光の量が減少するので，とくに若い植物の，葉の配置は重要である。異なる波長の光を使うことによって，植物を理想的な葉の位置に制御することができるかもしれない。光合成に有効な光の波長は，葉を光の当たる位置に導く波長とは異なるので，葉の適正配置は光合成有効放射では決まらない。

研究者は，しばしば体内時計の問題に出くわす。たとえば，CO_2施用方法を改善しようとするときなど，体内時計の問題を考えないわけにはいかないのである。ランの性質を考えると，昼6時間と夜6時間（24時間当たり2回）のCO_2施用が生産性を高めるのではないかと考えてしまう。しかし，そのような処理はうまくいかないと予想できる。それは概日リズムに逆らっているからだ。

体内時計は一つではない

概日リズムは一つだけではない。いくつかの体内時計が互いに影響し合って機能しているので，リズムはより複雑である。サヤインゲンマメが気孔を開けてCO_2を固定するリズムと，葉の就眠運動（夜になると葉が閉じて眠ったように見える）のリズムは異なる。体内時計は，植物の組織内ではなくて細胞内にあることがわかっている。リズム自体は，植物生育のかなり早い時期，すなわち発芽時の吸水ステージからすでに始まっている。それでは通常の概日リズムよりも規則的なものがあるだろうか。ヘデラ（ヨーロッパ，アジアなどに分布しているツタの仲間，観葉植物の寄せ植えにも使われる）は，年間を通じて周期的な生長パターンを示す。ある植物は，毎年同じ時期に花を咲かせる。そして驚くことに，世界各所に分布している同じ種類のタケはすべて，同時に開花するのである。これも長期間の体内時計が機能した結果である。

役立つ雑草：シロイヌナズナ

研究者が，もともと雑草であるシロイヌナズナをモデル植物として使い始めてから，多くの研究が加速した。シロイヌナズナは，相対的に遺伝子数が少なく，ライフサイクルが短い。また，植物体自体も小さく，遺伝子操作も容易である。今ではこのようなモデル植物の実験系が確立し，植物の体内時計の分野においても多くの研究が行なわれている。もともとシロイヌナズナは植物が生えていない砂質土の裸地に最初に定着するパイオニアプランツである。通常の言葉では，‘ただの草’であるが，植物科学では非常に役に立つ‘草’である。

まとめと解説

植物の体内時計は多くの生理過程に重要な役割を果たしている。花成反応や光合成をはじめとする植物の重要な反応の多くは，約24時間周期で変動する概日リズムをもとに自発的に制御されている。これは，植物が1日の中で栽培管理に対して異なった反応をすることも意味している。補光やCO_2施用など，生産性の向上を追求して環境調節する際においてもそのリズムを考慮して制御する必要がある。

ちなみに，トマトなどの果実肥大促進を目的に，近年わが国でも導入されている「クイックドロップ」は，ここでいうDROPとは異なる。クイックドロップは日の入り前後の気温を急激に低下させる方法で，果実温度だけが温かい状況を作ることで，同化産物が温度の高い部位に移行しやすい性質を利用して果実肥大を促す方法であり，概日リズムを利用したDROPとは理論もやり方も異なる。なお，DROPについては，115，117，122，146ページも参照。

トマトの葉を取りすぎてはいけない

最適な葉面積は収量増加につながる

良好な受光は，良好な収量を得るための最初の一歩であり，そのためにはハウス内に十分な葉面積を確保することが必要である。しかし，生産者にとっては現在どの程度の葉面積があるのかを測るのは難しい。この件に関する新しい研究成果を紹介しよう。

ハウスの建設にはコストがかかるので，床面積は高価なものである。植物の全生育量と，その栽培期間の総受光量は比例するため，ハウスに入射する光を植物が可能な限り多く受光することは重要である。そのためには，十分な葉数を維持する必要がある。

葉面積指数

以前は，多くの光が植物に当たらずに，ハウスの床面に‘落ちていた’。たとえばトマトでは，多くの葉が摘除されていた。多くの経験則があり，統一見解はなかった。あるときは「トマト植物体の葉は常に17枚に維持するのがよい」とされていた。しかしこれは議論の余地がある。最適な葉数は植物体に何本の茎を残しているかによって変わるため，植物体の全葉数はよい指標ではない。

植物の光合成能力の唯一のよい基準は，葉面積指数（Leaf Area Idex, LAI）である。これは，床面積1m^2当たりに占める葉の表面積m^2を示したものである。

写真1　もし葉面積が床面積の4倍であれば，事実上すべての受光可能な光を利用して生産量が最大になる。

写真２　研究結果は，しばしば多すぎるくらい摘葉されていることを示している。

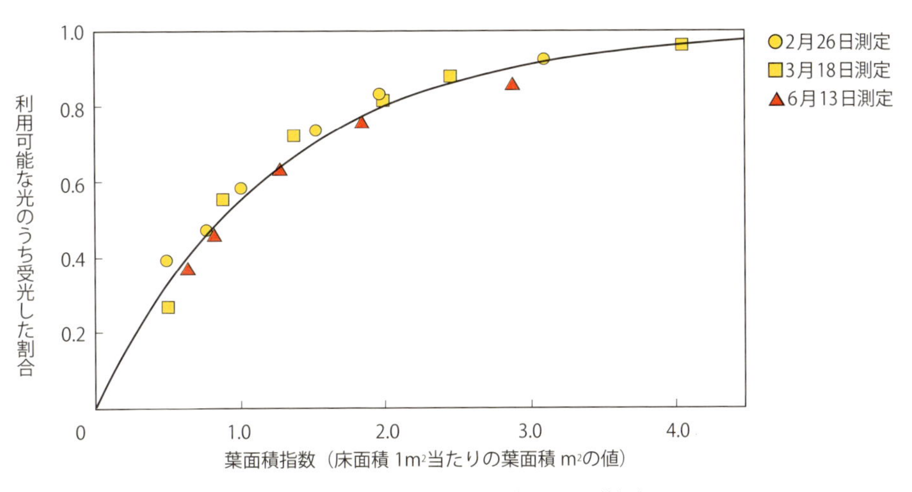

作物による受光量は，葉面積が床面積より大きいとき，最大値に達するまで増加する。

図１　受光量と葉面積指数（LAI）の関係

最適葉面積

有益な受光

トマト生産者の中には，入射する光の91～96％を利用する者がいる一方，86％程度しか利用していない生産者もいる。もし後の生産者がより多くの光を利用できれば，生産量の増加（5％以上の）が見込める。この生産量の増加を達成するには，LAIをより高く維持する必要がある。

グラフからわかるように，受光率とLAIには明確な関係がある。受光量は葉の総表面積が大きくなるほど増加するが，その効果は葉面積がより大きくなるにつれ徐々に小さくなってくる。葉の表面積が床面積の約4倍（LAIが4）のとき，利用可能な光のほぼすべてを受光している。

摘葉は少なく

多くの作物が，このグラフに見られるのと同様の線に従う。生産者にとっての問題は，LAIを測定することが難しいことである。LAIが3.5と4のハウスのトマトの差は見た目にはわかりにくいが，生産量は異なる。ワーヘニンゲンURで行なわれた研究結果は，トマトの摘葉は少ないほうがよいことを明確に示している。

生産者は，作物がどの程度受光できているかを知るために，作物（群落）の上下の光の総量を測定することはできる。しかしここにも問題がある。多くの光量子センサは1点でしか測定できない。これは，作物の下でも直射日光を受けられる場所があるため適切ではない。棒状の光センサを使って多くの場所を測定することで，よりよい結果が得られる。また，測定は曇りの日に行なうのがよい。

照明装置を利用した補光をする場合には，めざすべきLAIを知ることがより一層重要になる。太陽光を無駄にしたうえ，お金をかけた補光も無駄にするとは悲しいではないか。わずか数％の受光量の増加ではあるが，金銭的にはかなりの増収につながるのである。

経験からのアドバイス

このような知見により，Vシステム（見た目がVの字に見えるハイワイヤーによる振り分け誘引）という葉面積管理手法が成り立っている。Vシステムでは，通常の半数しか植物を植えない。栽培開始時には少ししか受光しないので，光を無駄にすることになる。ここで「この光のロスはほかの利点で十分補えるのか？」という疑問が持ち上がる。

ここで重要なのは，生育初期に早くLAIを2.5から3に達するようにすることである。植物のわきに落ちる光のすべてを回収することはできない。そして忘れてはいけないのは，パプリカの初期生育は，キュウリやトマトのそれと比べて時間がかかるということである。また，切り花の場合にはほかの問題がある。たとえばバラの栽培では，常にもっとも活性のある葉を切り落としている。そのため高いLAIに達しない。そのうえ，古い葉ばかり残ってしまう。この場合，管理で重要なことは，葉の活性化（若返り）と，できるだけ葉面積指数を高く保つことにある。

そして当然，通路に落ちる光は生産に利用できないので，通路はなるべく狭くすべきである。ロゼット葉のガーベラでは，反対の管理手法が適用されることがある。それはあまりにも多くの葉をつける可能性があるためであるが，それを確認するための知見は少ない。キクでは，改善する余地はおそらく少ない。すでに播種日に応じて栽植密度は変更され，通常すぐに高いLAIに達するようになっているからである。

光の色

受光量と同様に，光の色も重要である。光の色については多くの議論がなされているが，その光の色の違いが果たす役割の可能性については十分な進展はない。光の色は，植物の生長発達と形態形成に影響する。赤/赤外比が低いと，側枝の伸びは少なくなり，葉は薄くなる。

青色光を当てると，側枝が多くて草丈の低い，小さく厚い葉の植物になる。この原理は，カランコエなどの鉢植え植物における植物成長抑制剤の代替手段になりうる。しかし，問題はどのようにやるかである。植物上に異なる色のフィルムを展張することも考えられるが，光が減少するという欠点がある。

フィトクロム色素

補光は夕暮れの前に消すことが重要であるという，形態形成に関する新しい情報が明らかにされた。高圧ナトリウムランプは，光合成にとっては理想的な波長の光であるが，形態形成にとってはそうではない。日中は，形態形成に必要な波長は自然光によって十分補われている。しかし，夕暮れ時には高圧ナトリウムランプの‘自然にはない’赤 / 赤外比が問題となる。すなわち，伸張や着花，着果など多くの植物の生育過程において役割を担うフィトクロム色素のバランスが崩れてしまうからである。これはすべての種類の生育障害の原因となる。

オランダでは，過去に補光しているバラのハウスと接しているトマトハウスで問題を経験している。現在はこの問題の原因が光の量ではなく，夕暮れ時の補光であることがわかっている。

われわれはこのような影響のすべてがわかっているわけではないが，自然な夕暮れの開始時に配慮することが大切であることは明らかである。この極めて重要な時間帯が過ぎた夜間には再び照明できるのである。

まとめと解説

研究結果によると，トマト栽培ではほかの生産者より10%以上受光量を多くさせる生産者がいる。原理からすると10%以上増産していることを意味する。植物の生育にとってもっとも重要な要因であり，日射をいかに無駄なく利用できるかが収量増加の鍵となる。葉が多すぎると病虫害が発生しやすくなる危険性もあるが，受光量を最大にすることを意識して，1%でも多く受光量を増やせるように，摘葉しすぎることがないよう注意したい。

できるだけ効率的に光を生産物に変える

植物は今よりも さらに多収が可能である

ハウス1m²当たり200kgのトマト，310kgのキュウリ，120kgのパプリカ，1,100本のバラ，1,300本のキク。このぐらい高いポテンシャルが作物にはある。これは，現在まで私たちが達成している水準よりかなり高い。この潜在的な収量に近づくには，すべての栽培過程で改善が必要である。

たいていの作物において，m²当たりの収量は毎年増加してきた。しかし，現在われわれは，実際に栽培をしなくても，コンピュータモデルを使用して計算を行なうことができ，比較的簡単に収量予想ができる。シミュレーションでは，収量は現状よりはるかに高くなるようである。

オランダの晴れた夏の日のような最適な条件が続けば，1m²当たりのトマトは現在の60kgから200kgの果実を生産することが可能になる(図1)。この図はほかの作物に当てはめることもできる。しかし，この大幅な増収は一足飛びにできるわけではない。栽培の各ステップを最適化することによってのみ，潜在的な最大収量に近づくことができるのである。

理論的な背景

植物の生長と生産を無限に増加させることはできない。最適な条件下で栽培したとしても，最終的には最大値に達する。上限は光合成速度によっ

写真1　理論上はトマトの年間収量200kg/m²の達成が可能である。すべての過程を最適化することで，実際の収量は潜在的な収量により近づく。

写真2　植物の横に落ちたすべての光は無駄になる。品質を犠牲にしないように注意しながら，各生育ステージでできるだけ植物同士を近づけて置くと，光が無駄にならない。

て左右される。

葉に当たった光は，クロロフィルにおいて電子をより高いエネルギーレベルに励起する。一連のエネルギー反応の中で，電子は元のエネルギーレベルに戻り，とらえたエネルギーはCO_2の固定に利用される。この反応の間，すべての反応が起こる光合成反応中心は占有されている。すべての反応中心が占有されている場合には，さらに光を与えても意味がないことになる。エンジンがすでに最高に働いている状態である。多くの場合，植物は損傷を回避するために，すべての反応中心を同時に占有されないよう，光の取り込み方の微調整をしている。ちなみに，単位面積当たりの光合成速度は植物種間で大きな違いがある。アフリカスミレ（セントポーリア）のような日陰でも育つ植物は，反応中心やCO_2を固定する酵素が比較的少ないため，強光を好むトマトより光合成速度がはるかに遅い。

生産の制限要因

ハウスは生産を制限する要因を多く含んでいる。まず，最大量の受光ができている葉はすべてではない。実際，葉はしばしば互いに陰を作ってしまう（相互遮蔽）。この問題は，補光を用いてもなかなか解決できない。一般に，ハウスでは，水や養分，CO_2の供給，病害虫などはよく管理されている。そこで，潜在的な収量へ近づくためには，光を生産物へ，できるだけ高い効率で変換することが課題となる。最適化は4つのステップで行なわれる。

ステップ1：できるだけ多くの光を植物上に降らせる　補光によって光

写真3　最大収量に達するためには，栽培の各ステージにおいてできる限り栽植密度を高くしなければならない。

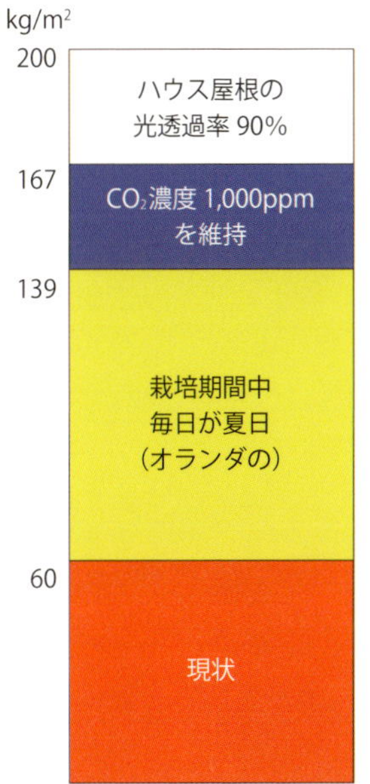

現在のトマト収量である60kg/m²から潜在的な収量である200kg/m²へ増やすために重要なポイント

・もし毎日の積算日射量が夏のピーク時（3,000J/cm²）と同じであれば，生産量は139kgまで増やせる。

・もしCO_2濃度が常に1,000ppmであれば，167kgまで増やせる。

・ハウス屋根の光透過率が90%（これはガラスの光透過率と同程度）であれば，200kgまで増やす助けになる。

実際にこの収量を達成しようとするなら以下の条件も満たす必要がある：熱ストレスをかけない（常に20℃），葉面積指数を3にする（照射される光の90%以上を受光できる），同化産物の70%を果実に輸送するとトマト果実の乾物率は5.5%である。

図1　トマト収量を60kg/m²から200kg/m²へ

写真4　パプリカの着果が改善できれば20%の増収につながる。

Text: Ep Heuvelink (Wageningen University) and Tijs Kierkels

量を増加できるとはいえ，ハウスの屋根の光の透過率は重要である。野菜作物の経験則として，1%の受光量の増加は1%の収量増加になる。

ステップ2：十分な光をとらえる　そのためには，十分な葉面積がなければいけない。言い換えれば葉面積指数（LAI）で3はなければいけない。これは，床面積1m^2当たりの葉面積（m^2）である。

ハウスの床面積は高価であるため，その利用効率を最大化することは重要である。植物ではなく床に落ちた光は無駄になる。この状況は，たとえば植物が植えられたばかりのときや，鉢植え植物を広い間隔で置いたときに起こる。解決策は，それぞれの生育ステージで植物をできるだけ密にすることである。しかし，密植しすぎると鉢植え植物は徒長してしまうので，品質を犠牲にするような栽培をしてはいけない。もちろん，LAIを3に維持し続けることと，そのためにかかる労力や費用との間には常にトレードオフ（二律背反）の関係があることに注意すべきである。

ステップ3：同化産物の分配に関心を持つ　植物の全糖生産は，植物が受光するにつれて増加する。

しかし，われわれは植物の大部分のうち特定の部位（果実や切り花）しか収穫しない。そのため，同化産物を収穫部位へ向かわせなければいけない。それは転流を促進すると同時に，生殖生長と栄養生長のバランスをよくすることである。果菜類，とくにパプリカでは，着果を改善すれば，果実収量は大いに増加する。

ステップ4：生体重の大きさは水による‘希釈’によって決まる　生産量は乾物率が低い（水が多い）ときに多くなる。試験によって，キュウリの乾物率を2.5%から4%の間で変化させることができることが示された（いうまでもなくキュウリは，脂肪4.5%，タンパク質3.5%を含む牛乳よりも‘水っぽい’）。

しかし，大部分の野菜で，乾物率が低いことは常においしくない（糖度の低い）生産物と結び付けられる。おそらくパプリカ以外は得られるものは少ない。パプリカ果実の乾物率は比較的高く，およそ8.5%である。これはとくに種子（乾物率50%）の影響によるものである。しかし，種子は食べないので，販売物には必要ない。代わりに，果肉部に同化産物が取り込まれるほうがいいと考えられる。これは，現在研究中である。

もしパプリカの着果が改善されれば，同化産物の果実への移動は現状の65%から70%に増えるだろう。これを乾物率8.5%から7.5%にすることと組み合わせると，潜在的に収量を20%増やすことができる。

この4つのステップは，すべての作物に当てはめることができる。しかし，すべてのステップがすべての作物にとって等しく重要なわけではない。たとえば，植物体全体を販売する鉢植え植物では，同化産物の分配の重要性は低い。この場合は，よい草姿となるようなバランスのとれた分配が必要である。

植物の生長モデル

モデルは，われわれがそれを見てどこがもっとも改善できるのかわかるので，植物の生育を最適化するのにとても便利である。たとえば，育種目標を探したり栽培手順を変更したりするなど，異なるシナリオが生産にどの程度影響を及ぼすかを事前に予測することができるのである。それがどの程度の違いを作るのか，理論上の最大値はどの程度なのか？　そして，モデルを使うことによって，研究者としてまた生産者として，どこにエネルギーを費やすのが最適なのかというようなことも決めることができる。

一つの例として，モデルを使えば，キク農家が光強度が1,000lx高い照明を導入して同じ茎重に維持したいなら，栽植密度はどの程度にするべきかということがわかる。1年は52週あり，栽植密度を試すには疎から密までかなりの範囲があるため，試験だけでは助けにならない。それに加えて，ハウスの屋根の光透過率が問題になる。古いハウスなのか，または実光透過率が高いハウスなのか？　モデルではすべての変動を考慮することができるので，ハウスの屋根の異なる光透過率と，希望する茎重量で密度を推測することができる。

光は極めて重要な役割を果たす

全体のコンセプトは光の重要な役割を中心に展開する。問題は，相対的な費用やそれによる利益を抜きにしても，どこまで補光でいくことができるかということである。ある生産者は，あまりに多くの光を与えることができるのを感じていて，彼らは，‘植物は光を食べている’といっている。また，植物が冬や春にあまりにも多くの光を浴びてしまうと，夏に生育が一歩後退してしまうと心配する生産者もいる。しかし，これは植物科学の観点からすると理解しにくい。照明による補光は，太陽光と比べるととても少ない光の量である。

他方，植物はその潜在的な生産量に近づくためには，バランスを保たなければならない。もし新しい葉への同化産物の輸送を犠牲にして，比較的多くの同化産物が果実や花へ輸送される場合（生殖生長に偏る場合），植物は同化産物を食べているといえる。つまり，栄養生長と生殖生長の不均衡である状態といえる。しかし，一般にこの生殖生長と栄養生長のバランスは比較的簡単に変わりうる。

まとめと解説

植物の潜在的な収量は現状よりさらに高いレベルにある。トマトが 200t/10a（=200kg/m^2）とは驚きである。すべての環境を最適に制御することは難しいが，少しずつでも改善していくことで着実に収量を増やすことにつながる。とくに光環境の改善は重要である。①より多くの光をハウス内に取り込み，②光を取りこぼすことがないように十分な葉を確保して受光量を増やすこと，そして，③同化産物の収穫部位への転流を促す管理を行なうことが重要である。

収量から品質へ

高収量は必ずしも高品質と両立しない

生産者は，生産物の品質を高めるために収量を犠牲にすることがある。栽培ではまず活発な光合成によって CO_2 が多く同化され，その同化産物がしかるべき部位に分配されることが最優先事項である。しかしたいていの場合は，常にベストな条件が与えられるよりも多少のストレスが植物に負荷されるほうがよいと考えられる。たとえば，少しのストレスで観賞植物は強くなり，野菜の味はよくなる。今後，どの程度のストレスを与えたらよいのか，生産者の判断を支援する数値モデルができるだろう。

オランダにおいては，すべての園芸作物の単位面積（m^2）当たりの生産量は，年々劇的に増加してきた。よりよい品種やよりよいハウス構造，そしてよりよい栽培技術の確立，さらにはハウス内環境のより適切な制御などのすべてが，生産性の向上に貢献してきた。このような生産量の増加が最適な品質の形成と対立するということではないが，実際はこの間，品質向上については置き去りであったといえよう。この項では，収量と品質のトレードオフ（二律背反）の事例について考えたい。ちなみに，品質の中味は作物によって大きく異なる。たとえば，トマト果実においては，最適な大きさや直径，色，そして味などであり，バラでは蕾の大きさや茎の強さ，健全な外観，そして花持ちのよさなどである。

写真１　連続照明下で栽培されたバラは，収量は増加するが，消費者に届いたときの花のしおれが早い。

写真2 味のよい品種の収量がしばしば低いのは，果実の乾物率が高いからである。

三つのステップ

高収量と高品質を組み合わせるには３つのステップが重要である。第一のステップは最適な光合成を実現することである。もし植物が十分な同化産物を作れなければ，収量も品質も望ましいものにはならない。植物はできる限り多くの光を受ける必要がある。これには，十分な光量（光合成に有効な光という考えが重要）だけでなく，その光を十分利用するための葉面積も必要である。

第二のステップは，同化産物をそれが利用される部位へうまく分配させることである。これは果菜類において極めて重要であるが，切り花にとっても，収穫部位に同化産物を分配させることは必要不可欠である。第三のステップは，「収量から品質」の観点である。適切な品質を達成するためには，しばしば最高収量を犠牲にする必要がある。作物ごとに個別の対策が必要であり，ここではそのうちのいくつかについて考察する。

より高い乾物含量

シシリア島は，イタリアの特産であるトマトがとくにおいしいことで知られている。しかし，島の環境は作物の生育にとって決して最適ではない。確かに光量は多く，気候も温暖であるが，灌漑用水は量が少ないだけでなく，塩分を含むなど，質も悪い。このような条件は植物に水ストレスを引き起こすが，これこそがトマトがおいしくなる

Text: Ep Heuvelink (Wageningen University) and Tijs Kierkels

ことに貢献する要因である。

1990年代に,「オランダのトマトはまずい」という味に対する批判を受けたが,その後オランダの生産者は,イタリアの生産者と同じことを始めた。すなわち,培養液を高いECで維持し,多くの水を吸収できなくさせることによって植物に軽い水ストレスを与えたのである。この手法によって,果実の生産量は減少するが,食味は改善した。トマトが‘水っぽく’なくなったのである。これは基本的に,トマト果実をより高い乾物含量にすることである。乾物率をもし5.5%から6%に上げるとしたら,8%の収量を犠牲にすることになる。これは決して少ない量ではない。味のよい品種の収量が一般的に低いのは,その果実の乾物含量が高いためである。

トマトにおいては,食味の改善は糖や酸の含量だけに依存するのでなく,果実の細胞数にも依存することが示されてきた。細胞壁が多いことは乾物率が高いことを意味する。そのため,細胞の分裂と伸長は,両方とも食味に影響している。この点を考慮して,フランスとオランダの研究者は,細胞分裂と細胞伸長からトマト果実の生育を予測するコンピュータモデルを開発している。

バラへの連続照明

バラでは収量への関心が当たり前になってきている。バラの場合,光合成によって糖をできるだけ多く生産して,それを茎,すなわち蕾の数で決まる茎の数全体に分配する必要がある。つまり,蕾の生育によって茎の数が決まるが,その茎へ同化産物を適切に分配することが栽培上重要となる。そのため,できる限り長い時間補光をすることは魅力的である。トマトでは,連続照明をすると,デンプンが蓄積して葉緑体の働きが悪くなるので暗期間が必要となるため,24時間の連続照明に対処できない。しかし,バラはこのような問題がないので,補光によって同化を続け,糖を生産することができる。

ノルウェーでの研究は,18時間日長から24時間日長にすることで茎数が34%増加することを示唆している。しかし効果に限界があるのは明らかである。明期の間,気孔は開き続けている。その結果,開閉機能を失うこととなる。これでは消費者は損をすることになる。つまり,連続照明下で栽培されたバラは,もはや気孔が適切に閉じなくなっているため,花瓶に生けた後かなり早くしおれてしまう。栽培中にいくらかの暗期間を導入することで,気孔の機能を維持することは可能であるかもしれない。しかし,どのくらいの長さで,あるいはどのくらいの頻度で暗黒下に置かなければならないかは,まだわかっていない。

生育旺盛な鉢植え植物は見た目には素晴らしいが,それを消費者が購入してあまり適切でない環境に置くとすぐにだめになる。このような植物は,ストレス耐性がない。不良環境下では,しおれや葉縁の乾燥といった症状がよく見られる。この場合も,気孔の開閉機能が不十分である可能性がある。生育速度を早めすぎず,少ない窒素と低い湿度環境で育てることによって,植物はより強くなる。

多少のストレスは問題ない

すでに述べたように,品質の概念は作物によって異なる。しかし重要なことは,多少のストレスは植物にとって決して悪くないということである。たとえば,ストレス条件下において,植物は菌の感染から自身を守る硫黄化合物のような二次代謝産物を合成することが知られている。また,ストレス条件下では,生産物の品質や栄養価に効果を及ぼす物質も作られる。そのような二次代謝産物を生産することは,植物にとっては大変高くつくと考えられる。ストレスに対抗するために,そのような二次代謝産物を作るわけではないようである。

最大収量を目的とした場合,二次代謝産物の生成はわずかである。消費者は,野菜がおいしくない最大の理由は,水分含量が多いからだと気付くだろう。加えて,このような生産物はカビが生えやすくなる。

また,すでに述べたように,切り花の花持ちに重要な気孔の適切な開閉機能はストレスによって高められるので,栽培中のストレスについて考えることは大切である。

モデル

生産物の品質を，園芸作物の生長モデルに組み込むことができれば，それは素晴らしいことになる。そのモデルにもとづけば，生産者はどのような品質にするかは，栽培法によって決めることができるようになる。たとえば，鉢植え植物の高さや花の数，果菜類の果実の色や香り，大きさおよび硬さといった外観品質については，モデルの選択がすでに可能となっている。多くの場合，これらのモデルでは，光合成速度が大きな役割を果たしている。

一方，内部品質特性については，モデル化することも，実際の栽培現場で利用することもまだできていない。しかし，五つの特性にもとづいて，トマトの味をとてもよく予測できる一つの利用可能なモデルがある。これによって，従来新品種のテストで行なわれる消費者パネルテストの必要性はなくなる。けれども，このモデルでは栽培法やハウス内環境にもとづいて果実内の糖や酸そして水分含量の関係を予測することはできない。前述のワーヘニンゲンURで行なわれている細胞分裂や細胞伸張についての新しい実験は，この問題解決の助けになるかもしれない。

観賞植物においては，もし生産者が光合成速度を予測するモデルと草姿を推定するモデルをリンクさせることができれば，とてもいいものになるだろう。科学の世界においては，研究者は異なった領域の間に橋渡しをする必要がある。

まとめと解説

多収と高品質の組み合わせには三つのステップが必要である。第一に光合成が適切でなければならない。第二に同化産物が植物の有用な部位へよく分配されることが重要である。第三のステップは作物によって対策が異なるが，高品質を選択するなら，最大収量を犠牲にする必要があることもある。収量と品質にはトレードオフの関係があるため，両立することは難しい。いずれを優先させるにしても，光合成が適切に行なわれ，同化産物が収穫部位へ多く分配されることが重要である。

トマトを高いECで栽培すると食味はよくなるが，収量は減少する。日本のトマト栽培でもより高品質を求めて，ストレスを利用した「高糖度トマト」，「フルーツトマト」の栽培も行なわれている。生産者にとっては収量と品質のバランスの見極めが必要となる。連続照明下でバラを栽培すると収量は多くなるが，消費者に届く頃にはとても早くしおれてしまう。多くの作物にとって多少のストレスは害ではない。観賞植物はより強くなる傾向にあり，野菜はよりおいしくなることもある。

出芽や休眠打破にとって重要なホルモン

種子の発芽はとても複雑な過程である

育苗業者以外では，種子と直接接する生産者はごく少数である。小規模の生産者は使う苗が少ないので，自分で播種をしたりする。一方，種子の生産は，大手専門会社が充実した種子を生産できるように，安定した気候の地域を選んで行なっている。このことが，多くの生産者が種子生産の現場を目にすることのない理由でもある。

いずれにしても，よい種子は園芸産業にとって重要である。本項では，種子の生理的な側面を見ていく。

まずよい発芽率と貯蔵能力を持つ種子を得るためには，母本植物がよい生育状態であることが要求される。それによって初めて，種子の胚が適切に発達し，十分な貯蔵養分を生産することができる。

開花の誘導

種子の生産でとくに注意すべきなのは，成熟の期間である。種子は乾燥状態で収穫されなければならないので，雨に濡れてはいけない。さらに，ある種の種子については寒さに当てないことも必須である。低温遭遇は，開花誘導と関係がある。

多くの作物には発達の途中に未熟な発育段階（幼若相）がある。まず，開花に導く刺激を植物体が敏感に感じる前に，ある程度生育して多くの葉が展開する必要がある。すべての作物に幼若相があるわけではない。幼若相を持たない植物は，生育段階のいつでもほとんど即座に開花が促進される。しかし，作物の花芽形成には刺激が必要である。とくに多くの作物では寒さが続くことによる刺激が必要である。寒さを十分に受けると，作物は抽苔し始める。母本植物上にある間に，種子の胚が寒さを経験していると，すでに部分的にせよ刺激を受けたことになる。このような低温刺激を受けた種子から発生した植物は，とりわけ早く結実期に至るようである。エンダイブ（キクチ

写真1　休眠とは，条件がよくても，種子が発芽しないことである。たいていはアブシジン酸のようなホルモンによって制御されている。

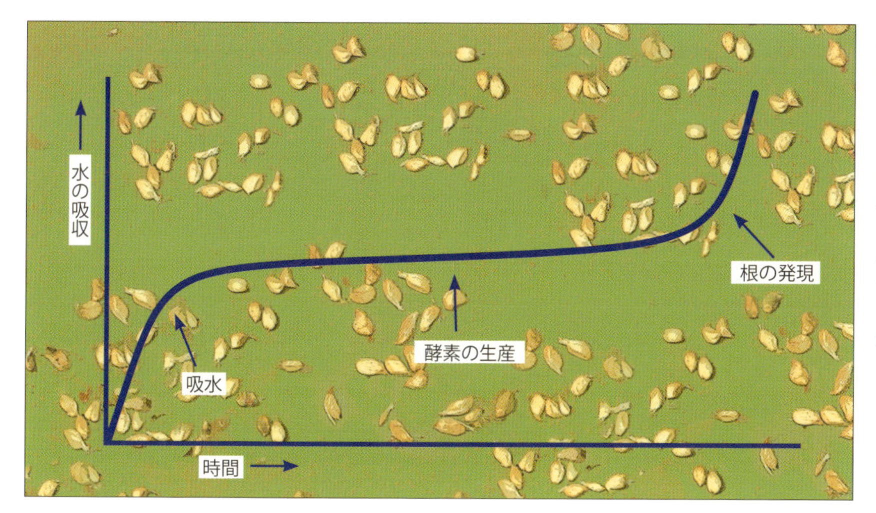

種子の発芽は三つの相（フェイズ）にわたって起こる。まず種子は吸水するが，その後吸水は事実上停止し，種子内で酵素が生み出される。最後に根が出るとともに再び水を取り込む。これらの段階は種子のプライミングに利用される（本文参照）。

図1　種子発芽の3つの相

表1　最低の発芽温度および必要な度日

作物	最低温度（℃）	度日
ナス	12.1	93
キュウリ	12.1	108
ピーマン	10.9	182
トマト	8.7	88
チコリー	5.3	85
レタス	3.5	71
エンダイブ	2.2	93
ダイコン	1.2	75
ホウレンソウ	0.1	111
ノヂシャ	0.0	161

計算
たとえば，種子の半数が発芽するのにかかる時間は$t = S/(T-T_{min})$という式で計算される。この式においてt：発芽率50％に達する点，S：度日数，T：温度（一定温度）とT_{min}：最低の温度とする。トマトは18.7℃において，50％発芽のために約9日（8.8日=88÷（18.7－8.7））かかる一方，25.7℃ではちょうど5日である（5.2日=88÷（25.7－8.7））。

シャ）はこのように抽苔しやすいことでよく知られている。

ホルモンは休眠を引き起こす

母本植物の上で種子が形成されたときから，種子には多くの生育相がある。それらは次のようである。休眠期間，最大発芽能力期間，発芽能力減衰期間，そして，発芽能力喪失期間である。

休眠とは，たとえよい状態に置かれても種子が発芽しないことである。たいていはアブシジン酸のようなホルモンによって制御されている。生理的にみると，休眠の打破は休眠を引き起こすホルモンの分解と，ジベレリンのような発芽を引き起こすホルモンの形成とによって引き起こされる。

通常とは異なる方法で打破しなければならない珍しい休眠がある。樹木のある種子には，種皮を通しての吸水を阻止しているものがある。水は発芽のためのキーとなる前提条件なので，種皮が部分的にせよすり減らされるまでは，長い間何も起こらない。種皮がすり減ったり，傷付いたりするのは，たとえば種子が動物の胃で消化されたり，凍ったり，燃えたりといった作用を受けたときである。

化学的な要因で休眠が起こる場合がある。そのような例では，種皮または新鮮な果実に種子の発芽を抑制する物質が存在する。このような化学物質は，発芽に向けて徐々に減少したり，種子の洗浄によって洗い流されたりする。

もっとも一般的な形は生理的休眠であるが，これは新しく採種したほぼすべての種子に起こりうるものである。このタイプの休眠は，保管している間に徐々に消える。休眠には温度処理によって打破できるものもよくある。複数の手法を組み合わせる例として，種子を湿らせて低温で貯蔵する層積法がある。

Text: Ep Heuvelink (Wageningen University) and Tijs Kierkels
Image: Wilma Slegers

外的条件

化学的あるいは物理的条件で種子の休眠が打破されたとしても，まだ種子が実際に発芽するわけではない。種子は発芽に適切な外的条件になるのを待っている。たとえば，多くの作物には発芽最低温度がある。この温度以下では何も起こらない。

また，デグリデーとも呼ばれる度日（一定温度以上の積算温度）は重要である。1日ごとに気温を測り，その平均値から，表にあるような最低気温の値を差し引く。それから，日々の結果を足すのである。この度日が，ある基準値に達したときに種子は発芽できる（表1）。

いくつかの作物にとって，光は温度と同じように重要な要素である。カランコエやセントポーリア，ベゴニアは暗条件下では発芽しない。反対に，アリウムやフロックス（クサキョウチクトウ）は明条件件下では発芽しない。また，光の中での赤色と遠赤色の比率も発芽には重要である。普通の昼光では，赤色のほうが遠赤色よりも多い。日陰では遠赤色が主要な光となり，この状態は発芽を抑制する。自然界でも隣接する植物が影を作る場合，このしくみによって発芽が抑制されている。

三つの相

発芽には三つの相（フェイズ）がある（図1)。発芽の初期段階には吸水による膨潤化が起こる（第1フェイズ)。このフェイズでは種子は水を吸収する。これは受動的な過程である。死んだ種子でさえ水を吸収する。種子はそのとき膨張し，重さはかなり増える。見た目にはとくに何も起こらない。やがて種子は外からの水を吸うのをやめ，変化がなくなり，次のフェイズに入る。このとき，内部ではすべての働きがホルモンのサイトカイニンとジベレリンの影響を受けている（第2フェイズ)。数時間後に，すでに種子内にある酵素は活性化し，新しい酵素が生み出される。それらは新しいタンパク質を作るか，もしくは養分を蓄えるために必要である。たとえば，酵素のアミラーゼは，種子中に蓄えられたデンプンを糖に変換し，糖は胚の発達に使われる。

最後に，第3フェイズでは，細胞の伸長によって根が発達する。その時点で，水の吸収がかなり増える。子葉が土壌より上に現われないうちは，若い植物はまだ光合成による活動はせず，種子に蓄えられた物質に依存している。種苗会社では，種子をプライミングするときに，この一連の段階を利用している。これは，浸透圧処理といわれる

ランの種子からはプロトコーム（原茎体）が出現する

ランは多くの点で特殊な植物であるが，種子でも同様に特殊なものである。ランの種子は，貯蔵養分を持たず，胚自体を発達させることもほとんどしない。このことは，種子が生き残る機会を少なくしている。それでもランは，大量の種子を生産するので，生き残っているのである。

かつて，ランの種子は母株があった鉢に播かれた。これは，発芽して生き残るのに，種子に菌類（リゾクトニア）が共生する必要があるためである。菌類は母株と共生関係を持ち，発芽種子に必要不可欠な栄養分を供給する。しかし，最近はこれを必要としない。試験管内に播種するので，通常菌類によって与えられるような栄養分は人為的に培地に加えることができるからである。

ランは，発芽後の様子も通常の植物とはかなり異なる。種子から幼植物がすぐに出てきたりしない。代わりに，プロトコーム（原茎体）と呼ばれる小さな球茎が発達する。ここから新しいプロトコームも発生するし，場合によっては植物体も発生する。

方法で，種子の発芽を行なわせる方法である。こうすることで，種子が内的変化を始めるのには十分な水を吸収できるが，根が出始めるほどには多くない水を吸収できるようにする。この方法で処理された種子は，発芽が早く均等になる。

発芽率や発芽勢

長期間貯蔵された種子は，ゆっくりと劣化し始める。非常に低い水準で代謝がまだ行なわれていることは事実であるが，種子は非常にゆっくり消耗し始めている。このとき，たとえばフリーラジカル（非常に反応性のある化合物）によって，障害も発生しうる。種子は部分的にはこのような障害から回復できるが，それにも限界がある。一方で，1,200 年前のハスといった非常に古い種子が発芽した例があるが，これは例外である。普通は数年も経てば発芽能力は急激に低下する。

発芽率は伝統的に，実験室などの標準化された条件のもとで測定される。現在，商業用ロットの種子の発芽率は非常に高く 98％程度である。しかしながら，さまざまなストレスが発生する実際の生産現場において，この発芽率が再現されるとはとてもいえない。したがって，発芽勢の概念がより重要になった。発芽勢がよいロットの種子はその後の圃場での生育もよい。研究室で検定して同じような発芽率を持つ種子でも，ロット間で発芽勢が異なる場合がある。それは，種子内において発生したフリーラジカルによる内部損傷が原因で，種子の保管の仕方が悪いために発生する。

まとめと解説

ほとんどの種子は休眠後に発芽する。これは，悪条件下で発芽をしないためである。休眠状態は，層積処理などによって打破される。発芽には三つの相があり，膨潤化，酵素活性化，発根後の再吸水という段階を経る。種苗会社はこの発芽の過程を利用して，プライミングを行なっている。これにより発芽を早め，揃いも向上し，発芽の温度帯も広くとることができる。種子の品質は発芽率で示すことがあるが，発芽の揃いを示す発芽勢という品質概念も重要である。

挿し木や接ぎ木の需要は毎年膨大な量になる

挿し木や接ぎ木による繁殖はその後の植物の生長を左右する

挿し木や接ぎ木による繁殖は，植物へ劇的な影響を及ぼす。挿し木の場合は，新しい根を作る必要があり，接ぎ木の場合は，穂木と台木の維管束がうまく接合しなければならない。これらの過程はホルモンにより制御され，組織培養のようなやり方で完全な苗ができる。挿し木と接ぎ木は，園芸産業において重要な技術となっている。

園芸産業では，植え替えのために新しい植物体を継続的に供給する必要がある。その数は年間で数十億本にのぼる。すべてのこれらの苗は，種子繁殖と栄養繁殖で生産することができる。栄養繁殖の大きい利点は，植物すべてが母親植物と遺伝的に同一であることで，同時に開花する均一な作物を得るために有効な手法である。そのうえ，すべての植物はおよそ同じサイズにでき，それらが十分な花や果実などを生み出す。

また，交雑品種を使って種子で殖やす場合も，均一な作物を得ることが可能である。新しく開発された品種では，組織培養による栄養繁殖法を使って，売れ筋の植物を迅速に提供することも可能である。

写真 1　挿し木で根が切り離されるとすぐに，オーキシンとサイトカイニンのバランスが崩れる。ホルモンバランスのこの変化は，根を作り始めるシグナルになる。

写真 2 穂木と台木（左）を接合させ（中央），棒で支える（右）。

挿し木は不完全な植物である

植物はもともと栄養繁殖に非常によく順応する。しかも，さまざまな器官が栄養繁殖する。それらの例としては，たとえば，ランナーはイチゴ，塊茎はジャガイモ，鱗茎はタマネギ，また根茎はショウガがある。このような順応化ができない植物では，栄養繁殖はかなり難しい。

たとえば，組織培養法ではなく，昔ながらの挿し木法を考えてみてほしい。いうまでもなく，挿し木は不完全な植物である。なぜなら，養水分を吸収するための根がなく，それでも蒸散は続くからである。これは極めて重大な問題を引き起こす。つまり脱水である。挿し木は，その気孔を閉じてこれを防ごうとする。これは蒸発の速度だけでなく光合成の速度も落としてしまう。もしこの状態が長い間続けば，貯蔵養分も使い果たしてしまうことになる。一方で，もし蒸発が抑制されるならば，挿し木自体の温度が高くなりすぎてしまうかもしれない。

迅速に発根させる

挿し木の最優先事項は，生理学的にいうと地上部と地下部のバランスを回復させることである。十分に水分を供給するために，速やかに発根させる必要がある。

完全な植物においては，根では植物ホルモンであるサイトカイニンが作り出され，蒸散流にのって地上部に運ばれる。その間，茎頂ではオーキシンが合成され下に移動する。つまり，挿し木で根を切り離すと，サイトカイニンとオーキシンのバランスが悪くなってしまう。しかしこのようなホルモンバランスの変化は，発根の合図になる。私たちは，発根促進剤を用いて発根を手助けすることができる。この粉剤には，バランスの改良を促進する合成のオーキシンを含んでいる。

脱分化

根を形成するためには，維管束の近くの細胞が

表 1 種子と比べた場合の栄養繁殖の利点と欠点

利点	欠点
・未熟な生育段階を避けるための方法である ・遺伝的に同一の素材（同じ開花時間，同じ高さなど）が得られる ・繁殖するためのもっともよい植物を選ぶことができる ・新しいタイプの品種は，組織培養を使って迅速に繁殖できる	・種子からの繁殖のほうがずっと安い ・病気（とくにウイルス）は，栄養繁殖でより容易に感染してしまう ・種子は貯蔵できるが，挿し木は難しい ・挿し木はしばしば発根しにくい ・接ぎ木はいつも容易に成功するわけではない

Text: Ep Heuvelink (Wageningen University) and Tijs Kierkels
Images: Eric van Houten and Grow Group

分裂能力を取り戻すことが必要である。植物は，それまでの細胞の機能を止め（脱分化），切断面近くの細胞は再び分裂し始める。新しく形成された細胞領域（カルス）は，その時点で根の細胞に分化を始め，結合しながら根へと生長する。

容易に発根する木本植物は，根を出すための原器をすでに持っていることがわかる。これらは，脱分化の過程なしで根に迅速に発達することができる，樹木の材の部分と樹皮の間の幹細胞集団である。バラはそのようなシステムがないため，バラの根の形成には長時間を要する。

挿し木の葉は維持したほうがよいのか，部分的あるいはすべてを取り除くほうがよいのかを確かめるための研究がバラで行なわれてきた。初めの考えは，挿し木の過程では暗黒状態にするため光合成がゼロとなり，その間は葉が余分に蒸散するというものであった。しかし，ワーヘニンゲン大学の研究で，実際には，根がない地上部も，根がついている地上部の70％の光合成活性があることが示されている。そして，挿し木で行なわれる光合成が根の形成には不可欠であることがわかった。つまり，光合成が行なえず蓄えられた貯蔵養分を使うだけの状況では，新しい根の形成は乏しくなるか，まったくなくなるのである。

接ぎ木は四つの段階からなる

栄養繁殖のもう一つの重要な形は接ぎ木である。台木への接ぎ木の接合には四つの段階がある。

ステップ1：穂木，台木両方とも，切断された細胞から滲出した物質がそれぞれの傷口をふさぐ。

ステップ2：穂木，台木両方の切断面の間にカルス組織が形成され，穂木と台木の間が細胞で満たされる。

ステップ3：穂木，台木の傷口をふさいでいた接合面がなくなる。

ステップ4：最終的に，穂木と台木の導管が融合する。

接ぎ木の芽は，新しい維管束組織の形成の間に，重要な機能を持っている。芽は，細胞を脱分化して最終的に再分化させるための植物ホルモンであるオーキシンを作り出し，新しい維管束組織を作り出す。導管は，接合しやすいように，互いに大きさがよく揃っている必要がある。したがって，接ぎ木の成功率を上げるためには，場合によっては台木を穂木とは違う日に播く必要がある。

不親和性

台木と穂木がまったく癒合しないことがある。それは不親和性と呼ばれるが，原因はほとんどわかっていない。速やかな分裂が起こる細胞の列である形成層の位置が，穂木と台木で合っていないことが原因かもしれない。また，台木には耐性があっても穂木には耐性がないウイルスに感染するといった，簡単な理由であるかもしれない。

しかし，しばしば問題はもっと複雑でわかりにくい。穂木と台木でまったく癒合することができない場合もある。穂木と台木は互いにとって有毒な物質を分泌する場合もある。または，何らかの理由で，細胞を硬くするのに必要なリグニンの生産が非常に少ない場合もある。

現在，穂木と台木の中の過酸化物質を比較することによって，適合性を予測しようとする試みが行なわれている。また，そのような指標となる物質として，病気への抵抗性にも関係するリグニンの形成で役割を果たす酵素もある。もしそれらが同じ型を持てば，接ぎ木の成功率と相関する可能性がある。

組織培養

試験管培養または組織培養は，栄養繁殖に新しい局面をもたらした。伝統的な繁殖に比べて，おもな違いは繁殖過程での管理基準が高いレベルにあることである。そこで使われる植物の部位は，正常な生育をした植物体から採取される。次に，ホルモン添加量や環境条件を制御することで，多くの新芽を増殖させることが可能である。さらに，後の段階では，試験管内あるいは培地上で発根させている。

主要な方法は，分裂組織培養，葉腋の新梢形成，カルスからの新梢形成，および単一の細胞からの繁殖である。分裂組織培養では，ウイルスフリー植物を得るためには，生長点（茎頂分裂組織）を用いる。この際，サイトカイニンを過剰に投与すると，葉腋の新梢が形成される。その結果，葉腋の芽すべてが同時に発芽し，新梢が密集して発生するようになる。この新梢を切り離し，再び同じ過程を繰り返すことで，繁殖者は短い時間に多くの植物体を得ることができる。

新梢よりもまずカルスを

もう一つの方法は，最初にカルス（未分化の組織）を作成し，その後で新梢を分化させることである。これらの過程は，培地のホルモン添加や環境条件の調節で制御できる。一つの細胞から繁殖するときは，まず細胞の機能がすべて初期化される。その後細胞は胚様のものに発展し，そこから植物に変わる。組織培養は，多くの可能性を持つ魅力的な手法である。しかし今のところ，通常の栄養繁殖のほうが，より安く，より容易で，より早いため通常よく用いられている。

まとめと解説

園芸分野においては，毎年数十億本を超える新しい苗が必要である。そこで，栄養繁殖は，園芸にとって重要な手法である。栄養繁殖の利点としては，遺伝的に同一であること，組織培養を用いて繁殖できることがある。不利な点としては，種子からの繁殖のほうが安価であること，母体植物が病気にかかっていると繁殖した植物もかかってしまうことである。挿し木の場合，速やかに蒸散と吸水のバランスを復元させる必要がある。また，接ぎ木の場合には維管束をうまく合わせる必要がある。どちらも根をできる限り迅速に張らせることが重要である。

研究者による再評価

台木：多収目標を達成する重要手段

昔から，台木の使用は土壌伝染性病害への重要な対策技術として高く評価されてきた。しかし，台木にはさらに多くの可能性がある。つまり，接ぎ木により，樹勢の強化，着果・開花の安定，果実品質の向上などの機能が付与される。さらに，さまざまなストレス，とくに低温に対するより強い抵抗力は省エネルギーに寄与する。接ぎ木は，ストレス耐性への興味深い選択肢であり，育種による成果を待つよりも目的を達成するには手っ取り早い。

接ぎ木によって，台木の望ましい特性を穂木の特性に結合することが可能となる。土耕では，土壌伝染性病害に対する抵抗性が，台木を選ぶ重要な理由である。生産者が養液栽培に考えを切り替え，土壌病害の問題は減少し，接ぎ木を使わなくてすむようになった。しかし，ときがたって，最初考えられたほど培地は無菌ではなく，ここでも根に感染する病害が問題になった。そのため，病原微生物に対する抵抗性は，台木を選ぶ理由であり続ける。一方で，時代の流れとともに，接ぎ木を使うほかの理由が増えてきた。

写真1　バラは何年ものあいだ，さまざまな環境で十分に生産し続けなければならない。接ぎ木によって，穂木と台木のよい特性をどちらも兼ね備えることが可能である。

写真2　台木と穂木は必ず正確に合わせ，維管束をしっかり結合させなければならない。

収量が 10%増大

何よりもまず，収量を高めるために，再び台木に注目が集まった。このことは，バラの養液栽培での台木使用の重要な理由である。この場合，収量を 10%ほど上げることができる。トマトの場合も，生産上問題となるさまざまな病気に対して，接ぎ木によって高い抵抗性が付与され，安定生産が保証されることはもちろん，接ぎ木によって多収となるのである。

台木はさらに，多くの可能性を与える。低温下での安定生産や果実品質の改善，暑さと乾燥ストレスへの耐性の向上などである。このようなメリットがあるにもかかわらず，接ぎ木はまだほとんど使われていない。研究の段階ではあるが，収量改善については注目されている。しかし状況は変化している。ごく最近多くの進展が見られた。そこでは，台木が地上部の代謝に与える影響，また関連する遺伝子の機能について，国際的な研究で明らかにされつつある。

寒さへの強い耐性

果菜類の低温に対するより強い耐性は，非常に魅力的である。それは，さらなるエネルギーの節

Text: Ep Heuvelink (Wageningen University), Dietmar Schwarz (IGZ Grossbeeren) and Tijs Kierkels
Images: Henk Bouwman and Eric van Houten

減となり，作物の回復力を増大させる。現在，たとえば非常に低い温度（12℃未満）に遭遇したトマトは，回復が困難である。

しかし，根は低温耐性に重要な役割を果たすようである。寒いときには，光合成は通常どおり続けられるが，葉の展開が遅れる。これは，低温下で水と肥料成分の吸収が低下したことと，ホルモンバランスが乱されたことに起因する。したがって，低温条件のもとでもよりよく機能する根系の台木を選ぶことは理にかなっている。そのため，台木に野生種を適用する事例がある。ナス属（*Solanum habrochaites*）台木の上にトマトを接ぐことは，低温条件下でよりよい生育を得る手段となりうる。キュウリでは，クロダネカボチャ（*Cucurbita ficifolia*）に接ぐと低温耐性が高まるとされている。

より大きな根系

低温耐性に適している台木のタイプは，共通していくつかの特徴を持っている。単純なことであるが，寒くなると，低温に感受性の高い台木より低温に耐性のある台木のほうが，より大きな根系を形成する。また，クロダネカボチャの研究では，これを台木として使うキュウリは肥料成分の吸収がよくなることが示されている。試験的ではあるが，トマトの接ぎ木でも同様の効果が認められ，トマトによるリン酸の吸収は一般には低温でかなり減少するが，野生種に接ぐとそれは問題とはならなくなる。

果菜類が長時間かなりの低温に遭遇すると，葉はしおれる。これは水の吸収と体内での輸送に問題が生じているからである。この問題は，低温耐性の台木に接ぎ木すると改善される。これは，おもに根系が広く伸長し，根が長く伸びるからである。さらに接ぎ木は，低温ストレスによるフリーラジカル（細胞膜に影響する作用がある）の生成を抑制する可能性がある。最後に，ホルモン生産もまた異なる。たとえば，低温耐性の根は，より多くのサイトカイニンを作り出す。これらのホルモンは，根端分裂組織を刺激し，同化産物が十分に根に分配されるように転流を促進する。

高温ストレス

一方で，理論的には，台木は熱ストレスに対する作物の耐性向上にも寄与するはずである。植物ホルモンであるエチレンの生成は，暑いときに根の生長の遅れを部分的に引き起こすが，これはフリーラジカルによるダメージと同様なものである。異なった台木の間で，フリーラジカル生成能とエチレン生成能に明確な違いがあるが，研究途上であり，どのような応用技術となるかは未定である。しかし，耐暑性台木の上に接ぎ木することによって，ナスの収量を高温条件下で10％増大させることが可能であった。

果実品質

果実品質も台木の選択によって影響される。ここでいう品質には，外観や硬さ，味，およびビタミンのような健康成分が含まれる。一般に，外観

究極の台木は存在しない

もし，最高の特性の台木に，最高の特性の穂木を接いだなら，最高の植物になるだろうか？　残念ながら，話はそんなに単純ではない。組み合わせが重要なのだ。穂木と台木の特性は互いに補強できる場合もあるが，不利に働くこともある。もっとも悪い場合は，それらが接げない場合もある（72ページ参照）。

普通は，試行錯誤によってよい組み合わせを見つける。たとえば，バラの台木には多くのサイトカイニンを生産するものがある。もし生育しにくい穂木をこの台木に接げば，生育促進の効果があるだろう。そして，接ぎ木によってこれまで以上に多くの花が咲く可能性がある。しかし，生育しやすい穂木を接げば，花が多くなりすぎるだろう。この場合でも，着花についての問題を抱えているピーマンでは，このような着花を促す台木が歓迎されるであろう。接ぎ木はケースバイケースで使い分ける必要がある。

的な果実品質（大きさ，色，形）は，選ばれた台木によって大きく改善するので，とくにこのために選ぶ必要はない。硬さはより複雑な特性である。これは，細胞の形や細胞の膨圧，細胞壁の構成，その化学的性質などに依存する。これらの性質は，多くの植物ホルモンの作用や，養水分の吸収に影響される。試験結果から，接ぎ木はスイカとキュウリを硬くするように作用する。一方で，接ぎ木をしたズッキーニは逆に軟らかくなったという事例もある。

果実の味は，酸や糖，揮発性物質およびほかの構成要素の組み合わせによって決まる。国際的な研究によると，これらの諸性質がどの程度台木に依存しているのか明確にするのは今のところ困難である。一方でビタミンやリコペンのような健康物質を増やすような結果も見うけられる。とくに，スイカやキュウリ，トマトでは，それらの成分の濃度は台木により影響されるようである。生産者が作物を制御して成分濃度を高めようとする場合，その前に，より多くの作物の基礎的な反応についての知見が必要である。

結論としては，台木は果菜類に，エネルギー効率がよい，あるいは低温管理できる生産の展望を示したといえる。一方で，台木の果実品質への影響は，まだまだ未解明の領域であるといってよいだろう。

まとめと解説

オランダにおいて接ぎ木は，耐病性はもとより，収量の向上をはじめ多くの可能性に期待が寄せられている。台木に接ぐと，根の張り方や根の特性が変わり，多くの特性を変化させることができる。草勢を強くし，収量を向上させ，低温ストレスで吸水が衰えることや高温での根の生長の遅れによってホルモンバランスが崩れることも改善することができる。もともとは，日本で発達した技術であることを忘れてはならないが，日本においてはいまだに病害抵抗性を付加させることに重点が置かれているため，もう少し幅広く検討する必要があるだろう。たとえば，オランダのように，低温耐性を改善して，エネルギーを節約する手法も，検討する必要がある。接ぎ木によって果実品質が向上するとされる報告もあるようだが，組み合わせによっては品質低下を招くこともある。接ぎ木についてはまだまだ研究すべき点が多く残されている。

健全な根は健全な植物にとっての基本である

白色根の根端は植物に酸素，水，養分を供給する

園芸作物の根のおもな，そしてもっとも重要な機能は，養水分の吸収である。健全な根は健全な植物のために必要不可欠である。つまり，養水分の吸収が正常でなければ，ほかの機能も望ましい状態にはならない。

圃場で植物を観察するとき，見えているのはかろうじて半分だけである。自然界では地下部（根系）は，少なくとも地上部と同じくらいの大きさなのである。ハウス栽培の作物の根系はこれと異なり，非常に少ない根量になる。なぜハウス内では少ない根量で生育しているのだろうか？　それ

写真1　一定水位で養液を与えてクレイペレット（粘土を粒状にしたもので粒状培土のようなもの）で栽培したトマトの根。白色の根端の多くが空気と水の境界層に存在している。ここには酸素，水，肥料が供給されている。

写真 2　健全な根には多くの根毛と白色部が存在する。これらが少ないと，過湿やピシウム菌の感染などの問題が発生している可能性がある。

は，生産者がすべて至れり尽くせりでお膳立てしているからである。根のおもな機能は，養水分の吸収と植物体を物理的に支えることである。また，根はホルモンの生産や，数種の植物では同化産物を蓄える働きをしている。

根量

ハウス内のよい環境で育った植物は，十分な養水分を得ている。一方で，自然環境で育った植物は，大量の土を探って，それらを得る必要がある。根の近くの土が保持する養水分はすぐに吸収し尽くされてしまい，周辺からの移入も非常にゆっくりである。したがって，根は自身で養水分のあるほかの場所を探さなければならない。根は伸びていき，地面を占有し，新しい多くの根端を形成する。これが水の吸収にも重要である。

ハウス内で育った植物の根は，そのような探索を必要とはしない。問題は，どのくらい根量を減らすことができるかだが，さすがにまったくなしというわけにはいかない。たとえば晴天日など水の要求量が急激に増えるのに対応して，ある程度のバッファー容量は必要である。

根毛を経由しての吸収

水を吸い上げるメカニズムは蒸散である。つまり，水が植物の中を引っぱり上げられているのである。水の吸収のほとんどは，根のもっとも若い部位，とくに根の表面積を広げる根毛によって行なわれている。植物種にもよるが，健全な根には多数の根毛と白色の根端が存在する。それらがないとしたら，過湿状態に置かれているか，ピシウム菌などに感染しているなど，根に問題がある可能性を示していると理解できる。

水は三つの経路を経由して，水を引き上げている導管（維管束系）に達する。一つめは，細胞と細胞の間を経由する経路である。二つめは，細胞から細胞を移動するが，細胞質は経由しない経路である。三つめは細胞質内（液胞）を直接経由する経路である。これら三つの経路は，木部周辺のコルク細胞層である内皮につながっている。この部分で，水は細胞を通過しなくてはならない。つまり，植物は内皮で，吸水量を調節しているのである。

カルシウム欠乏

水の吸収と養分の吸収は密接に関係している。もし，根が多量の水を吸収すると，根は多量の肥料成分もイオンとして吸収することになる。浸透膜を隔てた片側へのイオンの蓄積により浸透圧が発生し，その部分への水の移動が起こる。これが，植物が水を押し上げる根圧である。植物によっては，この根圧によって動く水は，最終的には葉の縁からの溢泌液として排水される。レタスでは，根圧が高すぎるような場合は，葉が半透明になる。植物は，蒸散が非常に少ないときには，根圧を軽減するために，葉の細胞間隙に水を押し込むようになる。この現象は，葉温が低いときに起こる。

さらに，水に含まれている養分を受動的に吸収するほかに，植物はポンプ機能によって能動的に養分を取り込んでいる。能動的吸収にはエネルギーが必要であり，温度に依存する。カルシウムは常に受動的に吸収される。その結果，水の供給が止まると，すぐにカルシウム欠乏が発生する。また，カルシウムはほかの要素とは異なり，根端とそのすぐ上の部位でよく吸収されるため，若くて健全な根が必要である。

水と肥料の過剰供給

自然に存在する菌根菌（菌と植物間の共生関係）は養分の吸収に重要な役割を担っている。このことは，リン酸に当てはめることができる。すなわち，菌根菌はリン酸を植物に供給している。この種の共生は，固形培地耕ではあまり重要ではない。しかしながら，無菌培養液，または減菌培地を使うと，ピシウム菌やフザリウム菌が急速に蔓延するといった問題を起こすことがあることは事実である。

ハウスでの有機栽培は，土壌生物やさまざまな生物のバランスが植物の健全な生育のために非常に重要であることを示してきた。しかし，固形培地耕では地下部の研究は発展途上である。そして，研究の発展はなかなか難しいであろう。むしろ台木利用の積極的な効果について考えるべきである。根圏環境にはまだまだ改善の余地がある。ここに興味深い疑問がある。たとえば，水や養分の過剰施用の効果（たぶん負の効果だろうが）は何だろうか？　われわれはCO_2や光の過剰供給について深く考えていないのであるから，水と肥料の過剰供給の影響についてまで考えるのはもっと先になるのかもしれない。

根の温度

補光の使用量の増加に関連して考慮すべき課題が出てきた。現在使われている照明は多くの熱を発生させる。このような状況下では，環境制御によって，温湯パイプの設定温度が下がり，そのためにハウスの下部の温度が低くなる。その結果，根温も低下することになる。これはどの程度の問題だろうか？　答えは誰も知らない。そして，最後に鉢物の植物についても興味深い疑問がある。すなわち，ポットの土の生態系バランスを改善すれば，鉢花などの品質向上につながるのだろうか？　このように，根や根圏環境の研究にはまだ多くの課題が残っている。

まとめと解説

自然界に存在する植物では，土壌中に分散した肥料や水を探すために広く大きな根系を持つ必要がある。一方で，ハウス内では，効率的な養分供給システム（ファーティゲーション：灌水同時施肥）があれば，必要とされる根系は自然界と比較して極めて少量になる。水と肥料の吸収は密接に関係しており，蒸散や根圧はこれとリンクしている。生産者は地上部を見ながらも，常に根の生育も意識して栽培しなければならない。しかし，根は，調査も難しく，園芸研究で取り残された部分といえる。まだまだ解明されていない疑問が多数残されている。

分枝には多くの因子が影響している

分枝は，光量や光質，CO_2などによって決定される

鉢物の生産者は，自分たちの植物をよく分枝させたい。一方で，トマト生産者は分枝を取り除くために非常に大変な芽かき作業を必要とする。分枝は，ある程度は自然に起こるものであるが，生育条件によって制御できうるものでもある。

植物の分枝は，おおむね光量と光質によって決まる。このしくみを理解するためには，われわれは自然環境で育つ植物に目を向けねばならない。通常，植物群の中で生長する植物個体は，ほかの植物によって作られる日陰から少しでも早く逃れようとする。そのために，エネルギーを，分枝よりも草丈生長に投資することで対応している。

光があるほど分枝を多くする

植物は，自己の生長がどの程度まで進行したかを感知する手段が必要であり，そのために赤色光と遠赤色光の比を感知することができるフィトクロムと呼ばれる色素タンパク質を利用してい

写真1　一般的に，強い光は植物を繁茂させる。これは，植物が光の多いときにはより多くの同化産物（糖）を生産するからである。

写真 2　バラの花の収穫後，頂芽優勢が解除され，残された茎の最上部の芽から新しいシュートが生長する。

る。作物群の深部（下部）で，この比が低いときには腋芽の発達を抑制する。最近青色光もこの制御にかかわっていることが明らかにされている。このような知見は，理論的には赤色 LED と青色 LED を利用することで，鉢物植物などの分枝を制御できる可能性を示している。

一般的に，強い光は植物をより繁茂させる。これは，光の多いところでは植物がより多くの同化産物（糖）を生産することによる。糖類は，サイトカイニンに似たホルモン様の効果を生み出し，腋芽の生長を促進する。

頂芽優勢

植物体のいたるところに休眠芽が存在する。茎頂の分裂組織（生長点）から新しい葉が作り出されるときはいつでも，新しい芽もその葉腋に形成される。しかし，いわゆる頂芽優勢のしくみが働

写真 3　側枝のないトマトを作り出すことはできない。

くことにより，すべての腋芽が生長するわけではない。茎頂の生長点で，植物ホルモンであるオーキシンが生産され，それが腋芽の生長を抑制しているのである。茎頂にもっとも近い腋芽はオーキシンによる抑制をもっとも強く受けている。

頂芽優勢による制御は，茎頂から遠い腋芽では弱い。そのため，茎の下部にある腋芽は生長できる。仮に頂芽優勢が解除された場合は，生長点にもっとも近い腋芽も生長できる。それから何が起こるかは，バラの収穫後の過程を見ればよくわかる。つまり，茎上に残された最上位の芽が生長を始める。そしてその芽がオーキシンを合成し始めることで，それより下部にある腋芽の生長を抑制する。このようにして頂芽優勢を引き継ぐのである。

オーキシンはシュートの生長を抑制する

これまでに述べたように，腋芽の生長はおもに植物ホルモンの作用によってコントロールされている。オーキシンはその生長を抑制するのに対し，根で合成されることが知られているサイトカイニンは腋芽の生長を促進する。長い間，研究者は頂芽優勢の制御のしくみは非常にシンプルなものであると考えてきたが，その後の多くの研究によって，より複雑なものであることが示された。最近，ワーヘニンゲンURの研究者を含む国際研究チームが，ストリゴラクトンと呼ばれる新しいグループの植物ホルモンを発見した。このホルモンは根で合成され，地上部の分枝を阻害する。

また，別の研究では，根の温度がバラの腋芽生長に及ぼす影響は，サイトカイニンの作用だけでは説明できないということが報告されている。根の温度を高くすると腋芽の生長は早まるが，その情報がどのようにして根から休眠芽に伝えられるかは明らかではない。まだ知られていない因子がその役割を担っているらしい。

バラの生産者は摘葉によって何が起こるかを知っている。その葉の腋芽が生長を始めるのである。葉の切除が腋芽の生長を抑制しているホルモンの輸送を遮る。そしてこの場合，おそらくそれはオーキシンなのであろう。

CO_2濃度の影響

光量の増加と同様に，CO_2濃度を上げることでも分枝は促進される。すなわち，CO_2濃度の上昇は同化産物を増加させるからである。CO_2濃度を400ppmから1,000ppmに上げることで，植物の糖生産は20～30％上昇する。

光量とCO_2濃度をともに上げることが，分枝を促進する上でもっとも重要な環境条件である。それに加え，根の温度と湿度もある役割を担っている。リンゴを用いた試験によると，湿度を高くすることで側枝の生長を促進させることができた。これはおそらく植物体内での水分バランスによって起こるものであり，そのバランスがうまくとれていれば，側枝は阻害を受けないで生長するということなのであろう。

生産現場への適用

以上の知見を利用することで，鉢物植物の生産者は分枝が充実した植物を生産することができる。十分に光が与えられ，CO_2濃度が高く，そしてシュートが上に伸びなくてもいいくらい十分に広いハウス（つまり植物の下部での赤色光/遠赤色光比が非常に低くなる）を確保すればよい。摘心することも分枝の多い植物を生産する助けになる。頂芽優勢を止めることで腋芽の生長を促すのである。

トマトの苗を用いた研究から，マイナスDIF（昼温よりも夜温を高くすること）は，草丈を低くするだけではなく，頂芽優勢を弱めて側枝の生長を促進することが明らかにされている。

育種

分枝の多い植物を得る最初の手段は育種である。分枝形質は高度に遺伝する。たとえば，通常のものに比べて多くの腋芽を作るバラの品種がある。これは茎頂部分にある腋芽が生長してしまう‘毛羽立ち’と同じようなものであり，バラの花を切除した後に，残った茎から腋芽が生長するのと同様である。

育種家は新しい品種を開発するときに，分枝形質を考慮に入れなければならない。もちろん生産者もまた，分枝形質を操れるように栽培環境を最適化できなければならない。ちなみに，サイトカイニンを多く生産する台木は，側枝を多く作り出すことが困難な品種を穂木にした場合でも分枝生長を促進させることができる。

トマトの生産者は皆よく知っていることではあるが，分枝を多く作る植物は非常に扱いにくい。側枝を取る作業は多大な時間がかかるからである。側枝のない植物が理想的ではあるが，そのような植物を開発できる可能性は低い。それはトマトの分枝のしくみに要因があるのである。トマトの生長は，いわゆる仮軸生長と呼ばれ，ある側枝の分裂組織が茎頂分裂組織の役割を引き継ぐしくみなのである。

側枝のないトマトはない

トマトは，頂上で花を咲かせると栄養生長はそこで終結する。そのとき，一つの側枝がその後を引き継いで主茎となる。もし芽かきが必要な側枝の生長を完全に防ぐことができたとすると，おそらく主茎の役割を引き継ぐための側枝の生長も同時に抑えてしまうことになろう。結論としては，側枝のまったくないトマトの作出は不可能であり，もし側枝をなくすると生長そのものが止まってしまうであろう。

まとめと解説

腋芽生長を促進することで価値や生産性が上がる植物もあれば，逆のものもある。腋芽生長はサイトカイニン，オーキシン，ストリゴラクトンなどの植物ホルモンの相互関係によって運命づけられるが，光量，光質，CO_2濃度などの環境制御，栽培密度などの管理によってある程度はコントロールが可能である。側枝の出ないトマトがあるといいなとトマト生産者なら誰もが思うであろう。しかし，トマトなどの仮軸生長をする作物は側枝の生長がなければ個体そのものの生長が止まってしまうため，側枝のないトマトを作り出すことは実際には不可能と考えられている。

開花は複数の化合物の相互作用である

開花に影響を与える要因についてはほとんどわかっていない

光合成については多くの知見があるが，植物の開花生理についてはいまだによく理解されていない。そのため，とくに新しい作物を対象とした場合，発見もある。生産者は，植物体の幼若相や，温度や光，植物体の大きさ，日長などの影響，そしてホルモンや糖とほかの植物体中成分との相互作用などを考慮しなければならない。

植物は開花する前に，まず大人にならなければならない。多くの植物には‘幼若期’があるので，この期間ではいくら好適環境になっても，植物は開花することはない。このことは，開花は繁殖のためにするので，合理的である。つまり，繁殖のためには，植物体や花が十分な状態にならなければならない。たとえば，昆虫を引き付けて受粉されるように，花を大きく広げなければならない。受粉後は，受精し，引き続き種子が形成され果実が発達する一連の過程が始まる必要があり，これには多くのエネルギーが必要である。だから植物体が十分に生長するまで開花を延期するのは，生物として賢明な選択といえよう。

キクの葉の色素は日長を感受する。葉はあるホルモンを作る。これは師管を介して生長点に運ばれ，花芽形成のシグナルとして機能する。

図1　キクの花成

写真 1　ポットガーベラへの暗期中断と補光の影響（日長 10.5 時間）。左の 2 つは夜間 4 時間（22 時から 2 時）暗期中断した。この結果 7 ～ 10 日出荷が遅れた（左の 2 つは右の 2 つと比べて花の中心部の筒状花が未開花なので新鮮なことがわかる）。2 番目と 4 番目の個体が補光を受けた。

写真 2　理想的には，最初の花房の下の葉数は，ある程度制限されているべきである。

幼若期から成熟期へ

幼若期の長さは植物によって大きく異なり，数日のものから，木では数十年に及ぶものまである。もし果実などの収穫物を得るまでに長期間待たねばならないとしたら，これは生産者にとって非常に不都合である。すでに成熟した個体から挿し穂となる枝を採取して挿し木をしたり，接ぎ木をしたりすると，成熟性がこの植物体に引き継がれることから，実際の生産の現場ではこのような方法が使われている。幼苗期から成熟期への切り替えは植物の大きさ，齢，葉数，生長要因などに依存しており，その切り替えは突然に行なわれる。

植物ホルモン様因子

さまざまな研究から，栄養生長期から生殖生長期への転換に植物ホルモン様因子が重要な役割を果たしていることは明らかである。突然に，生長点が葉芽形成から花芽形成に変化するのである。

Text: Ep Heuvelink (Wageningen University) and Tijs Kierkels
Images: Theo Blom (University of Guelph, Ontario, Canada)

長い間，研究者は花成刺激となるホルモンを探してきた。未知の花成ホルモンは「フロリゲン」と名付けられた。しかし今は，このフロリゲンなるものは存在しないとされている。

ジベレリン（この一群のホルモンは長い間フロリゲンの最有力候補であった）は多くの植物において重要な役割を果たしているが，状況はいまだに曖昧である。いくつかの植物で，ジベレリンは花成を遅くする。ダミノジッドのようなジベレリンの活性を抑える生長抑制剤は，植物の徒長を抑制するが，開花自体は抑制しない。

ほかの植物ホルモンであるサイトカイニンも花成の誘導に重要な役割を果たす。しかし普遍的な機能ではない。

糖やポリアミンのようなほかの物質と同様に，ジベレリンやサイトカイニン，エチレンなどの植物ホルモンが相互に作用して花成を誘導しているように見える。しかし，それは作物種ごとに異なるようである。このような花成のメカニズムについての知識が非常に限られていることが，開花を効果的に制御することを難しくしている。これは新しい花きの場合，とくに顕著である。花成の詳細な機構が未解明でも，通常は実用的な研究により，開花に最適な栽培方法が開発されている。

第一花房の下の葉

幸いなことに，主要な園芸作物については，すでに多くの研究が行なわれてきた。検討されてきた多くの作物の一つが，トマトである。たとえば，生産者が早く収穫を開始したいと考えるとすると，トマトの場合，最初の花房の下の葉の数が少ないほうがよいわけである。

しかし，理論上，トマトが開花を開始できるようになる前には，一定量の同化物が植物体内に存在しなければならない。実際，多くの研究が，同化量を増やせば，開花をスピードアップできることを示している。より多くの光量があれば，第一花房までの葉数は減る。逆に低日照時で高温となれば，第一花房までの葉数が増える。なぜなら植物は高温下でより多くのエネルギーを消耗するからである。

開花のために最小限の同化産物を得る必要があるのと同様に，同化産物の分配も重要である。低温において，同化産物は葉より生長点に多く分配される。この知識を，すぐにほかの作物に当てはめることはできない。実際には，開花への影響は作物ごとに調べる必要がある。

短日とは長い夜のこと

日長に対して植物が感応し，花成を行なうということは特別の現象である。この点は，植物の起源（原産地）によって大きく異なる。赤道付近では昼と夜の長さが同じなので，熱帯植物は日長に敏感ではない。一方，春や秋に咲く高緯度由来の植物は，日長に敏感な傾向がある。

日長感受性は自然淘汰の結果でもある。逆に，この日長感受性を，選抜によって取り除くこともできる。日長に感受性のない植物の選抜と増殖を繰り返すことで，日長に感応しない植物を開発できる。これはすべての作物で十分できているわけではないので，実際は，短日植物としてポインセチア，キク，カランコエなどがあり，長日植物としてカスミソウ，ユウギリソウ，カーネーションなどがあるのである。

「短日植物」という呼び方は間違っている。正しくは「長夜植物」である。なぜなら植物は暗期の長さに反応しているのであり，暗期が中断されたら（暗期の途中で光を入れると），たとえごく短い期間であっても，暗期の効果は失われるからである。

暗期の長さ

植物は暗期の長さを葉で感ずるが，開花は別のところで起こる。そのため，葉と花成反応が起こる部位との間で，何らかの情報伝達が必要である。これは，葉で生成されたホルモンが，花成が起こる場所に移動することによって起こるとされている。

植物は，どのようにして暗期の長さを測るのだろうか。以前，研究者たちは，色素のフィトクロムは暗期の間にゆっくりと壊されてほかの形に変わり，これが植物の開花を開始させるシグナルになると考えてきた。しかし，それはもっと複雑であった。植物の内生のリズム（生物体内時計）との関係があるのである。その結果として，同じ長さの暗期でも異なる効果を生じるし，そこでは温度も影響している。

短日植物には，わずか１回の長い夜で反応するものもある。園芸植物でもっともよく知られている短日植物はキクである。キクの場合は，数週間の長い夜が必要である。もし生産者が成熟前に暗期処理をやめたら，キクの株は異常になる。数日間でも短日条件にすると生長点は生殖生長的になり，葉を形成するのをやめる。生長点で花を形成させるには，生産者は長い夜をさらに数週間続けなければならない。それはおそらく，複数の遺伝子がキクの花成に関与しており，栄養生長から生殖生長への切り替えには，一つの遺伝子の「オン」「オフ」のような単純なものではなく，ある程度の期間が必要だからである。

相互の競争

かつて，植物は栄養生長から生殖生長に切り替わると，花芽が直ちに形成されると考えられていたが，場合によっては花までいかないことがある。蕾が乾燥して脱落する場合もあれば，花が開かない場合もある。これは，蕾や花に，水やミネラルそして同化産物が十分に供給されないために起こるのである。花は，植物体のほかの部分と競争して，これらの物質を奪い合う。そして，ときとしてこの闘いに負ける。十分な光と水を供給する好適な気象条件を与え，若い葉との競合が摘葉などによって減れば，開花が成功することになるのである。

まとめと解説

植物は植物体が成熟期に達してから開花する。この栄養生長から生殖生長への転換はホルモンによって制御されているようにみえるが，花成の実態は複雑である。これに関して，近年，①花成誘導物質「フロリゲン」の実体が FT 遺伝子であること，②フロリゲンの機能を抑制する「アンチフロリゲン」AFT 遺伝子が存在することが日本の研究者によって明らかにされた。光周期や光質による花成反応のメカニズムが急速に明らかになりつつある。花成反応には温度やジベレリン，生長量や糖など複数要因が影響しており，各要因の影響の強さは植物種によって異なる。生産性の高い環境制御の構築にあたっては個々の作物の開花特性の理解が不可欠である。

受粉なしで起こる果実発達

種なし果実は魅力的な選択肢

キュウリではすでに利用されているが，種なしのトマトやピーマンもまた魅力的である。単為結果とは，難しい言葉である。単為結果はホルモンの作用によって生じていることであるが，実際の種なし品種は，育種を通して開発される必要がある。

単為結果性トマトの作出技術に関する特許は非常に多い。これは，研究者が，科学的にも商業的にも，その方法を精力的に探し求めているからである。つまり，種なしのトマト品種を開発することは，商業的にとても魅力的なのである。単為結果とは，受精することなく果実が発達することである。自然界において，これは例外的な出来事である。なぜなら，通常は，受粉，受精，果実発達というコースを進むからである。

自家受粉と他家受粉

花の雄性部である雄しべは，花粉を生産する。これらは，風や昆虫（ミツバチ，マルハナバチなど）によって運ばれ，雌性部である雌しべの先端の柱頭に到達する。同一の花の中でこれが行なわれる場合，われわれはそれを自家受粉と呼ぶ。

リンゴのようないくつかの種では，自家受粉は

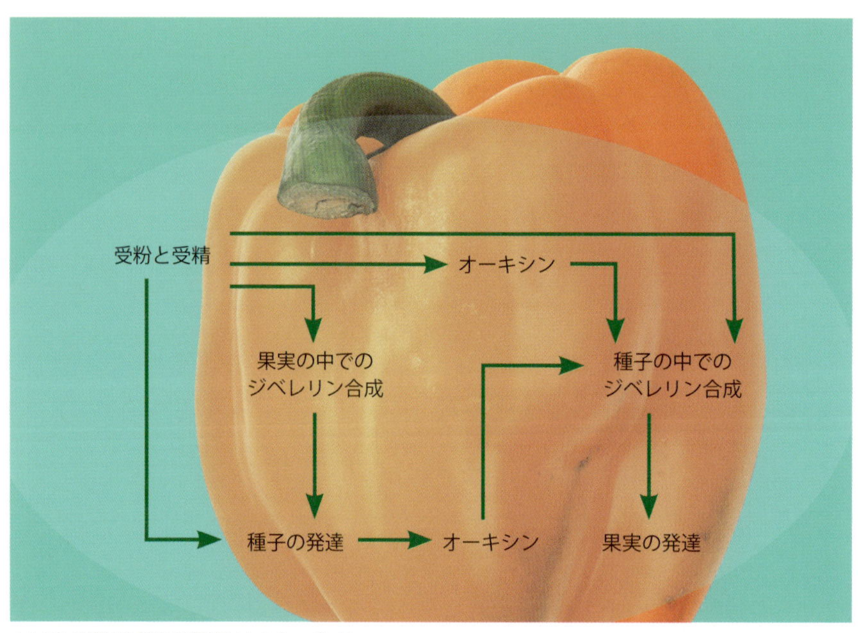

ホルモンは種子と果実の発達にかかわっている。

図1　発達中の果実でのホルモンの役割

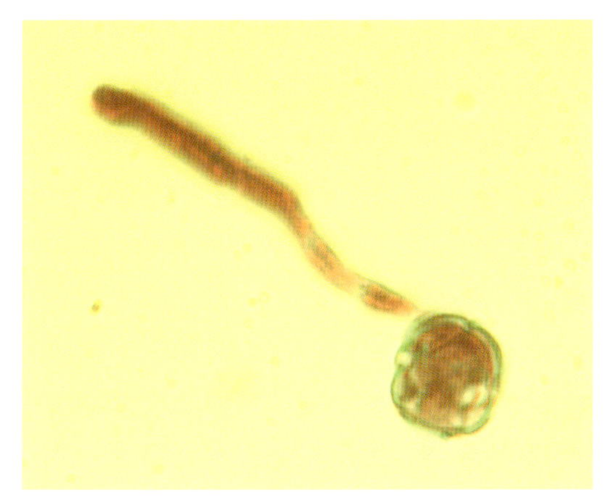

写真 1　花粉は，雌しべ（柱頭）に到達すると発芽し，花粉管を伸長させる。花粉管は，花柱内を卵細胞に向かって伸長する。ここで受精が行なわれ，卵細胞は種子に発達する。

不可能であり，受精は，ほかの植物の花粉が運ばれた場合にのみ起こる（他家受粉）。ここで花粉は発芽し，花粉管を伸長させる。花粉管は，花柱内を卵細胞に向かって伸長する。それらが卵細胞に到達すると，受精が起こる。その後，卵細胞は，種子に生長する。また，受精は，種子の周りに形成される果実の発達を開始させるシグナルとしても働く。

種なしの果実

この受精という過程は，多くの原因によってうまくいかなくなることがある。まず受粉がうまくできない場合である。すなわち，花粉が正常に発達しないとか，花粉が雄しべから適切に放出されない，あるいは十分な風や昆虫がないなどのために，花粉がうまく柱頭に運ばれない場合である。また，柱頭が乾燥しすぎることも起こりうる。さらに，受粉はできても，受精過程の最終段階で問題が起こることもある。それは，花粉管が生長を停止する場合や，卵細胞や種子の細胞が不和合性を示す場合である。これらすべての場合において，植物は子房の発達を拒否して，脱離させてしまう。

植物によっては，通常の状況においても，受精なしで果実を発達させる。これは，単為結果と呼ばれ，その果実は種なしになる。単為結果は，植物が遺伝的にその能力を持つ場合に起こる。植物がこれらの遺伝的性質を持っていることは，外観上はわからず，気付くことはないだろう。つまり，通常は，植物は受粉と受精を行なっているからである。しかし，特別な環境において，単為結果性があることが明らかとなる。たとえば，オラ

写真 2　受粉しても生長しない発育不全のピーマンの果実は，黄色くなって落果する。もし，すべての果実が単為結果なら，落果は起こりにくくなる。

Text: Ep Heuvelink (Wageningen University) and Tijs Kierkels
Images: Benoit Gorguet (Wageningen University)

ンダの古いピーマンの品種では，低い夜温（10～12℃）で着果が起こり，これらは種なしの果実になる。

単為結果，すなわち種なし果実は，小さくて，貧弱である場合が多いが，それらは常にそうというわけではない。現在栽培されているほとんどすべてのキュウリは，種なしであり，現に以前のものよりもよい形をしている。ときおり，果実に種子が入った尻太り果になることがあるが，それは商品価値がないものである。

単為結果の利点

生産者は，なぜ単為結果性品種を望むのだろうか？　第一に，果実の生長が受粉に依存しないためである。生産者は，受粉のための最適な環境にする必要がなくなる。マルハナバチは不要となり，それらに必要な光の条件などの特別な環境調節を考慮する必要もなくなるのである。もし，トマトにとって温度が高すぎる場合や低すぎる場合には，最初の過程である花粉の形成は妨げられ，着果は阻害されてしまう。

第二に，種子の生産は，植物にとって多くのエネルギーコストがかかるためである。もし，植物が種子を生産しなければ，そのエネルギーをほかの有用な部分に送ることができる。その結果，果実はよりよく肥大し，重くなる。しかしながら，一つ欠点がある。種なしの果実は，シンク能が小さくなる。すなわち，多くの同化産物を引き寄せられない。通常，トマトの同化産物の約72％は，果実に向けられる。もし，種なし果実で，このシンク能が相当低くなってしまうなら，引っ張る力が小さいため果実が十分に肥大せず，単為結果品種は魅力的なものではなくなってしまう。

第三の利点は，消費者にとってである。消費者は種があることを望まない。バナナや多くのマンダリン，そしていくつかのブドウは，種なしである場合に，より多く販売される。さらに，種なしの果実は日持ちがしやすい。

最後に，パプリカが種なしになれば，着果の周期性を改善できるだろう。

自然単為結果

植物ホルモンは，果実の発達に中心的な役割を担っている。花粉管は，生長時にオーキシンやジベレリンを生産する。その後種子が形成されるとすぐに，ジベレリンの生産が急激に上昇する。これらのホルモンは，細胞分裂や細胞肥大を促進する。そして，これら生長過程にある種子が，その後の果実発達のもっとも重要な原動力になる。

ジベレリンは重要な役割を持っているが，植物ホルモンの働きは，いつも複雑である。オーキシンは，果実発達の最初のところで働いており，おそらくジベレリン合成を促進している（図1）。ほかの植物ホルモンも重要な要素であることが研究で示されている。この複雑さから，外からホルモンを管理するのは容易ではない。しかも，ホルモンの作用は，果実発達の正しいステージに，正しい場所でなされなければならない。これは，洋ナシ生産で成功している。すなわち一度，花が夜の霜によってダメージを受けたときに，種なし果

種なし品種の播種

単為結果性品種には，特有の問題がある。種子を作らない品種から，どのようにして種子を得ることができるだろうか？　単為結果性キュウリは，単に播種して栽培される。現在のキュウリは，二つの性質を併せ持っている。通常の環境下において，キュウリは雌花だけを形成し，さらに単為結果の能力を持っている。

その一方で，キュウリは雄花を形成する能力を保持し続けている。これは，雌花だけを形成するキュウリにジベレリンや硝酸銀を処理することで明らかになる。すなわちこのような処理によって，キュウリは雄花も形成するようになるのである。この処理によって雌雄の花ができて交配が可能となり，その種子から交雑品種を得ることができる。

実を得るために，ジベレリンを樹木全体に噴霧するのである。しかし，ハウス栽培では，このような機会が多くないことは容易に想像されるだろう。

そのため，自然の単為結果性素材の探索が続けられている。トマトでは，単為結果を引き起こすいくつかの遺伝子がすでに見出されている。育種家は，これを遺伝子組み換えなどを利用して，既存の品種へ導入することを可能とした。この方法で，タバコやナスで単為結果性品種が作出されている。

しかしながら，トマトで見出された単為結果の形質は，小果や奇形果の形成など，多くの副作用を持つ。それ以外にも，一般的な遺伝子操作への人々の拒絶の問題がある。けれども，研究者は，古典的な育種法を用いての優良な単為結果性品種の育成は，さらに困難を伴うと考えている。

ピーマンでの単為結果

ピーマンの研究は，受粉が行なわれないときに，ホルモンであるオーキシンを雌しべに局所的に処理すると，種なしの果実ができることを示している。収穫において，収量の変動は少なく，尻腐れ果はほとんど発生しない。処理したピーマンには，処理しない場合より多くの数の果実ができるが，収量はほぼ同程度である。果実1個の大きさは通常の1/3で，形はよくない。

雌しべへのオーキシン処理は，正常に伸長している花粉管から自然に供給されるホルモンの刺激と同様の効果がある。この技術では，すべての花に手で処理をする必要があるため，実際の農業現場には不向きである。また，果実は小さく，奇形果になる。さらに，消費者は，ホルモン処理された野菜を望んでいない。しかしながら，この研究は，遺伝的操作でピーマンの単為結果実現の可能性があることを示唆している。

この知見により，育種家はさらに研究を進めることができる。また，ピーマンの単為結果性が，単一の劣勢遺伝子によってコントロールされていること，それが果実内にカルペロイド様構造（一種の奇形）を形成させる形質と強くリンクしていることが，現在では明らかになっている。

まとめと解説

果実の発達には，植物ホルモンが重要な働きを担っている。現在では，合成オーキシンやサイトカイニン類が，着果や果実肥大促進のために利用されている。果菜類の種なし果実の発達には，多くの利点がある。単為結果（受粉なしで起こる果実発達）は，現在利用できる種の中で，自然に起こりうる。現在のところ，研究者や育種家は，トマトやピーマンでの利用を模索している。現在すでに，トマトやナスの単為結果性品種が育成されてきている。単為結果性品種には，種子が得られにくいなどの欠点がある場合があるが，高温などの不良環境下でも収量が安定し，訪花性昆虫が不要になるなど，生産者にとってのメリットは多い。流通加工，そして消費においてもメリットは大きい。さらなる研究の進展が望まれている。

植物の移動の生理学

移動と接触は植物をわい化させる

施設での移動栽培は増加しており，空気循環と合わせてますます注目されている。植物の移動と植物への接触（植物同士が擦れ合う状況も含め）は生長を遅くするという研究結果がある。それらは失望感を抱かせる部分もあるが，有効利用もできそうである。

1980年代に，トマトで有名な研究が行なわれた。アイデアはよかった。ハウス内に誰もいなかったら，通路はいらない。通路をなくすために，作物移動用のワイヤーを利用することができる。ハウス全体にわたって，作物を配置することで受光量を向上させることができ（2～8％受光量が向上することが測定された），収量を増加させることができる。

しかし，予想されたような，より高い生産は実現されなかった。予想したように，トマトの株の移動（通路を自由に，連続的に行ったり来たり，時には通路を越えて，植物が生育できるようにしたこと）は過度のストレスをもたらしたようである。おそらく，動かすことによるストレスは，得

写真1　移動栽培には植物の生長抑制効果がある。しかし，多くの生産方法を改良したことによって，移動による物理的刺激だけで，生長抑制を説明することができなくなっている。

写真 2 噴霧機にプラスチック片を取り付けることによって，生産者は容易に「なでる処理」を行なうことができる。ある実験では，接触によく反応し，植物が低いまま留まることが確かめられている。

られた光合成を促進する効果を相殺したのであろう。研究はそこで止まってしまった。

細胞壁の変形

ハウス内で空気循環や移動栽培を行なう植物は，以前より大幅に増加している。植物の移動は確実に生長を遅くするが，移動に対する感受性は作物や品種によって異なる。そのため，マイナスの効果（たとえば切り花の茎長）や実際にあるプラスの効果（コンパクトな鉢植物）について，一概に結論付けることは難しい。ここではおもに原理を議論することにする。

植物生理学的には，どのような移動もどのような接触のモーメントも細胞壁を変形させる。細胞壁は細胞膜に張り付いている。細胞膜が変形すると，チャンネルが開いてカルシウムが細胞内に流入するのを許すようになる。細胞内でカルシウム濃度が上昇すると，特定の遺伝子発現に作用するカルモジュリン・タンパク質（カルシウム結合タンパク質）に影響を与える。

新しい細胞だけに影響がある

この場合，カルシウム結合タンパク質は生長にかかわる遺伝子の発現を抑え，その結果，細胞壁が厚く，短い細胞が生じる。このような変化はもちろん，すでに生長し終わった細胞には起こらず，新しい細胞かこれから生長する細胞だけに見られる。

植物ホルモンのエチレンやオーキシンと同じように，電気的な状態の変化も植物内の情報伝達の役割を果たす。このようにして，接触の影響は，直接接触した部分とは違う部分で発現することになる。

自然では，これは，たとえば激しい風や雨に対する植物の反応に相当する。細胞が短く，細胞壁が厚いほど植物はより強くなり，損傷を受けにくくなる。自然界と比べてみると，ハウス内の植物はほとんど動かない。これが，ハウス内で育てると，外で育てるよりかなり大きくなる主な理由の一つである（付け加えると，もちろん，よりよい栽培条件の一つでもある）。

しかし，すでに述べたように，ハウス内の移動栽培は増加している。移動栽培では植物が振動するので，生長抑制効果が確実にある。しかし，

Text: Ep Heuvelink (Wageningen University) and Tijs Kierkels

移動栽培においては，移動の本当の影響である生長抑制効果がわからなくなるくらい数多くいろいろな部分が改良されており，実際に移動栽培を行なっている生産者は，不満を感じてはいない。

ブラシがけと振動

この分野の園芸研究の結果は大きく変わってきている。三つの類似の実験がピーマンで行なわれた。これらは高い頻度で振動を与えた実験であり，二つの実験では，茎や葉の生長に影響はなかった。しかし，一つの実験では生長が抑制された。

サルビア スプレンデンスが植えられた栽培ベッドでは「ブラシがけ」によって茎長を半分にすることができた。毎日のブラシがけは開花数を1/3 減少させた（植物生長調整剤は開花数には影響を与えない）。そのとき，植物は明らかにエチレンを発生していた。

試験条件下では，ビオラの草丈は，ブラシがけによって 1/4 から 1/3 低くなった。ポインセチアの草丈は 10％低くなった，（一方，植物生長調整剤は 25 から 50％草丈を低くした）。キクの鉢物では草丈が 6％低下した。アジサイでは草丈が 8％低くなり，花も小さくなった。これに対して，ペチュニアやペラルゴニウム，オステオスペルマムはまったく反応しなかった。

同じように，振動の影響も研究されている。オステオスペルマムとアジサイはいずれも，生長が抑制された。オステオスペルマムでは 30％近く，アジサイではわずか 10％生長が抑制された。振動はゼラニウムとインパチェンスの開花を遅らせたが，ビオラの開花は遅らせなかった。

作物や品種による違い

ポット栽培やベッド栽培で振動や接触の技術に興味があるなら，作物や品種ごとに，影響を評価し，処理がダメージをもたらすかどうかを調べる必要がある。

アメリカでは，さまざまな育苗業者が生長を抑制するために振動や接触を利用している。しかし，イギリスやドイツ，オランダでは少ししか試されていない。効果は見られるようであるが，まだ，実用場面で適用された例はない。これはおもに高価すぎるという経済的理由によるものである。その処理方法（防除機のブームに布を取り付ける方

空気循環によって，より多くの収量を得られるか？

理論上，温室内の空気流動は収量を増加させる。その際，収量の増加と，植物が空気流動によって動くことによる抑制効果との間のバランスにより，最適な循環条件がどこかにあるはずである。

収量の増加が予想される理由を次に挙げる。空気の静止層（葉面境界層）は葉の周辺にある。CO_2 は葉に入るために，この層を通らなければならない。層が薄ければ薄いほど抵抗が少なくなる。空気の流れはその層をより薄くする。もし，容易に，葉の中に CO_2 が多く入れば，より多くの光合成が可能となる。同様に，葉面境界層が薄くなれば，蒸散も増加する。

応用植物研究所（PPO）は，トマトでこの効果を調べるために 2005 年にハウス内実験を行なった。結果は期待はずれだった。調べた処理間に収量の違いはまったくなかった。光合成量は空気流動が増加しても増加しなかった。蒸散も予想と違い，空気流動が増加すると低下した。

制限要因

理論的にこの結果を説明することは可能である。おそらく，葉面境界層による抵抗は，実験条件下では収量を決定する要因にならなかったのであろう。蒸散は常に複雑な現象である。蒸散が増加すると葉は冷却される。温度が適度に高いとき蒸散は活発になるが，葉が冷却されるとさらなる蒸散は減少する。さらに，空気流動によって葉から空気へ，より多くの熱伝達（対流）が生じ，葉はますます冷却される。つまり，蒸散と空気流動によって葉の温度が低下して，気孔の開きが小さくなったことによって CO_2 をあまり取り入れられず，光合成が増加しなかったと説明できる。

法）は費用がかかりすぎるうえ，植物生長調整剤を完全に削減することはできなかった。さらに，ブームによる処理では損傷が生じることがあった。

ある実験では，接触に非常によく反応する作物があるという研究結果が確かめられている。ほとんど効果がないか，まったく効果がない作物がある一方で，よい状態で低い草丈を維持する作物もある。接触にはほかの効果があるかもしれない。接触処理をやめるとすぐにかなり大きく生長する作物がある。このことは，接触処理の栽培が終了すると，次に出荷するものは通常より大きく生長したものになるので，流通経路の途中で問題を引き起こす可能性がある。ここでは，作物によって大きく反応が違うことを挙げておく。

まとめと解説

植物の移動や接触は細胞壁を変形させる。つまり，移動や接触は細胞を短くし，細胞壁を厚くする反応を引き起こす。振動，接触，ブラシがけは化学的な生長抑制に替わる方法として考えられている。

実際，オランダの花き栽培では，面積当たりの生産量を増加できることや，作業者の移動，鉢の運搬を効率化できるメリットがあるため，移動栽培が多く行なわれている。本項では移動栽培によるわい化の原理と影響が指摘されているが，今後，移動栽培を導入する場合には，作物や品種ごとに栽培試験を行ない，導入効果を明らかにする必要がある。

第2章

植物の環境反応

植物は多くの光を利用できる

生産は受光量と密接に関係する

光合成過程を改善することは困難と考えられるが，太陽光または人工光を活用することについては，改善の余地が残されているといえる。近年，われわれの光に関する理解は大いに深まり，園芸学における光の扱い方に大きな影響を与えている。

植物に降り注ぐ光はかなり大量のエネルギーを提供している。植物はそれを受け，三つのことを行なう。当然ながら，まず一つめの光の効果，そしてそれがもっとも大きな効果なのであるが，それは光合成である。すなわち，同化産物の生産を行なうために太陽光のエネルギーを利用している。太陽光のエネルギーは，クロロフィル（植物を緑にしている物質）の電子をより高い準位まで励起させる。励起された電子は一連の反応の後，最終的に基底準位に戻る。その際に生じたエネルギーはさまざまな化学物質に受け渡され，最終的に水と CO_2 を糖に変換するために利用される。

写真1　近年，散乱光について多くの研究がなされており，結果の再現性はかなり高くなっている。つまり，散乱光は直達光より優れた面が多く，それによって収量が増加する。

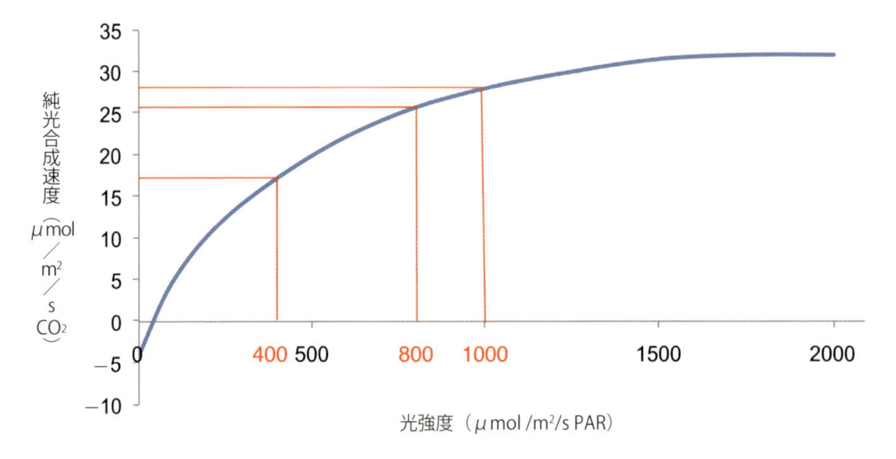

散乱光ガラス下のように，葉が利用可能な光を分け合うと光はより効率的に利用できる。

図1　光応答曲線

写真2　上部照明と樹間照明の組み合わせによって収量は増加する。生産者は状況に応じて栽培方法を調整しながら行なう。

蛍光発光

電子はすぐに基底準位に戻ることもできる。その際には光を発する。この二つめの効果は蛍光発光と呼ばれる。植物は常にいくらか蛍光を発生しているが，その発生が高いレベルで起こるときは光合成に異常が生じており，その植物は多くの光を利用して糖を生産することができなくなる。その問題は，光がとくに強い場合や，すでに生成された糖が有効に転流できない場合，つまり糖が肥大途中の果実や，蕾や花へうまく輸送されないときに起きる。

光の三つめの効果は，植物を加温することである。これらの三つの過程（光合成，蛍光発光，加温）はすべてが同時に起こる。もちろん，生産者としては光合成量を増やし，生産量を上げたいが，光合成反応そのものを制御することは現状では不可能である。ただ，ハウス内の太陽光はしばしば最適量以下の状態なので，人工光を利用して生産性と品質を改善するというのは一つのよい方法である。さらに，散乱光が生産量と品質の両方の改善に役に立つということは疑う余地がないだろう。

Text: Ep Heuvelink, Tom Dueck, Filip van Noort
(all at Wageningen UR) and Tijs Kierkels
Images: Jan van Staalduinen and Philips

光阻害

しかし，光が多いということがいつもよいわけではない。光が一定の強度に達すると，光合成は飽和状態となり，一部の光は利用されないことになる。そのとき第一に，光阻害が起こる。すなわち，光合成システムは一時的にフル状態となり，それによって植物はより多くの蛍光を発するようになるとともに，葉温の上昇も起こる。光強度が弱くなれば植物の状態は回復して，機能は再び回復する。しかし，かなり強い光環境に置かれると，光合成システムに回復不能な損傷を与える活性酸素種が増加する。

とくに，鉢物の生産者は光によるダメージを常に心配しているので，光を弱くするために遮光カーテンと遮光塗料（たとえば，炭酸カルシウムを主成分とする遮光性塗料）などをよく利用する。鉢物の生産者は必要とされるよりも弱い光を利用する傾向がある。そのため，光合成は最大値からかなり離れていて，収量が犠牲になっている場合が多い。しかし，最近の研究成果によれば，多くの陰性植物は，じつは通常よりも強い光に対応することができ，光が強くなれば生長が改善され，早く出荷できることが示されている。一般的に好ましい環境条件は，相対湿度が高く（75％～80％）保持され，温度が高すぎないことである。強い光と高温と低湿度がともにある環境条件は植物にダメージを与える。

効果的な照明

多くの作物において，補光はさまざまなよい効果を与える。補光によって植物はより多くの糖を生産し，その糖は最終的により多くの側枝や花の形成に利用される。結実もよくなる。

ハウスにおける光の利用方法はまだ改善する余地がある。通常，照明器具は作物の上方に固定される。その場合，補光の多くは太陽光を十分に受けている植物の上部の葉に当てることになる。そのため，日中，上部は過剰な光を受ける状態になってしまう。補光を与えても葉にとって何の利点もない上に，葉温は上がりすぎてしまう。加えて，適切な光強度を与えたとしても，比較的多くの光は反射によって作物から跳ね返ってしまう。

試みとして，上方からの照明と樹間照明を組み合わせて用いることで，いくつかのよい結果が得られた。樹間照明によって，より多くの光が，太陽光によっては飽和に達していない葉に確実に届く。加えて，古い葉はより長く活動状態が維持され，収量増大効果が得られる。

直達光より散乱光がよい

散乱光に関する研究は近年盛んに行なわれており，すべての結果から散乱光は直達光より有効で，散乱光によって作物の収量が増大するということが示されている。理由は簡単である。作物は基本的に感覚が鈍く，極端な高温や低温，および強光や弱光環境を好まない。しかし，ハウスでは常にそのようなことが起こる。たとえば，日差しが強いときには，普通のガラスを用いた場合には，明るいところと鋼材などの影の暗いところが現われるが，散乱光ガラスまたはコーティング剤を用いた場合には，このような光のむらが消える。つまり，上部の葉が受ける光が減少し，下部の葉が受ける光はいくぶん増加する。

光合成効率

植物生理学的には，散乱光ガラスを使用することは極めて有効である。光強度が強すぎると植物に局部的なストレスをもたらし，光合成速度を著しく低下させる。しかし，極端なストレスを受けなくても，光強度が強い場合には光合成効率は低下する。光応答曲線（図1）からわかるように，光強度が強くなると曲線は頭打ちになるのである。

適切な光強度の範囲にある場合，曲線の傾きは大きく，高い光合成速度が得られる。たとえば，800 $\mu mol/m^2/s$ の強度の直達光で照射する場合，光合成速度は 25.5 $\mu mol/m^2/s$ CO_2 となるが，その光を散乱光ガラスに透過させて，二つの 400 $\mu mol/m^2/s$ の光に分けて照射すると，光合成速度は $2 \times 17 = 34$ $\mu mol/m^2/s$ CO_2 となり，葉が利用可能な光を分け合えば，光をより効率的に利用することができる。

より好ましく光を分配することによって，作物自身にも変化が起きる。葉の同化能力は生育する光環境によって決まる。そのため，群落内には陽葉と陰葉が形成されるが，これらは葉の厚さとクロロフィルの含有量が異なり，それぞれの光合成能力も異なる。散光によって中間葉に届く光が多くなるため，それが陽葉のように振る舞い，光合成効率が上がる。

暗期

最後に，同化のための光照射を何時間行なえば適切なのかということがまだ疑問として残っている。多くの植物は，暗期がなければ生育は障害を受ける。このことに関しては，トマトで幅広く研究されてきた。連続光照射下では糖の輸送効率が下がり，デンプン粒が葉に蓄積して，クロロフィルに損傷を与える。この現象は葉が黄色になったり，固くなったりする症状からわかる。トマトでは最低 6 時間程度の暗期が必要であるが，野生トマトとの交雑によって，連続光照射耐性種を作る研究が現在進行中である。

バラは 24 時間の光照射に耐えられるが，連続照射は気孔の開閉機能を阻害する。バラを採花後，気孔がしっかりとは閉まらなくなり，花瓶に生けた後の観賞期間がかなり短くなるので，やはり栽培中には暗期が必要である。

まとめと解説

光は光合成，蛍光発光，葉温の上昇において重要な役割を担っている。光が多すぎると植物に損傷を与える可能性がある。しかし，鉢植え植物は，通常より多くの光に耐えられる可能性がある。

とくに日本の環境において，日長の短い期間に人工光源を用いて補光を行なうことは有効であると考えられる。適切な光量を補うことで光合成を促進できるので，作物の生育を促し，収量増大や糖度の上昇などの効果が期待できる。上部照明と樹間照明の組み合わせ，および散乱光の活用も有効である。

光質による植物の操作が現実になる

多くの色は植物の形態と生育に影響する

園芸分野における LED 光源の利用は進行中であり，植物をさまざまな面で制御できる可能性が徐々に見えてきた。その中で光の色（波長）が植物に与える影響を解明すれば，新たな発展に移行していくスピードを加速することができるだろう。ここでは光の波長が植物に与える影響の研究の現状を紹介する。

生産者が補光を使用する場合，植物の生育促進と，形態や生育の改善の二つを目的とするが，波長の組み合わせができない１種類の光源しか使用できなかった状況下では，この二つめの側面についてはあまり注目されなかった。高圧ナトリウムランプの波長スペクトルがまさにそれで，皆それを用いて学ぶしかなかった。しかし，LED を使用することで，私たちは精密な光のスペクトルを選択できるようになった。それによって，原理的には，生産者は植物の形態や生育を望むように制御することができるようになる。しかし，そのた

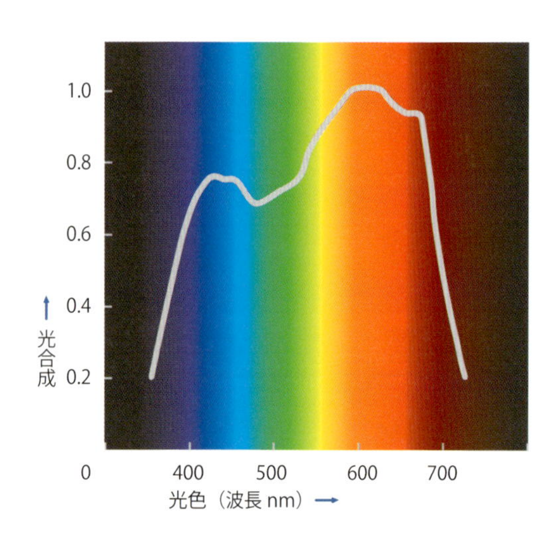

McCree- 曲線は光の波長ごとに葉がそれぞれの光量子をいかに効率的に光合成に用いるかを示す。

図１　McCree- 曲線：異なる光色における光合成

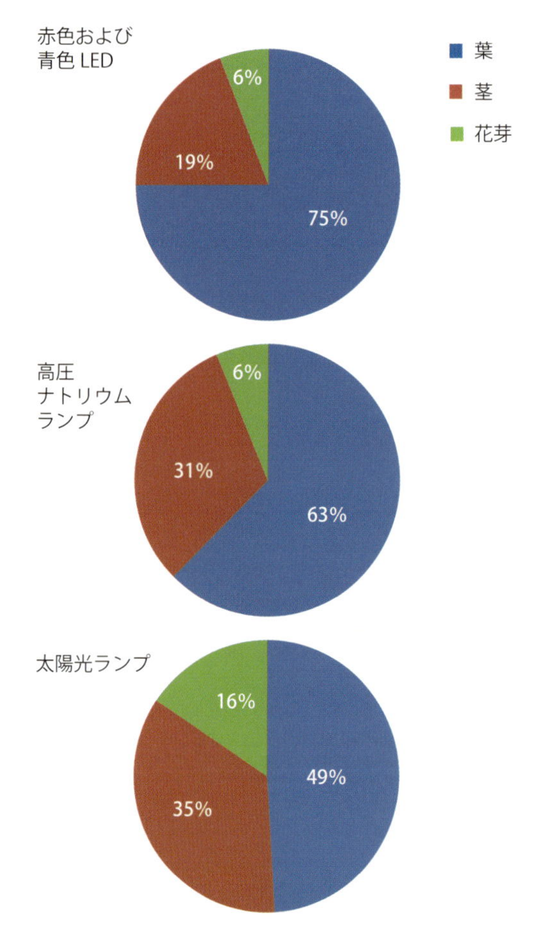

ワーへニンゲン UR の研究によれば，ペチュニアは自然の太陽光でもっともよく花が咲く。それは自然光の色分布がよいためである。

図２　ランプの種類における同化物の分配

写真 1　光色は常に植物の形態と生育に影響する。

めには，異なる波長の光を用いることについて，実践による経験とともに，科学の知見をさらに発展させる必要がある。

より多くの波長の光に効果

生産者は高圧ナトリウムランプから LED へ切り替えることで，生産現場において光をどのように使うかということを改めて学ばざるを得ない。少なくとも，栽植密度および温湿度の設定については改めて検討する必要がある。初期の LED 光源では光合成の改善が優先的に期待されていた。光の波長と光合成の関係を表わした McCree- 曲線は，明確に赤色と青色のピーク波長を示す（図 1）。そのため当初生産者は，赤色光と青色光の組み合わせで十分だと考えた。

最近の LED には遠赤色が追加されたものがあるが，話はまだ終わっていない。太陽光のスペクトルを真似した特注のプラズマ光源の下では，植物の生長がかなりよいのである。これは，赤，青，遠赤色以外の波長の光も，植物の生長に関係していることを意味する。たとえば，緑色は光合成にとって重要であり（McCree- 曲線を見ても明らか），さらに低照度下での特別な植物の光応答や気孔の挙動においても重要である。紫外光の役割に対しても，もっと多くの関心を持つべきである。

光合成反応

実際に，世の中で McCree- 曲線が強調されすぎたことにより，LED 光源の応用技術の発展が狭められた。つまり特定の少ない波長の光で植物が育てられるような流れができてしまった。一方で，McCree- 曲線自体にもまだ見るべきところがある。この曲線は太陽光のもとで健康な葉に対して意図されたものであり，継続的に環境に適応しようとする植物に対しては，曲線の形は変化する可能性がある。

曲線の形は全体的に同じように見えるが，植物は緑からオレンジのスペクトル内で調節を行なっている。さらに，一部の植物（とくに冬に葉を維持する植物）は異なる反応をする。それらは紫外線による障害を防ぐために，より多くの抗紫外線物質を作るが，同時にこの物質によって青色光の

Text:Wim van Ieperen,Ep Heuvelink
（Wageningen University） and Tijs Kierkels
Images: Wilma Slegers

一部の吸収は抑えられている。その結果，青色光による光合成は減少する。

さらに注目すべきポイントは，McCree-曲線は個葉レベルでの光合成にしか適用できないことである。植物体全体で見れば，ほかの波長の光も少なからず役割を果たしている。それは，とくに植物の形態と生育への影響であり，ひいては植物の光合成全体への影響がある。

予想外の葉の歪み

たとえば,葉の厚さには役割がある。すなわち，葉が厚いほど，葉の表側と裏側の間の光の波長の変化が大きい。しかし，さらに重要なのは，葉の形状，サイズ，位置，動きといった要素で，これらすべてが植物の全光合成量に大きく影響する。これらの要素は，光の吸収効率と潜在的な生産能力に影響を与え，他方光の波長によって影響を受ける。

試しに，LED光を植物の上から，あるいは植物の間から照射すると，ときとして予想外の葉の歪みが生じることがある。これは，おそらく光の波長が原因である。一つの細胞層がほかの細胞層より早く生長するために起こると考えられるが，確認するためにはさらなる研究が必要である。

赤色光が植物の伸長と分枝に対して役割を持つことは，すでに知られている。ワーヘニンゲンURの研究者は，赤色光の比率を高くすることによってペチュニアの草丈を低く維持し，分枝を促進することを可能とした。

各波長の光の比率

各波長の光の比率を調節することによって，植物の生長を制御することができる。光の比率は，植物の開花や伸長生長，葉の展開などの光合成とは別の代謝過程の原動力となっている。その際，フィトクロムと呼ばれる光感受性色素がセンサとして働く。それは，とくに赤色光と遠赤色光に敏感である。感受性はそれよりは劣るものの，ほかのすべての色に対しても感応する。また，フィトクロムは，すべての色の影響によって活性型から非活性型に，あるいはその反対に切り替わる。

フィトクロムの活性は光の色の組成によって決まり，PSS値で示される（PSS=phytochrome stationary stateフィトクロム定常状態)。青色光のセンサとしてはクリプトクロムとフォトトロピンが挙げられるが，これまでのところ，これらの光センサの活性を表わす値は示されていない。

作物の準備

光応答を実際の植物栽培へ応用するためには，それらセンサの働きに関するさらなる知見が重要である。その応用がもし可能であれば,植物を‘準備’することができる。つまり，将来に起こる状況に対して，植物を整えるということである。晴れのときの太陽光のスペクトルは，曇りのときのそれとは大きく異なる。また，雲が多いほど，青色光が増加する。植物はその光環境に応答し，光合成速度を順応させている。このように，植物はできるだけ有効にエネルギーを使うというしくみを持っているので，生産現場でもこの現象を利用できる。

日差しの強い期間が差し迫っている場合，それに合わせて作物を整えることができる。植物の光合成能力は一般に，日差しが弱いときより日差しが強いときのほうが高い。植物は環境の変化に順応していくが，順応は環境が変化してから起こるものである。しかもその順応には時間がかかる。変化が起こる前の光の量が低いレベルのときに，先に植物に大量に青色光を当てると，植物は多くの光があるかのように葉を順応させる。このようにすれば，光量の増大が起こる際には，順応する過程なしに，光合成をよりよく行なわせることができる。

ストレス耐性

気孔の形成と挙動も光色によって決まる。青色光は葉面積当たりの気孔数を減らすが，それはまた気孔の開度をより広げる効果もある。青緑色光とUV-B光も役割を果たしている。また，植物の中での水の輸送において，葉を通過する際の抵抗の大きさも光色によって変化する。

このような反応は園芸生産において重要な示唆

を与える。水輸送時の低い抵抗は生産にはよいが，ストレス耐性という点からはよくない。適正な波長を照射すれば，若い植物を丈夫にし，ストレス耐性を向上させることができるようになるだろう。

向光性

陰を避けることと光に向けて伸びることは，植物に特長的な二つの光応答であるが，それら反応も光色によって制御することができる。もし遠赤色光が多く照射されると，茎および葉柄は伸びるが，葉は小さく留まる。また，乾物の分配も光色の組成によって変わる（図2）。PSS値が低いということはフィトクロムの活性が低いということを示すが，それによって乾物量は茎で増加し，葉で減少する。しかし，植物の向光性（青が重要）に関しては，光色だけではなく，光の照射方向にも関係がある。

短日植物

最後に，短日植物（植物が反応するのは暗期の長さなので，短日植物という表現よりも長夜植物という表現が正しい）に補光を当てて育てることは困難である。もし補光をすれば，それによって，植物が必要とする暗期が乱れるからである。しかし実際には，植物の反応はそれよりもっと繊細なメカニズムであり，日長反応には光の色が重要な役割を果たしていることが解明されている。短日植物であるキクに11時間光を照射すると花は咲き始めたが，15時間照射すると，開花は著しく遅くなるか，あるいは開花しなかった。一方で80％の赤と20％の青のLED光を11時間照射後に，青色LED光を4時間照射すると，合計15時間照射であるのに花芽形成の抑制は見られなかった。すなわち，キクはその処理を短日だと感じている。この光条件による花芽形成制御はさらに精緻さが求められる。もし最初に太陽光を11時間照射して，その後に青色LED光を4時間照射すると，花芽形成が抑制される。したがって最初の11時間の光スペクトルが重要なわけである。仮説としては太陽光の中の遠赤色光が原因と考えられる。

光の波長が果たす役割についての理解は進んできているので，やがて植物を制御する栽培知識の一部になっていくだろう。

まとめと解説

補光は植物の光合成を改善するだけではなく，形態と生育を制御することにも役立つ。光には波長スペクトルがあるからである。近年のさまざまな研究により，多くの光の波長が植物に与える効果が徐々に明らかになってきている。たとえば，光の波長は葉の形，大きさ，位置，気孔の数，開度，器官ごとの乾物の分配，さらには多くの内部プロセスの制御に影響を与える。光を用いて植物の生長や分化，姿形を制御する技術はますます発展していくものと考えられる。

とくに人工光源としてLED照明の価格が下がり，利用しやすい環境になってきている。LEDによって，選択的な波長の光を利用することができるようになり，植物の光合成の改善のみならず，形態と生育を制御することも可能となってきた。

光が群落内部まで進入すれば物質生産は高まる

上部の光を減らし 下部の受光を増やす

作物群落の内部まで光が入れば，収量を増やせる。これは，作物群落の下層にある葉の光合成が光飽和点に達するには，まだまだ光が必要だからである。散乱光ガラスや散乱光フィルムを用いて，作物群落内の光分布を変えれば，下層まで光は到達する。群落内の光環境をほかの方法で改善することは，生産者にはほぼ不可能である。

高い収量を上げるためには，第一に十分な光が必要である。多くの鉢植え植物の場合，必要な光はトマトやバラよりもはるかに少ない量でよい。一方，果菜類では光が1％増えると収量も1％増えるといった経験則が知られている。

遮光するかしないか

生産者はこういう。「全天日射が20MJ/m²以上あるときは，植物にはそれ以上の光は必要でないので遮光する」。しかし，これは誤りである。もし，温度を遮光以外の方法で下げることができれば，植物は遮光で減る分の光を利用することができる。これは，トマトでは1980年代の終わりから明白に示されてきたことである。

ハウス内部への光透過率は，1985年では70％であったが，2010年では80％となった。つまり，25年の間に，ガラス板の大型化，屋根の反射部分や雨どいの小型化などによってハウス内は明るくなっており，その結果，収量は14％増加したのである。

ハウスの屋根の透過率を向上させて光をたくさん取り入れることと，断熱性を高めてエネルギーを節約することを両立させるのは，長い間，困難なことであった。そのため1枚ガラスがいつも好まれてきた。しかし，現在の4層コーティン

写真1　光の吸収は作物の丈で決まるのではなく，葉層の厚さで決まるのである。

散乱光下で光合成は増える

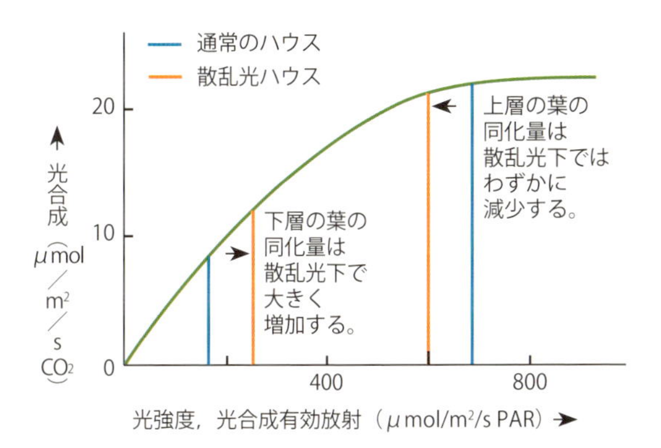

散乱光では，植物の上部の葉が受ける光は減り，下部の葉が受ける光は増える。その結果，光合成の総量は増加する。上部の葉は光飽和点に近くなるが，下部の葉はもっと多くの光があればもっと多くの光合成をすることができる。

図1　上部を減らし下部を増やす

作物による光の減衰

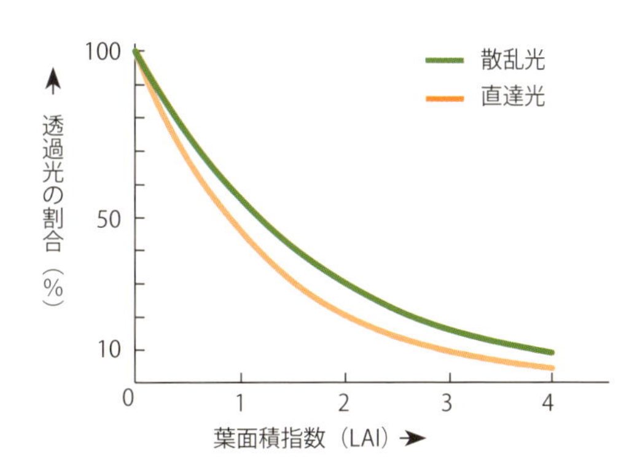

光は葉によって吸収されるので群落の下部ほど減少する（ここではLAIが多くなるほど群落の下部を示す）。減少は直達光に比べて散乱光で少ない。

図2　作物群落の光進入

写真2　散乱光では，植物の上部の葉が受ける光は減り，下部の葉が受ける光は増える。その結果，光合成の総量は増加する。

Text: Ep Heuvelink (Wageningen University) and Tijs Kierkels

グのペアガラスやETFE（Ethylene tetra fluoro ethylene：エチレンテトラフルオロエチレン共重合体＝エフクリーンなどのフッ素樹脂フィルムがその例）のような被覆資材では，光透過とエネルギー節約の両立はもはや障壁とはなっていない。現在では，これらの被覆資材を使うかどうかということが経済的問題となる。

収量と品質の向上

ハウス内へ光を十分に取り込めるのであれば（補光もハウス内の光増加に大きな役割を果たすが），群落内における光分布を改善することが次の目的となる。一般的にいえば，作物群落の内部までできる限り多くの光が届くようにすることが必要である。このためには，おおまかにいって二つのアプローチがある。つまり，光を操作するか，作物を操作するかである。

私たちはこれまでに，光透過を減少させることなく，散乱光に変える技術を開発してきたが，その成果には目覚ましいものがある。散乱光ガラスを使うと，収量も品質も向上するのである。この理由にはおおまかに三つの要因がある。もっとも重要な要因は，散乱光は群落の内部にまで進入することである。二つめの要因は，植物が環境に適応して丈が短く頑丈になることである。三つめの要因は，散乱光下では作物の上部が暑くなりすぎないことである。このためにストレスが少ないのである。

光—光合成曲線

直達光は決まった方向に直線的に進み，その一部が葉に落ちる。この現象は次の層の葉でも生じるが，どの葉にも当たることがなければ，光はハウスの床面に到達し，サニースポット（日光が当たって明るいところがはっきりした部分）が現われる。

散乱光下ではサニースポットは生じない。見たところ，光はあらゆる方向から入り込み，そのために作物群落の深いところまで進入する。このとき物質生産が増加する理由は，光—光合成曲線から理解することができる（図1）。葉が光を多く受ければ，同化産物も増えるが，それには限界もある。光量増加の効果は，光強度が強い部位よりも弱い部位で大きい。散乱光下では，上部の葉の受ける光はわずかに減る。しかし，群落の下層の葉ではより多くの光を受け取ることができる。上部の葉はすでに光飽和点に近い状態にあるので，光がわずかに減少しても大きな影響はない。一方，下層の葉では，光が増えることによって物質生産は大きく増える。なぜなら，これら下層の葉が光飽和点に達するには，まだまだ光が必要だからである。つまり，上層のわずかな物質生産を犠牲にして，下層の同化産物生産を増加させるのである。その結果，植物全体としては，同化産物の生産が増加するのである。

吸光係数

このような現象は，鉢植え植物のような背の低い植物でも同様に起こる。実際問題として，散乱光が有利なのはおもには直立して育てる果菜類であるといった考えが，広く行き渡っている。しかし，作物の光吸収は，葉によって生じるものであり，節間の長さによって変わるものではない。節間が詰まって葉がぎっしりついているコンパクトな作物でも，LAIが3.5であれば，光の効果はLAI3.5のキュウリの場合と同じなのである。

図2は，LAIが増加すると，どのように光が減衰するかを示している。これによれば直達光と散乱光の間に違いのあることがはっきりとわかるであろう。群落内で光がどれだけ存在するかは，e^{-kLAI}式で表現される。このとき，eは自然対数の底（2.718…）であり，kは吸光係数である。この係数kは作物によって固有の値を持ち，通常は0.6～0.8である。しかしながら，この値は葉のサイズや厚さ，葉の位置や空間配置などによって変わる。作物群落内で光の減衰が大きいほどkは大きくなる。これはグラフのカーブの程度で示される。

育種家の課題

作物群落内への光透過を改善するための二つめの方法は植物の特性を変えることである。これは何よりもまず育種家の課題である。たとえば，現代のトマト品種では，k の値は過去の品種よりも小さい。群落内へより多くの光が透過するようになっており，そのため，高い LAI を維持することが有効なのである。

生産者が，群落内の光透過性を改善するために植物に影響を与えることは非常に難しく，できることはほとんどない。唯一可能なことは，ハウス内の作物群落の分布を管理すること，たとえば，V システム（ハイワイヤーによる振り分け誘引）によって作物を高く，まっすぐに育てることぐらいである。

葉の角度の影響

「光の色に関する研究（104 ページ参照）」は，葉の角度が受光に対して影響のあることを明白に示している。葉の位置，配置は，受光に対して大きく影響する。すべての葉が水平についた作物と，すべてが 30° の角度の葉を持った作物を比べると，光の吸収は大きく異なる。しかし，生産者が光の色の影響をもとに作物生育を管理したいと思った場合，「光の色に関する研究」の知識で作物を管理するにはさらなる勉強が必要である。作物の群落内へ光が入ることは，一般的には有利に働く。しかし，場合によっては短所となることもある。LAI が小さい場合，群落内の深くまで光が入っても植物に吸収されない光が床に落ちるだけである。光が無駄になってしまい，物質生産には結び付かない。このような現象は，作物が若いときや自然の植物など，LAI が低い状態で生じる。

まとめと解説

作物の群落内まで深く光が入ることは，物質生産にとってよいことである。これを実現するには二つの方法がある。光を操作するか，作物を操作するかである。散乱光下では作物の上部の物質生産は直達光下よりもわずかに少ないが，下層の葉がより多くの光を受けて，より多くの物質生産を行なう。その結果，植物全体としての物質生産は多くなる。これはすべての作物に当てはまることである。群落内への光の進入程度（吸光係数）は，通常は 0.6 ～ 0.8 であるが，この値は葉の大きさや厚さ，位置や空間配置などによって変わる。

生産量の低下は24時間平均温度が高すぎかつ長期間続いた場合に起こる

最適な環境制御に求められる温度の影響についての詳細

植物の代謝は温度の上昇や低下に対して異なる応答をする。したがって，好適な温度の制御が必要となる。最新のハウスと栽培システムを利用すれば，温度に関してよりよい制御が可能である。しかしその前に，植物の温度反応に対する理解が不可欠である。

植物内の化学的反応は，温度依存性が非常に高い。一般的に，この反応は，限界値に達するまでは，高温ほど早く進む傾向にある。限界値を超えた後は，反応が突然停止する場合もある。反応の突然の停止は，反応に必要なタンパク質の変性などが原因で起こる。変性とは，酵素などの分子の構造が変化し，失活することである。極端な例ではあるが，卵を加熱したときに起こる現象がよい例である。タンパク質が突然固化し，元には戻らない。

異なる最適条件

オランダのハウス内の温度環境では，植物は極端な温度による被害はほとんどない。しかし，暖

写真1　24時間平均気温を26℃で長期間管理すると，トマト生産のロスは5%以内に抑えられる。これをもし27℃に上げてしまうと，ロスは15%まで増加する。

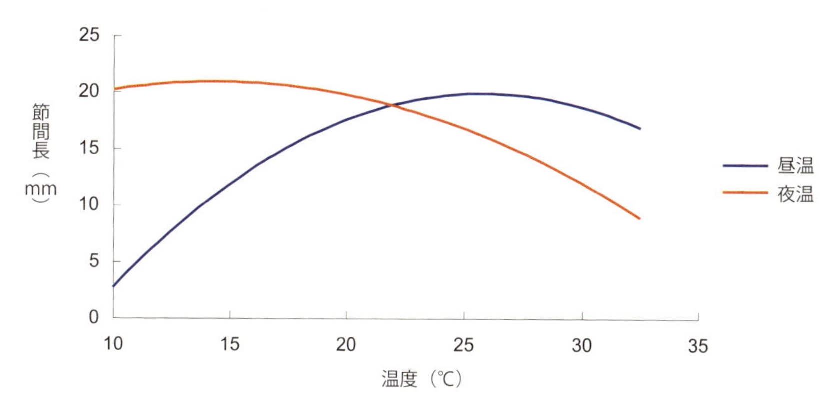

18～24℃の間（曲線の交点付近）では,節間の伸長はDIFに依存する。これは昼の高温による節間伸長を夜の高温が相殺するからである。そのため,昼夜温18℃一定と24℃一定は同様の節間伸長を示す。（引用:Susana Carvalho,ワーヘニンゲン大学）

図1　キクの切り花の節間長における温度の影響

地では高温ストレスが生じ，さまざまな害が生じることがある。この極端な例を除いても，ハウス内の温度の制御は複雑であり，加えて温度制御のために必要なエネルギーコストの問題がそれに拍車をかけている。このことは，植物の異なる代謝過程がそれぞれ異なる適温を持っていることと関連している。

この点をよく表現した例としては，光合成とその産物を受け取って生育する器官との間で，温度感受性が異なることが挙げられる。特定の温度範囲内では，光合成は温度に影響されない。たとえば，トマトではその範囲は17～24℃である。そのため，この温度範囲内では，同化産物の生産促進という点からは加温は無意味である。しかし，同化産物の分配や，分配された物質の変換は温度に依存する。この反応は低温ほど速度が低下するため，加温の意義がある。

やや低い温度条件下では，同

写真2　昼温18℃，夜温24℃の条件では，キクの節間長は昼温24℃，夜温18℃の条件と差がない。

Text: Ep Heuvelink (Wageningen University)
and Tijs Kierkels

化産物の生産は継続されるが，転流の速度が低下する。そのため，同化産物がソース器官に蓄積し始める。この問題は，後に温度を上げることで解決できる。温度が上昇すると，貯蔵された同化産物が分配されるためだ。これが積算温度制御の原理である。しかし，同化産物が転流されるには同化産物の貯蔵器官にある程度の容量が必要である。貯蔵可能な容量は，小さい植物より大きい植物のほうが多い。そのため，積算温度制御が可能となる温度の範囲は，小さい植物のほうがはるかに狭いことになる。

多くの研究結果によれば，トマトは低温条件下では葉面積の拡大が少なくなり，葉が厚くなる。これは若い植物体には好ましくない。植物体が若い時期には，可能な限り早く，最大受光量が得られるように葉を展開する必要がある。ハウス内に入射するすべての光のうち，植物に当たらない光は有効ではない。したがって，葉面積を広げるという意味で，温度は植物の生長にとって非常に重要である。

同化産物の流れ

十分に生長したトマトでは，果実の乾物率と乾物重は温度で制御できる。すでに記したように，同化産物の総生産量は特定の温度範囲内では（光合成速度に変化はないため）一定に維持される。果房の形成は低温ほど遅くなる。同化産物の同じ転流量で，果実数が少ない場合，1果実重は必然的に増加する。低温は果実の乾物率を低下させるため，果実の全生産量を増加させることになる。したがって，同じ同化産物量でも新鮮重は多くなり，当然ながら，味は‘水っぽく’なる。

光合成と異なり，植物の呼吸は17～24℃の範囲内では温度に対して敏感に反応する。維持呼吸の量は低温ほど少なくなる。原理的には維持呼吸を低く保つことは有効であるが，低温によって植物の重量が増加するとすれば，単位面積当たりの呼吸量は増加することになる。そのため，長期的には，温度による呼吸への影響は小さいといえる。

開花に及ぼす温度の影響

切り花や鉢物の栽培において，花の形成と発達は温度の影響を非常に受けやすい。高温条件下では花の発達に要する時間が短縮されるため，収穫時期は早まる。しかし，明確な適温がある。もし温度が適温より高ければ，生育は抑制される。この現象は，キクで顕著に見られ，熱波があると栽培計画は完全に狂ってしまう場合がある。そのため，キクの生産者は，‘次世代型栽培’のように環境を制御した栽培を行なうことで（次世代型栽培については136ページを参照），利益をより多く上げることができるだろう。この手法を用いれば，栽培環境はよりよい状態に保たれる。しかし，現時点では，この理論の有効性が生産者に広く認識されているわけではないので，この方法に投資してくれるかどうかはわからない。

実際に高温ストレスが発生すると，光合成速度が顕著に低下し，酵素活性やタンパク質の生合成速度も低下する。この状態が長期間続けば，植物は枯死する。この現象は，40℃以上で発生する。

一方で高温ストレスは，果実の着果不良に見られるように，それほど極端な温度条件でなくても発生する形もある。トマトにおける研究は，高温によって花粉の品質が低下することを示している。弱光条件下では，24時間平均気温が20℃の場合でもこの現象が発生する。（子房や胚珠などの）花の雌性器官は高温の影響をそれほど受けない。それでも，温度によっては，花の形成には複雑な問題が生じることがある。高温環境下では，雌ずいが雄ずいより長く伸びてしまい，自家受粉が困難になるなどの例がある。

トマトでは，24時間平均気温が26℃の条件では，生産量の損失は5％までである。しかし，平均気温が1℃上がった（27℃）だけで，その損失は15％まで増加する。1カ月間の昼温が32℃で，夜温が26℃だった場合は，生産量が25％減少する。この知見の多くはトマトの研究にもとづくもので，世界中で多くの研究例が報告されている。その研究結果の大半は，ほかの作物にも応用できる。しかし，温度に対する感受性や最適な温度反応は作物種によって大きく異なる。また同じ作物種であっても，品種間で高温感受性が異なる場合もある（ときには顕著に差がある品種も存在する）。

DIF

昼と夜の温度の差（DIF）は植物の発達に影響を及ぼす。一般的に，高い DIF は節間（連続する 2 葉間の距離）の伸長を促進し，大きな植物体になる。図 1 はキクの伸長生長の温度反応が，昼と夜でどれだけ異なるかを示したものである。DIF は図中の二つの曲線が重なる部分付近でのみ影響がある。この温度帯では，昼と夜の気温を同じだけ上げれば，伸長量は変化しない。なぜそうなるかというと，日中の高温による伸長促進が，夜温を高温にすることによってキャンセルされるからである。

キクにおいては，この現象は 18 ～ 24℃の範囲で認められている。この範囲外では，24 時間平均温度によって伸長量が異なることから，同じ DIF でも伸長量は同じにならない。DIF の伸長効果は，作物種によって異なるのと同様に，品種によっても差がある。したがって，コンパクトな鉢物にする目的で（わい化剤を利用するのではなく）DIF を活用する場合などには，あらかじめ作物種や品種の DIF に対する影響をよく理解しておくことが重要である。

同様に，DROP（日の出時に一時的に低温条件にすること）も伸長抑制に効果がある。この現象も作物種や品種によって差が認められる。

施設内の温度制御を精密にできるのであれば，これらの温度効果についての知識（DIF や DROP）はより重要になる。一方で，作物種や品種による反応差が大きいため，このような技術を効果的に利用するには，さらなる研究の蓄積が必要である。

まとめと解説

植物のほとんどすべての反応は温度に依存している。そして，反応それぞれが異なる最適温度を持つ。たとえば，光合成は同化産物分配よりも温度感受性が低い。そのため，目的に応じて温度をうまく制御する必要がある。伸長反応については，昼夜温度差（DIF）による影響も大きい。次世代型栽培を利用するためには，温度制御の持つ可能性についてより深く知る必要がある。

積算温度による制御は植物体温にもとづいて行なうべきである

積算温度による制御方法は試験によってのみ明らかとなる

植物は，われわれが考えるよりも，温度変化に対して順応できる。このことは，背景にある理論を学べば，容易に理解できる。しかし，積算温度の適用限界を見つけるには，依然として研究や実際の生産現場において試験をするしか方法がないのが現状である。

植物の機能は，非常に多くの化学反応に依存している。この反応は，温度を調節することによって，ある程度は制御することができるが，すべての反応は温度に対して異なる挙動を示すことから，非常に複雑である。長年の栽培経験と園芸技能の習得によって，生産者は栽培に関するコツを手に入れてきた。しかし，抜本的な技術革新である次世代型栽培を導入するような場合には，植物が温度に対してどんな応答ができるのかという視点を持つ必要がある。

低温期間の相殺

20 世紀末には，積算温度で植物の生育を制御する可能性に関して，多くの研究が実施された。その結果，植物は，一定期間の低温に対して，その後に高温で管理することで，生長や発達を妨げるような低温の影響を相殺できることが明らかとなった。これによって，暖房のエネルギー消費を削減できるようになった。しかし，生産者の多く

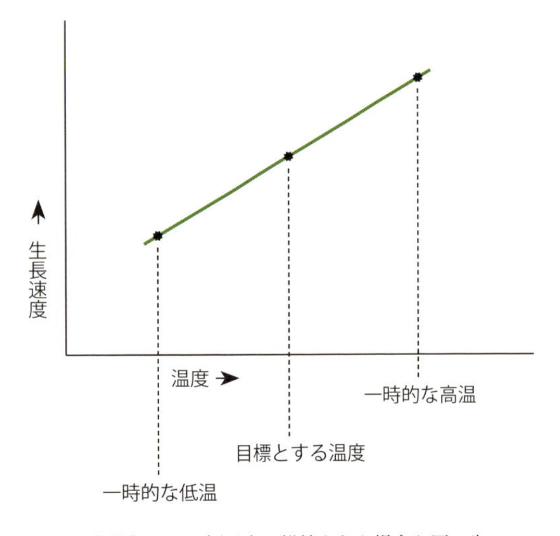

積算温度制御は，目標温度が維持された場合と同じ生長や発達をもたらす。

図1　温度と生長が直線的な相関関係にある場合

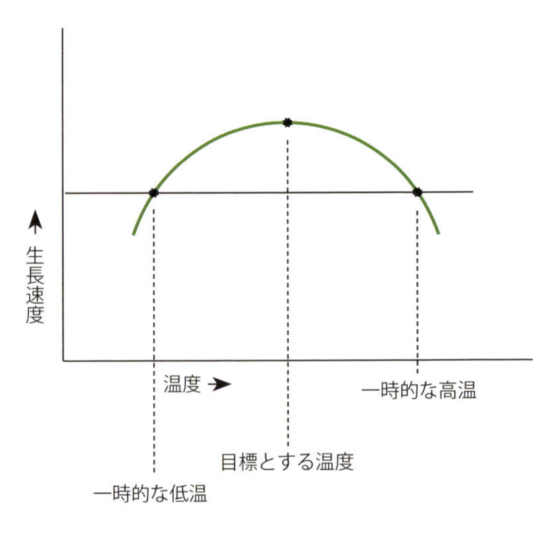

積算温度制御では，常に目標温度で管理する場合と比べて，生長や発達の速度が劣る。

図2　生長速度の温度反応に最適温度が存在する場合

は，この可能性を全面的に利用することに気が進まない状況である。それは，生産者が結露の発生や発達の遅延というリスクを恐れているためである。実際，花芽形成期では，積算温度での制御に対しては注意を払ったほうが賢明である。

同一積算温度

このような管理を十分理解するためには，その背景にある論理を理解する必要がある。まず，植物の温度に対する反応は，大きく分けて2種類ある。一つは温度の変化に対する反応で，もう一つは平均温度に対する反応である。前者を利用した制御の例としては，DIF（昼夜の温度差）やDROP（日の出時に一時的に温度を急激に低下させること）による，花きの小型化が挙げられる。

積算温度制御は後者の反応を利用している。光合成や開花から果実肥大はこの好例であり，これらは基本的に平均温度に依存している。積算温度（温度×遭遇時間）にどのようにして達したかはそれほど問題ではない。ただしこの理論は，生長速度や発達速度が温度と直線的な相関関係にあることが絶対条件である（図1）。

ある期間，目標とする温度より数度低温で推移しても，その後の期間を低下した温度の分だけ高めの温度で管理することで，期間全体の平均では目標とする気温にすることができ，低温の影響は相殺されて，同一の期間を目標温度で管理した場合と同じ生育となる（Temperature Integration：温度積分あるいは温度統合）。

最適温度

一方で，植物の温度反応の大部分は最適温度を持つ非直線的なものである（図2）。この最適温度を維持できれば，その反応速度は最大化する。この場合，短期間の低温をその後の短期間の高温で相殺することができず，温度変化があると，全期間を通して最適温度で管理した場合に比べ，生育は劣ることになる。

現在，温度に対するほぼすべての反応は，図3のような曲線を示すことが知られている。つまり，最適温度に達するまでは，生長や発達の速度は温度と直線的な関係を持ち，最適温度を超えると速度は低下する。これは，積算温度による制御には限界があることを意味している。エネルギー消費削減という観点からは，直線的関係にある部分が広い温度範囲にわたることは好ましいが，それぞれの反応ごとに，温度反応曲線は異なり，最適温度も異なるという問題が浮上する。

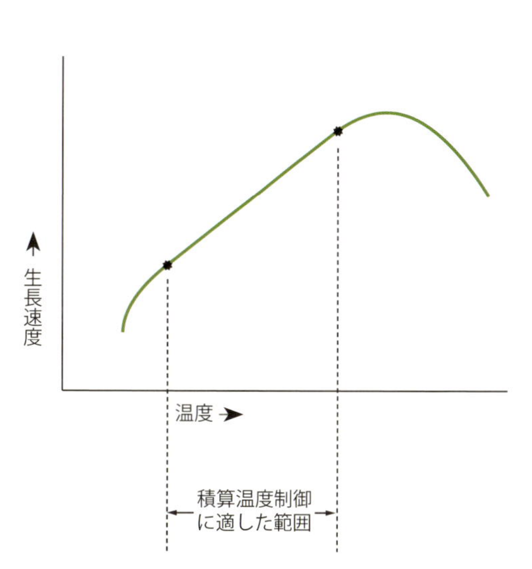

積算温度制御は，グラフ内で直線になる部分でのみ有効である。

図3　温度と生長の一般的な関係

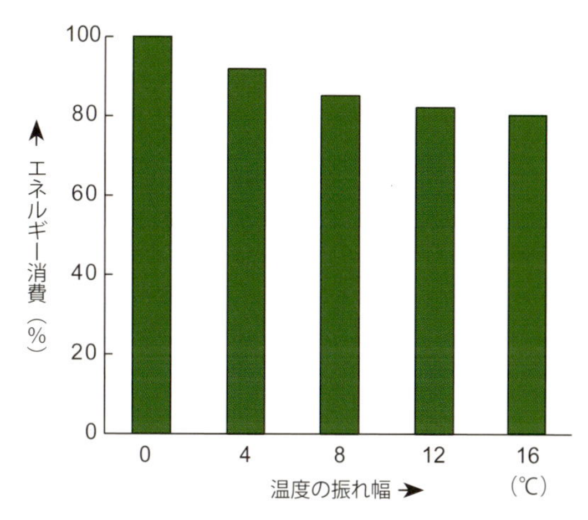

標準的なキクの温度制御を100%のエネルギー消費とする。平均温度が同じでも，温度の振れ幅を大きくすれば20%のエネルギー消費削減が可能となる。

図4　積算温度制御によるキクのエネルギー消費削減効果

Text: Ep Heuvelink (Wageningen University) and Tijs Kierkels

これに加えて，ハウスの気温と植物体の温度との間に差があるということが，問題を複雑にしている。当然ながら積算温度は植物体温にもとづくべきであるが，植物は通常，茎頂と根元で温度が異なり，比熱や蒸散などの影響で器官によって温度の上昇や低下の速度も異なる。その中で，とくに注目すべき部位は茎頂（生長点）と果実である。さらに，どのように加温されるかも重要である。

加温方法

よく晴れた日には，植物は日射によって暖められる。実際は，固定物（ハウスの設備や植物など）が太陽放射を吸収する。空気は放射太陽を吸収しない。したがって，太陽がハウス内空気を直接暖めているわけではなく，植物やハウス内設備から放出される熱が伝達することで，ハウス内空気が間接的に暖められる。そのため，ハウス内気温の上昇は，植物体温の上昇の後に起こり，植物体温はハウス内気温より高いのが一般的である（訳者注：水分を含まない乾燥した空気は太陽放射を吸収しない。しかし，実際の空気は大量の水分を含んでいることが多いので，日の出とともに光がハウスに入ってくると気温が急速に上昇する）。

一方で，温湯管を用いた加温の場合，状況はまったく異なる。この場合，空気が先に加温され，遅れて植物の温度が上昇する。オランダなどでは温湯管は通路地面上に敷設され，施設上部には一般的に熱源は存在しないため，植物の下部も温湯管から発せられる長波放射を受けて部分的に温度が上昇するが，植物体の先端部付近はそうではなく，加温された空気によってのみ温度が上昇する（太陽放射がないことを想定した場合）。

積算温度制御の限界

このように，植物の先端部の温度は，太陽放射で加温される場合と温湯管で加温される場合とで，変化が異なる。そして，これらの温度変化が，同じ平均温度を形成しているのである。だから，もし積算温度を利用しようとするなら，平均温度の意味については考える必要がある。

すでに述べたとおり，積算温度という考え方は，生長や発達速度と温度が直線的な関係にある範囲でのみ有効である。しかし，その範囲は湿度によっても制限を受ける。加温による温度の急激な上昇は，果実表面の結露につながる。

しかし，温度を徐々に上げることで，この問題は回避可能である。キュウリ生産者は，日の出1時間前から加温を開始するのではなく，午前4時（日の出3～4時間前）から徐々に温度を上げることで，つる枯れ病が結露によって拡散するのを防いでいる。

積算温度制御は，期間についても限界がある。具体的には，1カ月間の高温はその後の1カ月間の低温では相殺できない。

温度の振れ幅とデグリアワー

上述のとおり積算温度制御はかなり複雑である。多くの反応が並列で進行しつつも，異なる応答性を示す。それらは，ときには精密であり，ときにはそうでない。

キクを例に挙げると，短日処理の最初の週以外は，積算温度制御を利用できる機会が多い（図4）。

よい制御法にたどり着くための唯一の方法は，実際に試してみることである。ここで重要なことは，温度の振れ幅とデグリアワーの2点である。温度の振れ幅とは，目標とする温度に対してどの程度変動があるかを示したものである。デグリアワーとはその温度変動に時間をかけたものである。

試験結果

あるバラの品種では，温度の振れ幅が10℃（目標温度±5℃）で150デグリアワーまでは生育に影響しない。‘Frisco’を用いた試験では，1株当たりの茎重や茎数に差は認められなかった。一方‘Red Berlin’では，振れ幅を増やすと茎重が低下した。また，ある期間とくに高温によって悪影響を受けた場合には，その後に平均温度を低めに管理することで，影響を緩和することができた。

次世代型栽培

フィカス（ベンジャミンやインドゴムノキなど観葉植物として栽培されるイチジク属の樹木）では10℃の振れ幅で150デグリアワーまでは，生育に影響しなかった。ガーベラにおいても同様に，茎重は変化しなかったが，茎数はわずかに増加した。積算温度制御は商業的なキュウリ栽培において，収量が低下することなく12％のエネルギー消費削減を可能にした。

次世代型栽培は，ほかの生産方法と組み合わせることで，積算温度制御に新たな関心をもたらした。生産者はより詳細な積算温度制御の限界を明らかにしていけばよい。後は導入を決心する勇気の問題だけである。

まとめと解説

積算温度制御は，生長や発達速度が温度と直線的な関係である場合に限り有効である。その際は，気温ではなく植物体温，とくに先端部の温度を基準とした管理が重要である。また，どの程度の温度幅や積算期間が許容できるかは，現時点では予測は困難であり，実験や生産現場における試行錯誤によって明らかにしていくしかない。

DIFやDROPを使うことによるコンパクト化の可能性

化学薬剤を使わずに鉢花をコンパクトにする研究の現状

薬剤を使わずに鉢花をコンパクトにできる手段は歓迎されるだろう。生長を抑制する栽培法の研究開発が行なわれている。これによって，育種では解決できない問題が解決できるかもしれない。

今日の鉢花の祖先である野生種の多くは，自然の状態では草丈が非常に高く伸びる。それは，ほかの作物が茂っている上に花を咲かせ，その花を花粉媒介してくれる虫によく見せようとする自然の摂理である。しかし，鉢花を売るという観点では，このような性質はないほうがよい。消費者はコンパクトな花を買う。観葉植物でも，小さくこんもりとした形の鉢物の種類が取りそろえられている。

生長抑制剤の代わりに環境制御

活性物質としてダミノジッドやクロルメコートなどを主成分とする生長調節剤によって，コンパクトな植物を作ることはできる。しかし，食用作物ほどは厳しくはないが，観賞用植物でも化学物質を使用することは消費者に好まれない。また，このような化学物質の使用は難しく，ときとして

国際植物研究所（Plant Research International）によるフクシアに対する光の色とDIF（昼と夜の気温差）の影響

図1　光の色とDIFの効果

写真1　消費者はコンパクトな鉢花を欲しがる。昼夜温の差によって伸長生長を制御することができる。

その失敗は高くつく。同じように処理したつもりでも，たとえば天候や植物の生育ステージなどによって，異なる効果を示す場合がある。もっと問題の少ない生長抑制方法が求められているゆえんである。

育種によってこの問題が解決する場合がある。たとえば，カランコエの一種では矮性品種が育成されている。このような手段はポットマムやポインセチアなどの主要な品目においても望まれている。しかし，観賞植物のうちのマイナーな作物は多種多様であり，もっと単純に栽培管理による対応法が必要である。

節間を伸ばすには

可能性を十分に理解するためには，まず，植物生理に関するある程度の知識を持つことが必要である。植物は日陰を避ける反応を示す。光を得ようとして，隣に生えている植物より伸びようとする。伸長する最初の刺激は，赤色と遠赤色の光の割合である。

日陰の植物は，遠赤色光を比較的多く受ける。その結果，フィトクロム色素が活性型になる。これにより，ジベレリンの生合成をはじめとした多くの反応系が動き出す。ジベレリンは細胞伸長を促進する植物ホルモンである。つまり，日陰から逃れる反応は，新しい細胞が形成されるからではなく，細胞が伸長するからといえる。同様のことを節間伸長にも見ることができる。節間とは，連続する二つの葉の間の茎のことである。

開花する植物が伸びる理由はこれとは違う。花は受粉をしてもらう虫を引き付けるために，目立つ必要がある。そのため，自然界では，高いところに花を羽毛状，房状，傘状につけているのを見かける。ここでも，ジベレリンは重要な役割を果たしている。ジベレリンは花蕾を誘導するだけではなく，花茎の細胞を伸ばす役割も担っているのである。ジベレリンは伸長反応を引き起こしてい

Text: Ep Heuvelink (Wageningen University) and Tijs Kierkels
Image: Frank Maas (Plant Research International, Wageningen)

るので，この点を考えると，生長を抑制するためにはジベレリンに関連した連鎖反応のどこかを妨害することになる。

赤色光は丈の小さい植物を作り出す

光の色に加えて，ほかの環境要因も植物の伸長に影響を及ぼす。温度は節数と節間の両方に大きく影響する。たとえばカランコエでは，高温で草丈が伸びる。光強度も影響する。

これらの知見から，栽培上はおもに光強度や光波長，温度，植栽密度を利用して管理することになる。

光波長がポインセチアに与える影響について，大規模な研究がアメリカで実施された。赤いフィルムを展張すると，フィトクロムは不活性型のままで，これにより徒長が抑制された。研究者は赤いフィルム下で育った植物は対照の植物よりも20％短くなったと結論した。この方法は確かに効果はあるが，生産手段としては魅力的ではない。フィルムを張ると，ある範囲で伸長を制御できるが，光強度が低下するために全体的に生長が抑制され，植物の重さが軽くなる。つまりボリュームもなくなり，商品としての魅力が減ってしまう。

夕暮れ開始時の赤色光

とくに重要な点は，夕暮れ開始時のフィトクロムの状態である。そのときの光の色はもっとも影響が大きい。ノルウェーの研究では，夕暮れ開始時の10分から15分の赤色光の照射は，植物の長さに顕著に影響することが示された。同時に，光強度の影響は少ないこともわかった。この結果から，植物をわい化させるためには，光合成促進のための補光に使うような大規模なシステムではなく，少数の赤色光源がハウスに設置されればよいことが理解できる。

光合成の補光ももちろん効果がある。効果はそれをどのように使うかによる。高圧ナトリウムランプを使う生産者は，伸長生長が抑制されることを知らずに，ランプを自然日長の終わりまで点けっぱなしにする。高圧ナトリウムランプは，遠赤色光に対して赤色光の比率が高いため，そのような使い方をすると，暗期開始時にフィトクロムは不活性の状態になるのである。

DIFは伸長生長を制御する

ハウスの温度は，疑いなく，植物の伸長に及ぼす影響がもっとも大きい。温度が完全に制御できるなら，かなりの範囲で植物の草丈を制御できる。しかし，1年の大半は太陽の放射がハウスの温度を高くしすぎるために，ハウスの温度を完全に制御することは難しい。ここではDIFと省略して呼ばれる昼と夜の温度差についての理解が重要である。植物によっては，草丈は，昼間と夜間の気温差に強く影響されることがある。鉢物のユリの場合，夜温16℃，昼温20℃は，夜温24℃，昼温28℃と同じ草丈となる。夜温と昼温の差（DIF）は両方とも4℃だからである。夜温が上昇すると，節間は短くなる。また，昼温が上昇すると節間は長くなる。これらの影響は，互いに相殺することができる。一般的に，栽培時の平均温度が低いと植物の伸長を制限し，栽培期間が長くなる。もちろん，生産者は，栽培期間が長くなることは望まない。

DROP

草丈の伸長はしばしば，植物が温度にとても敏感な明期開始時に起こる。夜明け時の数時間，温度を低下させると，草丈の伸長速度を抑えることができる。これはDROPと呼ばれる。

DIFとDROPの組み合わせによって，植物の草丈はかなり制御できる。しかし，実際の施設内は太陽放射に強く影響されるために，十分に環境制御されているわけではない。植物の生育を制御するためには，温度管理を完全にする必要がある。

鉢物のテッポウユリの長さに影響を及ぼす要因について，カナダで驚くべき研究結果が得られた。すなわち，5℃の冷水を植物体の上からかけられたものは，同じ5℃の冷水を鉢に灌水した対照区の半分の高さにしかならなかったのである。これは一種のDROP効果かもしれないが，ほかのユリの品種ではこの効果は小さかった。

光の効果

光強度も重要な役割を果たす。より多くの光は植物の丈を短くする。だからといって，丈を短くするために補光を導入するのは高価すぎる解決策である。他方，より多くの光によって花数は増える。これは,冬には明らかに好ましい反応である。伸長の原因でもあるオーキシンは光によって壊されるため，光強度の増加はオーキシン以外のホルモンに作用しているのかもしれない。

最後に，植物を乾燥状態で維持することも草丈を短くする。また培養液を高ECにしても同様の効果があるが，葉が小さくなったりもするため，一般的にこれは望ましいやり方ではない。

まとめと解説

鉢花や苗の草丈の調節はわい化剤といわれる植物生長調節剤を使うことが一般的だが，照射光の波長の選択や，温度管理によって制御可能な部分もある。たとえば，赤色光照射には草丈を抑制する効果があるが，生育が遅くなる欠点もある。時間ごとの温度管理手法であるDIFやDROPの導入をもっと進めるべきだろう。ハウス環境制御のICT化が進むことでこの技術の実用性は高まっている。ただし，品目ごとに有効な温度や処理時間が異なる可能性が高いので，個別の検討が必要である。

温度の変化に対する異なる植物器官の感受性

温度はとくに生長点と果実に重要

温度は植物の生育過程に影響する。しかし，器官（茎，葉，花，果実）が異なれば反応も異なる。「次世代型栽培」のような新しい生産システムで考慮すべき点は冷房である。

最近とくに，作物体温と気温がいかに異なるか議論されるようになった。しかし，実際には「作物体温」という一律のものは存在しない。生長点や茎，葉，根，花，果実はそれぞれ温度が異なっているからである。

下方から冷房しているハウスでは，作物の上部と下部の温度差はすぐに6℃ぐらいにはなる。もちろん作物によって異なり，たとえば草丈の低いポット作物では，温度勾配は小さい。そして，切り花では，とくに草丈が大きくなるような植物で

写真1　ハウス内で下方から冷房する場合，作物の上部と下部の温度差はすぐに6℃ぐらいになる。

はやや大きく，果菜類で温度差が顕著になる。トマトのハイワイヤー栽培のように草丈が高い場合がその端的な例である。

上方からあるいは下方からの冷却

生産者は温度差の扱いに慣れている。長年，実際の経験と科学的知識を組み合わせて，作物の温度勾配を考慮した栽培方法を開発してきた。しかし，そのような技術は，環境制御されたハウスにおける冷房の登場によって大きく変化した。上方から冷房するか，下方から冷房するかは，温度勾配にとても重要である。

上方から冷房するときは，「通常」の温度勾配となる。しかし，下方から冷房すると，温度勾配はなおさら大きくなる。しかし，このことは悪いことなのだろうか。この点については十分に解明されてはいない。「次世代型栽培」では新しい栽培技術が必要である。同様な疑問は，垂直方向の送風や植物の温度が作物の生長や収量に及ぼす影響についても当てはまる。本項では，作物の部位別に温度差に対する感受性を整理する。しかし，作物のある部位だけに限って加温したり冷却したりすることは難しい。このような技術開発は，将来に残されている。

根温

1980年代には，植物の下方からの暖房について多くの研究が行なわれた。たとえば，鉢物生産においては，暖房用パイプで地上部を加温するのではなくて，ベンチで底面を暖房する技術が導入された。その結果，根温を制御するという考えはよくな

写真 2　植物体の中で温度に敏感な器官があるとすれば，それは生長点である。生長点の温度が低いと，新しい葉や花芽の形成に悪影響を及ぼす。

写真 3　（半）閉鎖型のハウスでは新しい栽培技術が必要である。とくに冷房技術はキーとなる。

Text: Ep Heuvelink and Arie de Gelder (Wageningen UR Greenhouse Horticulture) and Tijs Kierkels
Images: Wilma Slegers

いということになった。とくに草丈が低く，生長が遅い植物では，根だけではなく，植物全体を暖めるほうがよいのである。たとえば，そもそも，ガーベラやイチゴは生長点が根に近いので，根と生長点に及ぼす暖房の影響を分けることはできない。根の温度に限定して影響を調べた研究から，たいていの場合，気温の影響が根温よりも大きいという結論となった。水や養分の吸収や転流は，通常の温度範囲内では，温度の影響をほとんど受けない。これを基本にして考えるならば，根温によって作物の生育をコントロールできると信じるのは間違いである。

一方で，サイトカイニンのような植物ホルモンの根における生産は，温度の影響を受けることが知られている。バラでは，根温を高めると基部からの枝の発生が早まる。

茎の温度

果菜類は上方に高く伸びるため，上部と下部で温度差が生じやすい。しかし，10 ～ 25℃という広い温度範囲で，温度が茎内部の物質移動に及ぼす影響はほとんどない。そのため，通常，生産者は上下の温度差を考慮することは必要ない。

結露は別問題である。これは茎における灰色かび病のリスクを高めるため，注意が必要である。夜の気温が昼の気温よりも高い，いわゆるマイナスDIF によって，節間は短くなる。実際，この処理によってトマトやキュウリ，キクやほかの作物において，草高は低くなる。

生長点の温度

植物体の中で温度に敏感な器官があるとすれば,それは生長点である。生長点が低温であると，新しい葉や蕾の形成にマイナスである。このことは，生長点が地面から遠いもの近いもの，すべての作物に当てはまる。もし，生長の初期段階で温度が低ければ，植物の葉の発生は少なくなり，葉は厚くなる。その結果，光合成能力の増加が犠牲になる。

もし，生長点だけ，ほかの器官と別に加温できるなら，発達は早くなるだろう。その結果，生長点のシンク能が増加して，生長点はほかの部位の生育を犠牲にして同化産物を引き寄せることになる。したがって，このような生長点の温度感受性については，群落上部から冷却を行なう場合には考慮する必要がある。

葉の温度

葉では二つの重要な反応が行なわれる。一つは光合成速度で，これはかなり広い温度範囲でその影響を受けない。もう一つは呼吸で，これは気温が上昇すると増加する。しかし，多くの植物において，正味の光合成量（光合成量—呼吸量）はハウス内の通常の気温範囲（トマトの場合 18 ～ 28℃）ではほぼ同じである。

加湿や加温などさまざまな環境要因の影響の結果として，蒸散量も葉温にかなり依存している。日射はもっとも影響が大きく，ハウスの加温よりも影響が大きい。実際，それぞれの葉層には，そのときの光の強さに順応して，光合成特性や葉齢からみて最適な温度がある。群落上部，下部あるいは群落内部からの加温や冷却に効果の違いがあるのかどうかはわからない。しかし，気温が関与しているということは間違いない。

花の温度

温度が高いと，花器の発達を促進するが，花は小さくなる。また，灰色かび病のリスクを少なくするため，生産者は可能な限り結露を防ぐべきである。

果実の温度

果実の発達は，温度に大きく依存する。トマトの果実は，暖かいときには，栄養生長を犠牲にして早く生長肥大する。もし，果実だけ独立して温めることができれば，果実は早く熟し，糖類は早く師管を通して運ばれる。その結果，同化産物の蓄積に有利となる。しかし，もし果実を長期間温めると，その条件に慣れてしまって有利さは失われてしまう。

もし下方から冷却されると，肥大中の果実は，通常のハウスの場合よりも温度が低くなるので，成熟には時間がかかり，それは望ましくない。植物はいつまでも重い着果負担を抱えることになる。キュウリでは，成熟の進んだ果実は店持ちが悪い。このようなことは，ハウスで暖房や冷房を行なう場合に考慮すべきポイントである。

まとめと解説

温度管理は環境制御のもっとも重要な技術である。気温は湿度（飽差）にも影響し，生育，収量，果実品質，病害などほぼすべての生産過程に影響を及ぼす。また，暖房および冷房のエネルギー消費量は生産コストにも大きく影響する。エネルギー効率の高い気温管理を行なうためには，空間，時間，対象部位を限定した局所温度管理が重要になるだろう。

果菜類では，生長点と果実の温度に注意を払うことが重要である。生長点と果実の温度を維持すれば，ほかの器官の温度は多少低くてもかまわない。これは，省エネルギーのポイントとなる。しかし，技術的には大変複雑であり，まだ十分な知見がない。

よりよい生育や開花，着果，そしてよりコンパクトな植物

植物の状態に合わせたスマートなCO_2施用

CO_2（二酸化炭素）は光合成の原料である。植物は，水とCO_2を利用して，糖やほかの物質を生産する。したがって，CO_2は植物にとって，食料のようなものである。最適な生産のためには，ハウス内の空気から利用できるCO_2はしばしば少なすぎる。したがって，CO_2を与えるのは合理的である。最適なCO_2濃度は，日中の時間帯により異なり，そしてまた多くの要因によって決まる。

現在約400ppmが外気のCO_2濃度である。石炭やガス，油などの化石燃料の燃焼によって，その濃度は増加し続けている。しかし，ハウス内ではCO_2は植物によって継続的に吸収されるため，かなり低い濃度まで低下する。もし十分に供給されなければ，不足のレベルまで低下する。そして作物の生育は大きく遅れる。最近のハウスでは，CO_2の施用は当たり前のことである。

ハウス内のCO_2濃度を高めることは，ハウス内の光の強度を高めることと同じ効果をもたらす。つまり，生育や開花，分枝，着果などが向上し，徒長していないコンパクトな作物となる。しかし，光の効果とまったく同じというわけではない。通常，光の影響はCO_2よりも強い。CO_2施用による生産の向上は多くても50％程度であるが，夏と冬の光の強さの差は生育に10倍の差をもたらすほどである。

弱光下でも施用する

CO_2を固定する，光合成反応の最初のプロセスは，非常に不安定である。この段階ではルビスコ

写真1　換気条件下で，CO_2濃度を一定に維持するなら，それは消費と供給のバランスがとれているということである。そのような場合は，CO_2施用は意味がある。

写真2　光の強さにかかわらず，CO_2 濃度 400ppm の場合と比較して，1,000ppm の場合は，30 ～ 50%光合成速度が増加する。

という酵素が重要な役割を担っているが，その機能は不完全である。それは，O_2（酸素）と CO_2 を見分けることができないのである。このルビスコが CO_2 と結び付けば光合成が行なわれ，O_2 と結び付けば糖が消費される（これは光呼吸ともいわれる）。

空気中には CO_2 の 500 倍の濃度の O_2 が存在するので，CO_2 施用によって濃度を高めることは有効である。CO_2 施用によって CO_2 と O_2 の比（CO_2 濃度 /O_2 濃度）が高まるので，弱光下でも CO_2 施用は有効である。光の強さにかかわらず，CO_2 濃度 400ppm の場合と比較して，1,000ppm の場合は，光合成速度が 30 ～ 50％増加する。

制限要因

しかし，CO_2 濃度を高めることに意味があるのは，CO_2 が光合成反応の制限要因になっている場合だけである。光合成の速度は，いくつかの要因に影響を受けるが，その中での制限要因によって決まる（ブラックマンの限定要因説）。光合成はそのような反応である。つまり，光合成反応は，光や気温，湿度，ハウス内の CO_2 濃度によって決まる（実際には，地下部の水や肥料，酸素濃

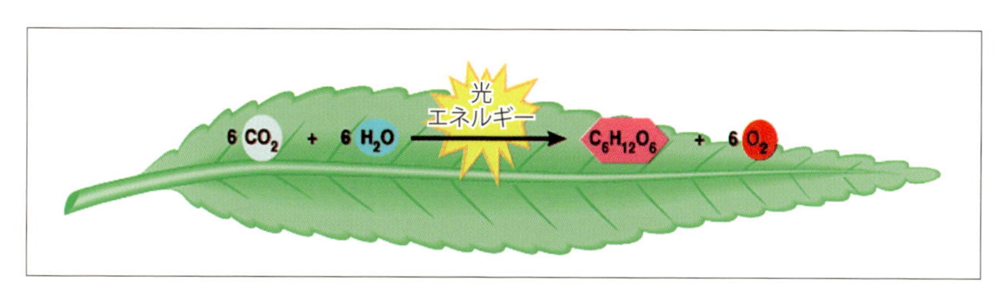

光によって，CO_2 と水は葉の中で炭水化物に変換される。

図1　光合成の過程

Text: Ep Heuvelink (Wageningen University) and Tijs Kierkels
Images: Wilma Slegers

度なども光合成速度を決める要因である）。もし，ハウス内の CO_2 濃度が制限要因であるなら，CO_2 供給は実施する価値がある。それ以外が制限要因の場合 CO_2 施用は意味がない。たとえば，気温がとても低いときは CO_2 濃度が制限要因ではないので，CO_2 施用の効果はほとんどない。

気孔は開いていること

それに加えて，ほかにも明らかに必要な条件がある。すなわち，気孔が開いていなければならない。気孔は，葉中に CO_2 を取り込んで，細胞のクロロフィルに導くというプロセスの，最初の入り口である。気孔はさまざまな理由で閉じる。たとえば，日射が非常に強い場合は，葉内の水分損失を防ぐために閉じる。また，体内時計も関与している。CAM 植物は変わったリズムを示す。たとえば，エクメア属（*Aechmaea-species*）は，午後にだけ気孔を半開状態とする。しかし，CAM 植物以外の光合成を行なう作物は，気孔開閉に考慮の必要なリズムがある。開花しているキクは日没時に気孔を閉じる。同様なことが，少なくとも夏と秋には，トルコギキョウ（ユーストマ）でも生じる。

これらの例から，効率のよい CO_2 施用を行なうには，多くのことを知らなければならないことがわかるだろう。実際，作物ごとに CO_2 施用の処方を作らなくてはならない。しばしばそれは，光条件を伴ったものになるだろう。

コストと収量

CO_2 施用によって収量が増加するとしても，場合によってはそうしないほうがよいことがある。収量増加のメリットと，CO_2 施用に必要な追加コストを天秤にかける必要があるのである。CO_2 施用最適化プログラムはそのような評価を行なうことを支援する。それは作物の生育ステージや風速，換気窓の状態，気温や湿度などの外部要因などを考慮して，購入または自家生産した CO_2 の価格も加味して評価することができる。このような支援プログラムを利用すると，たいていは，収量の低下を伴わずに，一定濃度を維持するように管理した場合と比べて，CO_2 の消費量を減らすことができる。

複利効果

作物が若い段階で，CO_2 濃度を高めることは有効である。CO_2 濃度を高めると，光合成が増加し，葉の展開が早くなり，受光能力の増加速度も速くなる。その結果，さらに葉が増えて，受光量が増える。このように，光合成濃度を高めることは，複利計算的に生育に影響する。この現象は葉がある程度茂るまで継続する。多くの作物で，最適な値は，葉面積指数（LAI）でおよそ 3 である。葉面積指数（LAI）とは，床面積当たりの，その上に展開する葉面積の合計値（合計葉面積 m^2/ 床面積 m^2）である。

最適な濃度

従来のハウスよりも換気回数を少なく管理しているような最近のハウス構造では，生産者は CO_2 濃度をよりよく調節できる。ここで重要な質問である。「最適な CO_2 濃度は？」。その答えは，まず，「コストの許す範囲で，高いほどよい」ということになる。

しかし，一般に，1,000 ～ 1,200ppm 以上の濃度では，光合成速度はほとんど増加しない。その一方で，作物が障害を受けるリスクは増加する。ナスの実験においては，障害は CO_2 濃度を 800ppm で一定に維持していると発生した。気孔が部分的に閉じ，葉温が上昇して，葉の縁が黄色く変化した。

従来型のハウスで換気のない条件では，遅い速度で CO_2 施用を行なっても，午前中に 800ppm を維持することは容易である。一方，午後に 500 ～ 600ppm を維持することは容易でない。しかし，このような低いレベルでもほとんど問題はない。午後は光が強いので，早朝高いレベルで CO_2 を与えられたときよりも，はるかに効率よく利用できるからである。

換気条件下での CO_2 施用

換気条件下で，ハウス内の CO_2 濃度を一定に維持しようとすると，生産者はしばしば誤った印象を持つ。すなわち，「CO_2 はすべて換気窓から逃げてしまう」と。しかし，「一定」というのは，消費と供給のバランスがとれているということである。「消費」は作物による吸収と，換気窓からの漏出の合計である。したがって，たとえハウス内の CO_2 濃度が増加しなくても，CO_2 施用は意味がある。

しかし，過剰な光によって葉温が過度に上昇するときや，吸水に比べて過度な蒸散が起こるような場合，つまり作物がストレスを受けている場合には，CO_2 施用を行なっても意味がない。そのようなとき，気孔は閉じているからである。このような場合には，CO_2 を連続して施用することは，効果がないどころか逆効果ですらある。つまり，高濃度の CO_2 施用は，気孔を閉鎖するように作用するのである。そうなると，植物はさらに熱を逃がすことができなくなる。このような状況を回避し CO_2 施用を続けるには，ハウス内での細霧利用が有効である。

まとめと解説

ハウス内の空気に含まれている CO_2 は通常，最適な物質生産のためにはとても少ない。したがって，CO_2 施用は意味がある。しかし，それは CO_2 が光合成の制限要因になっているときだけである。気孔はまず開いていることが必須である。最適な CO_2 濃度は，コストの許す範囲で高いほどよいが，1,000ppm 程度以下で十分な効果がある。

収量を増加させるためにはまず，光合成量を増加させる必要がある。CO_2 施用は収量増加のもっとも基本となる手段である。CO_2 施用の効率を高めるためには光，気温，湿度，気流や施用する時間帯などほかの環境要因も考慮するとともに，光合成産物が果実への転流を促すための気温管理，適切なシンク・ソースバランスの維持が重要になる。

隣の植物との闘い

植物は自分の根の周りの環境を調節する

栽培用培地やポット，圃場にかかわらず，植物は自身の根圏環境に大きな影響を及ぼしている。根は，pH だけでなく，自分に有利になるように微生物などの構成をも変化させる多くの物質を分泌している。

養液の EC と同様に，生産者は養液の pH（酸性度）が適正かを確認している。しかし，根圏（根のごく近傍）の pH はそれより離れた部分とはかなり異なる。根は pH を変化させる物質を多く分泌するので，根圏の pH は生産者が測定しているものとはかなり異なる。もっとも重要な要因は，植物が電気的に中性を望んでいることである。

すべての肥料は，イオンの形で溶解して養液中に存在している。これらは常に正か負に荷電している。たとえば，正電荷のイオン NH_4^+ などはカチオン（陽イオン）と呼ばれ，負電荷のイオン NO_3^- などはアニオン（陰イオン）と呼ばれる。物質によっては複数の化学形態がある。代表例はリンであり，PO_4^{3-}，HPO_4^{2-}，$H_2PO_4^-$ といった形態をとる。それぞれは異なった負電荷である。

酸度の変化

たとえば根がリンを吸収するとき，根自身もゆっくりと電気を帯びる。根の内部はより負電荷になる。それは静電気を帯びたような状態になる。しかし，植物はこの状態を修正しようとする。カ

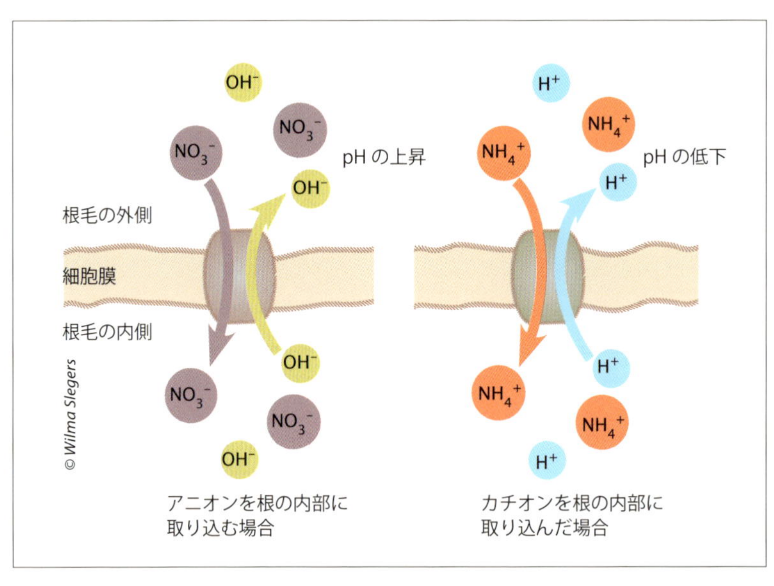

図1　窒素化合物の吸収は根の外側の pH に影響を及ぼす

写真1 根の第三の役割，すなわち根圏環境によい影響を与えることがますます明らかとなってきている。

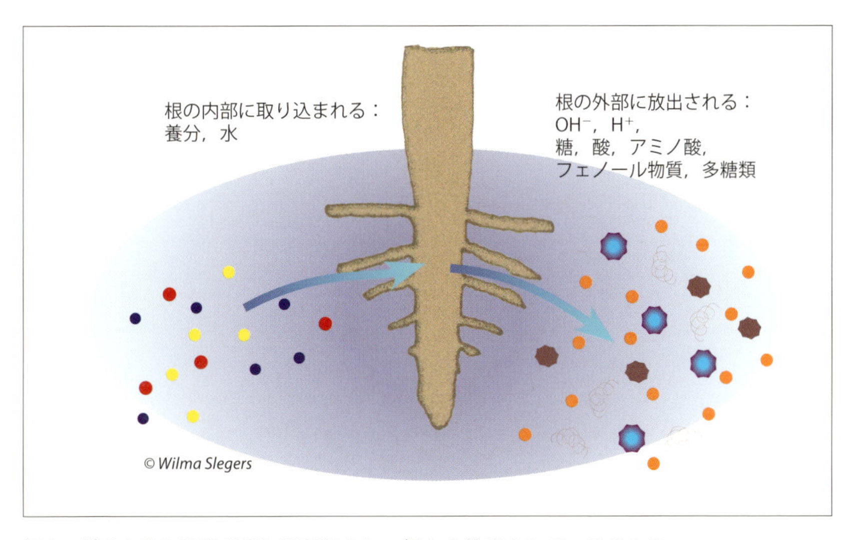

図2　どのような物質が根に取り込まれ，根から放出されているのか？

チオンを根の内部に取り込んだ場合には，根はH^+の形でイオンを外部に放出する。一方，アニオンを根の内部に取り込んだ場合には，OH^-を放出して釣り合わせるようにする。このようにして，植物の根は中性を保っている。

しかし，このようなイオンの交換によって副次的な影響が出る。すなわち，H^+の放出は，根圏の水分のpHを低下させ，OH^-の放出はpHを上昇させる。

窒素肥料は根の周辺のpHにかなり影響することが知られている。これは植物が多くの窒素を吸収するため，その影響もかなり大きくなるからである。生産者はこのことを頭に入れておかなければならない。しかし，このような影響は，程度の差はあれ，すべての肥料成分で起こる。

pHの差異

生産者は窒素を異なった形態で与える。アンモニア態窒素（NH_4^+）は生理的酸性肥料と呼ばれ，

Text: Ep Heuvelink (Wageningen University) and Tijs Kierkels
Image: Wilma Slegers

植物が吸収することにより，土壌や培地は酸性になる。一方で，硝酸態窒素（NO_3^-）は，反対でありアルカリになる。硝酸アンモニウムを肥料として与えれば，pHが中性に保たれ，よいと思うだろうが，そうはならない。アンモニウム塩は酸性化をもたらす硝酸塩よりも吸収されるスピードが早いため，pHは酸性に傾く。

各肥料成分には，吸収での至適pHがあるので，養分吸収と根の周りのpH変化についてはよく考える必要がある。至適pHの範囲は，肥料成分によっては狭いものもある。このように，養液pHを測定しても，根圏で実際何が起こっているのかはわからない。

根からの分泌物

われわれは，根が多くの物質を分泌することを知っている。それらの物質は，根圏に存在する微生物などに影響を与えている。それらは分泌物と呼ばれ，主成分は糖と有機酸である。酸は，クエン酸，シュウ酸，リンゴ酸などの形で根の細胞質に存在している。

研究者たちは，これら根からの分泌物が根圏pHに著しい影響を及ぼすかどうかということを研究してきた。これらの影響は，実際には状況により異なる。石灰岩の上に根が展開しているような場合，根を剥がせば岩の上に根系のパターンがはっきりと見えるだろう。これは，根から酸性物質が分泌され，それが石灰岩を溶かしたからである。しかし，まだこれを一般化することはできない。たとえば，トウモロコシがそれに該当するが，ある種の植物ではpHを低下させる有機酸の影響は無視できることが明らかにされている。しかし一方で，溶解した状態では残存せずに沈殿を生じるような酸性物質を分泌する作物もある。白花ルピナス（マメ科の作物）はその一例である。

酸性化の効果

もし酸性物質が根の外へ分泌された場合，それらはアニオンとして溶解し，酸性化の効果はほかのアニオンと変わらない。2003年に，フランス（INRA）とオーストラリアの研究者が研究を行ない，白花ルピナスはおそらく例外であろうと結論づけた。一般的に，H^+そのものの分泌によるpHへの影響が大きいのに対して，有機酸などの酸性物質のpHへの影響は小さい。

興味深い現象であるが，根のすべての部位が同じように機能しているわけではない。多くのカチオンは根端から分泌され，アニオンはそれよりも上部から分泌される。これは肥料の吸収部位が異なることと関係しているが，すべてが明らかとなっているわけではない。

土壌・培地環境への影響

根の基本的な役割は，水と肥料の吸収と植物体の支持である。三つめとして，重要な役割が浮上している。それは，土壌・培地環境へ活発な影響及ぼすことである。そのために，植物は同化産物，すなわち糖，酸，アミノ酸，フェノール物質，多糖類などを分泌している。しかも，その量は極めて多い。

同化された糖のうちの5～20％が根から分泌されている。一見，これは大きな無駄のように思えるが，植物にも得がある。根圏はあらゆる種類の細菌や糸状菌，線虫や昆虫などが高密度で存在している領域である。それらは，有益にも有害にもなりうる。植物は根からの分泌物によって，そのバランスを調整している。

有益な微生物は養分の吸収をよくしたり（菌根菌など），根を物理的に保護したり，有害な微生物から保護したり（拮抗微生物）している。これは，シグナル化合物やホルモンの複雑な機構によってもたらされている。

地下部の闘い

さらに，植物は自身の近くに存在する植物と争わなければならない。根は自身の場所を確保しようとし，ほかの植物の根にその場所を征服されないようにしている。このような地下部の闘いの一部は自然界においては化学物質が使われている。実際，根はほかの植物種を阻害するような物質を分泌する。それらは，ときには除草剤として使用可能なほど有毒であるが，多くの場合毒性はそれほど強くなく，有害微生物を忌避させるシグナル物質である。

植物は，互いがすぐ近くに存在する場合は，養分や光の競合だけでなく，互いの生育速度が遅くなるため，結果として生育が悪くなる。

植物の分泌物の種類は多く，それらは植物によって大きく異なる（図2）。ワーヘニンゲンURは，トマトの野生種は根から大量の分泌物を放出するが，高収量性の栽培種は野生種よりもそれが少ないということを発見した。おそらくこれは，栽培種が持つ高い生産性のためであろう。つまり，高い生産性の品種は，単純に，少量の物質しか分泌していないということである。養液栽培の場合，養分と水は十分提供されて争う必要がないために，おそらく分泌物を出す必要がないということだろう。

まとめと解説

生産者は作物を栽培する際，養液のpHやECを測定している。しかし，植物の根からはさまざまな物質が分泌されているため，養液のpHと根圏環境のpHは異なっている。植物は同化産物の5～20%を根から分泌する。このようにして根の周りの微生物などが調節されている。また，植物は電気的に中性を保とうと，調整をしながら養分を吸収しており，ある程度自立的である。一方で，各要素が吸収される至適pHが存在するため，生産者はこれらのことを理解しながら作物を栽培しなければならない。

植物の反応を理解することが必須である

次世代型栽培は生産者に園芸の知識を求めている

次世代型栽培は，技術とともに発展する。その目的は，顕著な省エネルギー技術に加え，個別の気象環境を調節するというよりも，全体を制御するシステムとして新しい栽培手法を開発することにある。そのため，次世代型栽培の生産者は，植物が環境に対してどのように反応するかを理解することが必須である。

写真1　新技術が新しい栽培方法の可能性を開く。

試験を行なう場合，普通は一度に一つの要素を変えて評価する。このような手法では，変えた一つの要素の効果がわかる。たとえば，長時間の遮光をして，収量と品質に与える影響を記録する。また，温湯パイプの温度を下げて，問題が発生するかどうかを評価するなどである。

一方で，次世代型栽培の生産者は管理の方向性を変えている。今や，全体的で，かつ多くの環境要素が同時に変化する生産システムを考える必要がある。環境要素としては，遮光や加温，換気，除湿などである。収量や品質に及ぼすその効果は，生産者が無限に変えることができる要素の組み合わせによって異なる。科学的な視点からこれらの効果を解釈するのは，非常に難しいかもしれない。

植物の生育過程

このような困難な現実に直面するのは研究者だ

けではない。生産者は，これらのシステムを使う場合は，どのように栽培するのがよいのかを学び直す必要がある。生産者は，これらの新しい一連の機器をセットとして利用できるが，望ましい環境を達成するのは一つの道だけではない。生産者は，特定の設定値よりも，植物が生育している過程を考慮する必要がある。もし生産者が植物の蒸散を変えたいと考えるなら，温度と湿度の設定値が重要であることは知っているだろうが，それではどのようにして蒸散を変えて目標に到達することができるのだろうか？

何をするのかを決めるために生産者は最初に，植物が何に対処でき，異なる環境に対してどのような反応を示すかということを考える必要がある。

今までの研究における結果，たとえば，遮光や積算温度，CO_2濃度，気流速度，最低温度などに関する結果は，必要な基礎的情報が得られる

写真 2　次世代型栽培では，生育にカーテンを積極的に使用する。「午後の光のほうが午前の光よりも重要である」という考え方にもとづく。

写真 3　生産者は寡日照時期に植物を活性化するためによい根系にしたいと考える。しかし，温湯パイプによる加温が必ずしも最良の解決策ではない。

Text: Ep Heuvelink (Wageningen University) and Tijs Kierkels
Photo: Wilma Slegers

という点で非常に有用である。

朝の光

オランダの場合，次世代型栽培の生産者にとって重要なことは，より保温性のあるカーテンの使用と，省エネルギーのためにそれをより多くの時間使うことである。保温カーテンの使用時間が長くなれば，植物の受光量は減少し，収量も減少しうる。しかし，園芸学的な視点からすると，朝の光を得るために早朝から保温カーテンを開ける理由はない。

研究結果からは，朝の太陽の下では，植物体が昼間の太陽よりも活動的ではないことが示されている。言い換えるなら，光合成は光の量によって決まるのである。つまり，早朝はまだ光の量が少ないので，光合成への影響は小さい。光合成が減るのは夕方2，3時間だけである。そこでは，トマトの場合，光合成は20％程度減る。

植物を活性化する

多くの生産者は，暗い曇天の日に植物を活性化させる必要があると感じている。実際，蒸散を促進させるために，温湯パイプによる加温を行なうとか，最小限に窓を開けるなどの対策がとられる。これらの対策をとらなければ，植物が弱り，根の生長が減少するということを恐れるからである。しかしこれらの手法は，多くのエネルギーコストがかかり，次世代型栽培に合致するものではない。

それどころか，これらの手法はまったく無駄なことなのである。つまり，光合成は，日射が弱いときには減少し，加温をしても，湿度を変えても増やすことは難しいのである。そのため，これらの対策は，作物の生育に対しては効果が乏しいといってよい。

根の生長を刺激する

夜間には，植物の地上部と地下部の関係は変わる。根の生長が停滞するとき，生産者は，強い根系を作ることが植物を活性化する重要な要因になるという。しかし，日射量が少ない日に根を暖めると悪影響が出る。つまり，根の生育はさらに遅れるのである。またこのとき相対湿度を下げても，地上部および根の生育にはほとんど影響しない。

それゆえ，曇天のときに根の生育を刺激するには，ほかの対策のほうがよい。温めるのではなく，むしろ冷やすのである。また培養液のECを高めるのもよい。これらの発見はワーヘニンゲンURの成果であるが（2006年），生産者はいまだに過去の植物活性化の手法をやめられずにいる。次世代の生産が始まれば，最終的には新しい手法が採用されるであろう。

積算温度の重要性

省エネルギーと次世代型栽培は，積算温度によって影響される植物の性質を利用して行なわれる。多くの植物の生育過程は温度に感受性が高い。いくつかの過程は温度変化に直接反応するが，光合成をはじめとして多くの過程は一定期間の平均温度に反応する。生産者はこのような知見を利用すればよい。つまり，寒い時間帯を暖かい時間帯で補うことができるので，積算温度（温度×時間）の考え方が重要となる。

緩やかに空気を動かす

次世代型栽培では，ハウスの中の温湿度差を解消するために，空気をより多く流動させることを意識する必要がある。しばらくの間，植物の視点に立つと，空気の撹拌は有効であると考えられてきた。結局のところ，空気が停滞すると，CO_2は植物に吸われて，部分的なCO_2欠乏が生じてしまう。緩やかに空気を動かすことによって，葉面境界層が薄くなり，境界抵抗も小さくなってCO_2の吸収が容易になるのである。

しかし，考え方は変わってきた。普段でもある程度はハウス内の空気の移動があり，通常はそれで十分とするものである。むしろ，あまり空気が動きすぎると，生育の阻害につながる。植物は，実際意図的ではないにせよ，風により動くことがストレスになる。

換気をしすぎないことで，CO_2を理想的な濃度に保つことができる。これは光合成にとって望ましいことでことであり，結果として収量も増える。もう一つの検討中の課題は，CO_2 の最適濃度を見つけることである。ハウス内の CO_2 濃度の変動が大きいと，生産性を下げることになる。次世代型栽培においては，空気を動かしすぎず，CO_2 濃度を一定に保つことは有用である。

最小限のパイプ加温も必要ない

最後に温湯パイプについてコメントする。最小限の加温は，過湿を避けるためにしばしば行なわれる。そもそも高い湿度は，植物にとっては普通問題にならない。高湿度は，とくにキュウリにとっては有益ですらある。しかし加温によって植物の体温に温度差ができると，露点以下になる部分が生じて，そこで結露水ができてカビが発生することになる。

次世代型栽培では，空気を外からダクト（144ページ写真）で，植物群落の下のほうに導入して，乾燥させる。このような場合には，最小限のパイプ加温も必要なくなる。この方法は，パイプ加温が植物に対してしばしば逆効果になることを考えると，優れた方法といえる。パイプ加温によって植物は必要以上に蒸散をして，湿度の問題が増えてしまう。また，しばしば植物の下のほうが温かくなりすぎる可能性もある。寡日照条件では，加温しすぎると根の生育の減少につながる。

まとめと解説

次世代型栽培では，既存の研究成果を参照することは重要であるが，さらに最新の研究成果を適用することが重要であり，従来にない観点での制御が必要である。早朝での光の確保は重要ではなく，暖房費削減のため，なるべく保温をすべきである。つまり光が弱いときにあまり多くのエネルギー投資をしても生産性にはつながらないからである。また，根の暖めすぎもよくない。ハウス内の CO_2 濃度の変動が大きいと，次世代型栽培においては，生産性を下げる。空気を動かしすぎずに CO_2 濃度を一定に保つ，このような知見は有用である。

なお，本章のこれらの知見はオランダの事情にもとづくものであり，それぞれの結果は日本の気象環境で再検証する必要がある。

多くの方法がすでに適用されているが，まだ改善のチャンスがある

省エネルギー：植物の特性からの改善の可能性

省エネルギーというとすぐに，エネルギー消費量を減らすための技術的な対策を考えがちである。しかし，作物としての特性を利用すれば，装置的な投資をすることなく，省エネが可能になる。生産者は，栽培技術の選択において，植物の生理的な特性を利用することができる。最近，このような視点での成果が出てきているが，まだ多くの可能性が残されている。

単刀直入にいうと，果菜類の場合，オランダにおいては定植時期を遅らせることによって大幅なエネルギー削減が可能である。この方法は技術的な調整や費用を必要としない。2007年に，ワーヘニンゲンURでは，まだ明らかにされていないトマトやパプリカ，キュウリの可能性に関して，詳細なモデル研究を行なった。

その結果は衝撃的なものであった。トマトでは一般的な作期である12月10日～翌年11月15日の栽培から1月22日～11月30日の栽培に変更した結果，ガス消費量を14％も削減できた。収量の減少は見られず，逆に0.2kg/m^2（0.2t/10a）増加した。

パプリカにおいては，生産量が若干減少したものの，ガス使用量が13％節約でき，経済的に評価して，エネルギー削減ができた。キュウリの場合は，ガス消費量が17％節約できたが，栽培時期が遅れたために生産量が減って，生産コストが上回り，採算性はとれなかった。その結果が議論された際，キュウリ生産者たちに，生産量の大き

写真１　パプリカにおいて摘葉の影響に関するモデル計算では，5％のエネルギー削減および11％の節水の良好な結果が得られた。

写真2　高温を好むコチョウランでは，局所温湯パイプを設置することによって通常以上のエネルギー効率化が可能である（とくに低温期）。

な損失のない範囲内で，定植時期を変える方法を提案した。

心理的な壁

このような大きな成果が出た要因を解析してみる。オランダの一般的な作期では，栽培初期は光環境が悪い条件であるために生育が遅く，ハウスの加温にエネルギー消費が多いのである。さらに，定植時期を遅らせると栽培も容易になる。

それにもかかわらず，ほとんどの生産者は定植時期を遅らせようとしない。最初の壁は，心理的なものである。生産者は，ハウスの中が空いている姿に耐えられるようになるべきであるが，一般的に生産者はハウスの中をできる限り緑に維持したい傾向があるようである。

さらに，通常，経営収支は初期生産で達成される値段に依存するが，最近では人工光の使用も増え，経営収支がいくぶん異なってきた。また，コ・ジェネレーション（熱電併給）システムの容量や取引先との確約，固定労働力などが，栽培時期を変えることをやりにくくしているかもしれない。しかし，エネルギーコストが上昇すれば，作期を遅らせることは生産者が考慮すべき選択肢となるだろう。これを実現させるためには，考え方を変える必要がある。つまり，作期を遅らせることは，しかたなくそうするのではなく，ビジネスとしての賢明な判断なのである。

なお，苗を大きくして栽培を開始することでもエネルギー削減を生み出すことができる。苗はより長い期間育苗業者のところにあるが，大きな株は互いに接近して群落を形成するため，株当たりに必要なエネルギーは少なくてすむ。大苗にするために育苗期間が長くなれば，その分栽培開始時期を遅らせることができ，生産者はこの期間ハウスを加温する必要はない。もちろん，苗の値段は高くなるが，技術的には十分可能である。

温度設定を維持する

温度を2℃低く設定した場合のエネルギー節減分は，作期を遅らせることで節約されるのと同じ程度の省エネ量である（10～15％）。しかし，当然，同じようにはならない。設定温度を低くすることは，葉および花の発達抑制や着果不良の原因となる。この対応としては，たとえば，マイナスの影響を補う台木を使用する方法がある。野生や耐寒性品種の特性が導入されて，低い温度でも標準的な品種のような機能を持つ台木品種を利用できる。逆に，そのような品種（接ぎ木株）は，少し低温な条件下でもパフォーマンスが上がるだけでなく，通常の温度条件下でもパフォーマンスが向上する。その結果，元の温度設定を維持し，利益をとるために，より魅力的な選択肢となる。

積算温度制御

低温耐性のための特定の育種は，一般的ではないにもかかわらず，現在までずっと行なわれてきた。近年，トマトは，20年前に比べてより低温条件下で栽培されている。また,より少ない熱で,ポインセチアを生産できるようになっている。しかし，これで省エネ作物が膨大に増えたとはいえない。高温を好むコチョウランは，オランダにおいて明らかにこの流れに逆らって栽培されている作物である。しかし，コチョウランでも，通常に比べてエネルギー効率を上げて栽培することができる。つまり，栄養生長期の夜温は，常に高く維持する必要はないのである。コチョウランでも，積算温度制御によって5～10%の省エネを実現できる。この技術は，比較的簡単に省エネできる方法で，多くの生産者に取り入れられている。現状に比べて，より実用的に適用可能である。作物はある程度の温度変化にうまく対応できるが，その限界は試行錯誤を通して発見するしかない。より大きな温度変化に対応できる品種，すなわち，許容可能な温度範囲が広い品種は，積算温度制御のチャンスが増える。この許容範囲の広い品種について，育種家は頭の隅においてほしい。

高湿度への不安

積算温度制御は，次世代型栽培の構成要素の一つである。次世代型栽培のもう一つの要素は，空気の水分含有量を管理することである。湿度制御にかかるエネルギー使用量は，ハウスにおけるエネルギー使用の約25%を占める。それゆえ，これを減らすことができるものはさらなる削減につながる。

実用試験では，カーテンを長時間閉めっぱなしにしたり，換気したり，次世代型栽培では外気を取り入れた除湿を行なうなど，許容範囲の限界を見つけようとしている。

ほとんどの生産者は，自らその限界線を探そうとせず，病気に対する恐怖心から，湿度を比較的低く保とうとする。糸状菌（カビ）に対する感受性を低める育種は,明確に省エネ効果につながる。頑丈な品種は，高湿度条件での生産に耐えられるのである。

高湿度条件下では，植物体温は上昇するが，それは，植物がもっとも重要な冷却手段である蒸散をしにくくなるからである。これはある意味利点になることもある。植物体温が高い状態ではハウス内温度を少し低く維持することができ，加温エネルギーが節約できる。もし，植物体温が上がりすぎる場合には，ハウス内温度を下げなければならない。そうなると，相対湿度が高くなって，植物が蒸散する機会はほとんどなくなる。そのため,植物からエネルギーを取り除くことができる唯一の手段は対流になる。このために，植物体温とハウス気温との間に差異があることが不可欠である。高い湿度条件下で植物体温が気温よりも少々高いことは，植物に結露がしにくい条件となり，病害の発生も抑制できる好ましい条件といえる。

作物の体温測定

基本的には，ハウス内温度よりもむしろ植物体温にもとづいて環境制御をするべきであるが，それはそんなに簡単ではない。植物は器官や部位ごとにそれぞれ温度が異なり，重要なことは，各器官や部位はそれぞれ最適温度を持っているということである。それゆえ，生長点（頂端分裂組織）および果実のようなもっとも温度に敏感な部分にもとづいて制御するほうがよい。生長が早い作物においては，作物の頂部に吊り上げ可能な温湯パイプを置くことは適切な手段である。結局，植物の発達は頂部で決められるのである。

多くの生産者はすでに作物の温度を測定している。環境制御コンピュータも植物の体温を考慮することはできるが，制御についてはほとんどがハウス内温度にもとづいている。実際には作物を直接に暖めることが望ましいが，現状はハウスの空気を暖めることで間接的に作物を暖めている。植物を直に暖めることは赤外線放射（IR）で可能であるが，現状では非常に難しい。

摘葉の効果

ハウス内の湿度が高いのは，作物から大量の蒸散があるからである。湿度を下げる方法の一つは，植物の葉の数を減らすことである。一部の作物は多くの葉を生産する。もっともわかりやすい例がパプリカである。好適な受光のためのパプリカの葉面積指数（LAI）は3～5で十分であるが，LAIが6～8まで増えてしまう場合もある。

パプリカにおける摘葉の効果に関してのモデル計算では，5%のエネルギー削減と11%の節水が可能であり，さらに，1%の収量増加となった。これは，栽培を通じて1回の摘葉を8月に実行した結果である。摘葉処理を数回行なった計算では，エネルギー削減率は大きかったが（8%），収量に関するプラスの効果はより少なかった。また，摘葉の大きな欠点は作業コストがかかることで，実用化されることはなかった。一方で，ガス料金や人件費，生産物の価格にもとづく新たな計算は，現在の状況で利益が上がるかどうかを示すことができる。もう一つの選択肢は，キュウリのように，古くなった葉が枯死していく野菜を栽培する方法である。

前述したように，栽培方法を変えることでエネルギー削減できる多くの可能性は，何年にもわたって試されてきた。そうであっても，状況は変化しているので，新鮮な目で新たな可能性を探しても損はしない。

まとめと解説

オランダでは，果菜類の定植時期を変えることで省エネが可能になることが示されている。また，低温でも同じように生産できる品種が必要である。日本でも，省エネをターゲットとした新しい作型があると思われる。積算温度制御は多くの生産者が望んでいる技術である。また，湿度を高められることは，大きな変化を作り出すことができる。

日本の周年生産は，一般的に冬越しであるため，生産者らは暖房用燃料の使用量に非常に敏感である。実際に，収量の変動と燃料消費量の計算をせず，設定温度を低くする生産者が多い。近年，生長点加温，根元加温，クラウン温度管理などの省エネ技術や蓄熱，地中熱，地下水，バイオマス利用などの技術に関する研究成果が出ており，現場でも積極的に活用を検討する価値がある。

なお，植物生理を理解し，平均温度や積算温度制御の概念を取り入れた栽培管理や水・肥料利用効率向上のための摘葉，低温伸長性品種の活用など，エネルギー節減の可能性は多く残されている。

異なる栽培戦略がエネルギー消費の削減を可能にする

作物の蒸散速度を落として エネルギー消費量を減らす

省エネにはいつも技術開発に期待がかかっている。一方で，エネルギー消費を節約するためには，作物自体も改善のための機会を多く持つ。それらに関する多くの研究結果が，生産現場において実用化されることを待っている。

同じハウスで，同じ作物を栽培した場合でも，栽培面積1m²当たり，あるいは生産物1kg当たりのエネルギー消費量には有意な差がある。この差がなぜできるのか？　生産者によってさまざまな見解がある。ある生産者は安全策をとることを好み，ほかの生産者は植物により多くの可能性を見出そうとしている。次世代型栽培では，作物の特性にもとづいた解決方法に，多くの注目が集まっている。これまでの研究結果が，この方法の基礎になっている。

蒸散

蒸散は，養分吸収や植物内の転流，細胞張力の維持，果実の発達などのような必須代謝を動かす原動力である。しかし，ハウス内ではしばしば蒸散が過剰になる。このような「ぜいたく」蒸散によって，空気中の湿度は過剰になり，除湿が必要になる。そして，除湿にはいつもエネルギーコストがかかる。そのため，蒸散を減らすことができ

写真1　送風ダクトの経済的利用として，カーテンと組み合わせて室外空気を取り入れ，除湿する方法がある。

写真2　ガーベラに灰色かび病が蔓延する前に，早期に警告を受け取るための微気象測定。

れば，エネルギーコスト的には非常に有利であろう。さまざまな研究結果が，トマトの生産現場において，コストをかけずに30～35%除湿できることを示してきた。

より少ない最低加温

しかし実際には，生産者は，いまだに蒸散を減らすことに対しては気が進まない。彼らは，「活性の高い作物」を望み，蒸散を抑制することで根の生長が遅延することを危惧している。しかし，「活性が高い」ということは，作物が最大限光合成をするという意味で，これはより少ない蒸散でも達成可能である。そして，より低い室温で根の生長を促進させることもできる。

ここ数年にわたって，生産者は，湿度を下げるために温湯パイプで加温す

写真3　作物の光合成を推定することができる作物の蛍光測定システム。

Text and images: Ep Heuvelink (Wageningen University), Anja Dieleman (Wageningen UR Greenhouse Horticulture) and Tijs Kierkels

ることについては，批判的な評価をしてきた。実際に，この手法での温度の上昇は，作物の蒸散をさらに促してしまう。この場合は，その後，湿度を下げるために天窓を開けることになる。

温湯パイプを除湿に利用するための経済的方法がある。すなわち，カーテンと組み合わせながら外気を取り入れる方法である。そうすれば，窓の開閉に依存せずに湿度の制御が可能になる。しかし，もちろん，これは高度な技術を要する。

摘葉

作物の蒸散を大幅に減らせる非常に効果的な手段は，大規模に摘葉することである。LAI（床面積1m^{2}当たりの葉の表面積）が3～4程度で，植物体が受光するには十分である。それ以上の数値は，ハウス内の葉が過剰な量であることを意味する。

トマトを摘葉することは普通であるが，パプリカでも摘葉はよい考えである。下の葉は蒸散するのみであり，光合成にはほとんど貢献していない。摘葉はほかの観賞用植物でも選択肢になりうる。もちろん，除湿にかかるエネルギーコストが節約できる分以上に，摘葉に労働力コストがかかっていないかどうかを考慮する必要がある。

温度

実際に，日中の必要温度変化について，数多くの固定観念がある。トマトの生産は間違いなく，温度管理に強く依存している。しかし，これらの考えの中には，非常に高いエネルギー消費となる手法もある。たとえば，日の出前に加温すると，そのころは外気温がもっとも低いときになるので，多くの燃料を消費することになる。また，日没後，温度を急落させる目的で窓を開ければ，ためてあったすべての熱が単に失われる。

熱を保つ

問題は，日中の温度勾配がそこまで精密である必要があるかどうかである。それを調べるため，朝方の昇温と夕方の降温を急速に行なったハウス，昇温と降温を緩やかにしたハウス，昇温は緩やかにして降温は急速にしたハウスの3つを比較した。栽培の全期間を追いかけた研究者らは，生産者グループによって批判的に見られた。何が起こったかというと，作物に処理間の差はほとんど見られず，収量もほとんど変わらなかったのである。ただ，昇温と降温を緩やかにした温度管理では，エネルギーを削減できた。

生産者グループにとっては，「百聞は一見にしかず」の結果であった。彼らは，自らの圃場でその管理方法を利用することができるようになった。植物を全体的に見たときに，結果は驚くべきことではなかった。すなわち，植物は日中の特定な温度勾配よりも24時間の平均温度に反応しているのである。したがって，果菜を栽培する場合，生産者は日射に合わせてハウス内温度を上げ，日没まで熱を保つことができれば，より少ないエネルギーで24時間の平均温度を同じにすることができる。

冷却

もう一つのポイントは日没後，葉と果実を異なるスピードで温度低下させることである。葉温はハウス内温度の低下につれてすぐ低下するが，果実温は温度低下に時間がかかる。これにより，光合成産物をより多く果実へ引き付けることができるものの，この差は非常に小さく，ほとんど目立たない。研究では，異なる冷却方法による果実重への影響はないといっている。

作物全体の形が重要とされる鉢植え植物に関しては，DIF（昼温と夜温間の差）およびDROP（日の出前の温度の急落）のような現象は，確かに植物の伸長あるいは小型化に影響する。さらに，日中の温度管理手法を取り入れる価値がある。

光と補光

光をエネルギーの観点からみると，二つの疑問にぶつかる。それらは「どうすれば自然光を最大に利用できるか？」と「いつ光合成のための補光を行なうか？」である。一つめの質問に対する答えは明白で，ハウスの光透過率を最大に維持することである。
ここ数年の研究にもとづいて，加えるべきことがある。それは，散乱光の有効性は普遍性が高いということである。つまり，散乱光は群落内部まで透過し，光の水平分布はより均一になるため，光合成の促進につながるのである。
二つめの質問に対する答えはもう少し説明が必要である。温度に関して，植物は１日あるいは数日の平均値に反応する。後者（数日の平均温度）は積算温度制御のための要素になる。しかし，光には瞬間反応もある。何らかの原因で気孔が閉じてしまったような場合，光が豊富であっても光合成量は少なくなる。したがって，その理由を知ることに意味があり，それによって補光がいつ効果的なのかがわかる。

光合成

生産者らはすでに，自ら「Plantivity（プランティビティ）（写真3）」のような計器を用いて光合成活性を測定できるが，これらは葉の非常に狭い部分を測定する。近年，m^2 単位の葉面積に対する光合成（蛍光値）を測定する新しい方法が開発されている。
光合成を深く知ることでエネルギーはさらに削減できる。それは，生産者が作物の活性に合わせて光や CO_2 濃度を調整できるようになるからである。

まとめと解説

生産管理によりエネルギーはさらに削減できる。ポイントは適切に蒸散速度を落とすことである。日中温度を正確に管理することより平均気温に注目すべきである。植物は１日（あるいは数日）の平均温度に反応するからである。
生産性向上のため，もっとも重要なことは光合成の最大化であり，まず，自然光，人工光に限らず光利用の最大化が必要である。そして，CO_2 施用や湿度管理も重要であり，制御技術が普及しつつある。しかし，制御のハードウェアとソフトウェアの開発のほか，改善点が多く残されているのも事実である。具体的な制御法については，たとえば，結露対策としての早朝加温や群落内の通気性確保，夜間の除湿は比較的簡単に適用できる技術である。とくに，蒸散速度の制御を目的とした給液管理，ミスト制御，除湿，摘葉を中心とした栽培管理などは，生産性向上のみならず，エネルギー削減に重要な要因となっている。

秋の光利用効率は春に比べて 14%低い

トマト生産における秋の生産低下について考える

生産者らは日長がもっとも長い夏至以降にトマトの生産量が減少すると感じている。ワーヘニンゲン UR の研究によると，それは事実である。この減少分は定量化できる。秋の光利用効率は春に比べて 14%低い。この減少を説明できる三つの要因が存在する。

写真 1 トマトの生産は日長がもっとも長い日以降から低下する。光利用効率は春に比べて秋で 14%低い。秋の植物の光利用は効率的ではない。

日射量は，日長がもっとも長い日まで増加し，その後減少する。光は植物の生長の根幹であるため，生産量の推移も同じ傾向を示す。つまり，春には増加し，秋には減少する。

秋の生産量は低すぎか？

実際にやってみると，これは事実ではないことがわかる。生産者らは，秋の生産量が光の減少で予測される分よりさらに低下することに気付いている。実際に秋の生産量が減少することを示すことは可能であるが，その原因は何なのか？ この質問は（半）閉鎖型ハウスで栽培する多くの生産者から聞かれる。

ワーヘニンゲン UR ではその答えを明らかにすることを試みた。目標を達成するため，研究者らは 15 のトマト圃場（開放型や閉鎖型などさまざまなハウス）の生産性関連の詳細をモデル分析した。彼らは生産性低下の原因リストを作成し，生産者やコンサルタントに報告した。彼らはまた，

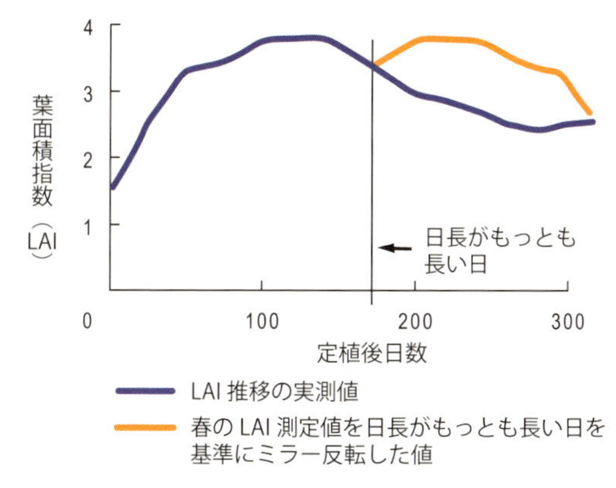

作物の葉面積指数（LAI）は日長がもっとも長い夏至以降減少し始める。このような変化特性を鏡のように形を反転（ミラー反転）することによって，秋の生産減少への影響を計算することができる。

図1　春と秋の葉面積

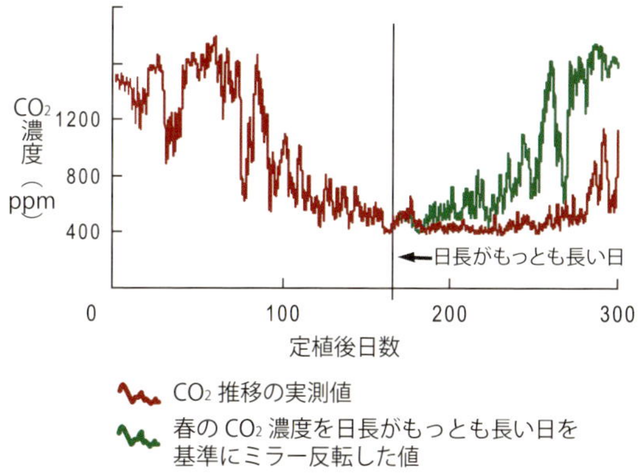

CO2濃度（ppm）
1200
800
400
0
100
200
300
日長がもっとも長い日
定植後日数
CO_2 推移の実測値
春の CO_2 濃度を日長がもっとも長い日を
基準にミラー反転した値

CO_2を多量に施用した施設内のCO_2濃度の推移。換気が増える時期ではCO_2濃度は大幅に減少する。日長がもっとも長い日以降，春のミラー反転イメージは，生産量減少に及ぼす影響を計算するために用いられる。

図2　大量にCO_2施用を行なった施設内のCO_2濃度

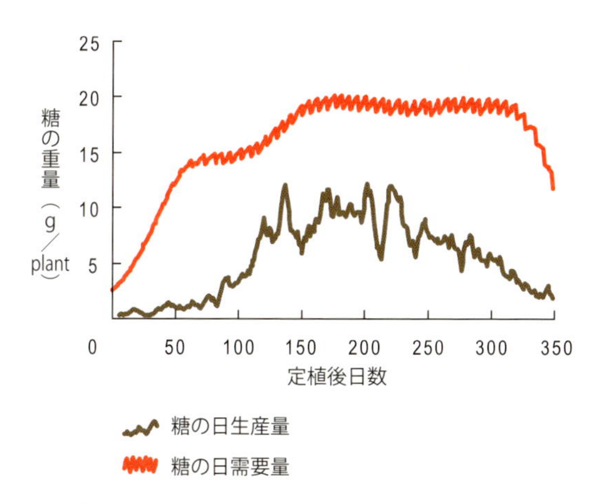

糖の需要は常に，同化によって生成される糖の量よりもはるかに大きい。

図3　糖の需要

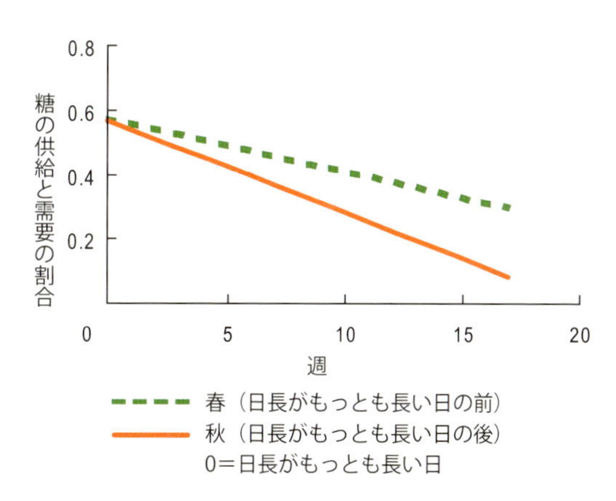

糖の供給と需要との関係は春と秋で異なる。糖の生産は需要より早く低下する。

図4　糖の供給と需要の割合

精度を高める目的で，既存の研究も解析に含めて考察した。

光利用効率

極めて重要な疑問は，実際秋に植物の光利用効率が低下するかどうかである。光利用効率は一定の光量当たりに作られた植物の生体重を測ることで算出する。この数値はハウス内のPAR（photosynthetically active radiation：光合成有効放射）光1メガジュール（MJ）当たりのキログラム（kg/MJ）と表示する。

この定義によると，すぐに方法的な問題にぶつかる。1週間で得られた収量を同じ期間の光量で割ることはできるが，その結果だけでは役に立つ情報を得ることはできない。8週間のトマトの生育とその期間の光の量は，利用効率の役割を果たす。たとえば，今から3週間後までの平均値を見ても，本質を見抜くことはできない。

しかし，以下の計算はうまくいった事例である。

Text: Ep Heuvelink (Wageningen University), Leo Marcelis, Barbara Eveleens (Wageningen UR Greenhouse Horticulture) and Tijs Kierkels

オランダにおける秋の生産低下

今週に受けた光が，4週間後（＝20℃で必要とされる果実発達期間の半分）に収穫されると仮定する。もし，常にこの状況を維持したとすると，明確な相関が取れる。そして春と秋の差に気が付く。光利用効率は春に比べて秋のほうが14%低い。もし，この減少を防ぐことができるのであれば，トマトの1年の生産量を7%向上させることができる。

生産性低下の原因

15圃場からのデータと実験データの結果，実際に生産量は減少することが明らかとなった。そして，次の疑問はどうしてこのような現象が起きるのか？　ということになる。

インタビューした生産者らとコンサルタントらによって，多くの可能性のある原因が挙げられた。研究者らは，モデル計算と文献調査によってそれらを分析した。これらの結果から，減少を引き起こすもっとも重要な三つの要因を明らかにした。

・秋には葉面積が減少する

・秋には平均 CO_2 濃度が低下する

・秋には糖の要求量に比べて糖の生産量が下回る

これらの要因に加えて，ほかの要因も生産性低下に関係している。

葉面積指数の維持

春の光利用効率は47g/MJ PARである。この値は開放型や閉鎖型ハウスを含む15以上の圃場データの平均である。春では，日射量1MJごとにトマトは47g増加するが，これは秋では40gである。

秋には，葉面積指数（LAI：床面積 $1m^2$ 当たりの葉面積の比）で表わせる葉の面積も減少する。この減少は日長がもっとも長い日以前からすでに始まっているが，その原因は小葉化や摘葉，摘心などによるものである。

LAIについて，日長がもっとも長い日の前とその日以降の推移を鏡のように形を反転させたものを描いてみると（ミラー反転），その原因を見出すことができる。つまり，日射量の増加とLAI変化の反応は秋でも春と同じである（図1）。もし，秋の間の鏡像をもとに計算すると，効率は11%であり，14%まで落ちるべきではない。これは生産量の低下にLAIが影響していることを示している。この解析結果から，LAIを確保し維持しようとすることは理にかなっている。

CO_2 濃度の低下を防ぐ

秋にはハウス内の CO_2 濃度も低下する。その原因はおもに換気の必要性が高くなるためである。この場合もLAIと同様に，もし，日長がもっとも長い日を基準に春の CO_2 推移のミラー反転イメージをプロットすると，秋での光利用効率は9%程度は落ちるとしても，14%までは落ちないはずである（図2）。

もし，生産者がLAIと CO_2 濃度の低下を防げれば，秋の光利用効率は春に比べてわずか数%しか低下しない。この二つの要因だけで，秋の光利用効率減少の大部分を説明できる。しかし，これらはシミュレーションの結果であり，植物の老化あるいはトマト株の生長による転流距離の増加など，いくつかの要因はこのモデルには含まれていない。

シンク・ソース比

秋の効率減少における3番目に重要な要因はシンク・ソースの比率である。これは糖の生産量と需要量との比率で表現できる。糖の需要量は生産量を常に上回り，平均約2倍と多い（図3）。

秋には，植物による糖の需要が長期間続くが生産（すなわち供給量）は減少し，その結果，需要と供給の比率が変化する。春に比べて秋には需要に対し供給が少ない。その比を定量化することはできるが，減少していく正確な要因はまだ不明である（図4）。

この三つに加えて，ほかの要因も影響している。栽培期間中，植物は老化するとともに，茎も長くなる。これは収量に影響を与える。また，葉はそれらが形成された日射条件下で最高の働きをするという事実がある。夏場のように光条件がよい時期に形成された葉は，秋の光が減少した状況下では明らかに機能が劣る。

植物の特性

さらに，二つの植物特性が影響するだろう。秋の間には開花および着果の不良現象が増える。ある試験では，春より秋で果実の乾物含量が増えるとしている。しかし，春と秋を比べる際，これらの要因を常に考慮すべきかどうかは不明である。

いくつかの気象要因も影響を与える。秋に比べて春の散乱光は多い（春が39％，秋32％）。散乱光は生産性を向上させるが，この効果は日長がもっとも長い日以前に大きい。しかし，この貢献度はあまり大きくない可能性が高い。

日長がもっとも長い日の後に，外気温がもっとも高い時期が来る。これはおもに間接的な影響である。すなわち，ハウスの換気のために窓を開ける必要が増え，その結果ハウス内のCO_2濃度が低下することになる。

最後に，根圏環境の変化も影響する可能性がある。秋には根の勢いは衰え，LAIは減少し，蒸散も少なくなる。しかし，給液量は日射に比例して多い状況が維持される。この組み合わせは根域の勢いを低下させる。生産者は秋には給液過剰の可能性があり，それがどのような影響を与えているのかは評価が難しい。

まとめと解説

トマト生産者らは，日長がもっとも長い夏至以降，生産量が低下すると感じているが，実際にそうである。その理由は，葉面積の減少やハウス内CO_2濃度の低下，ソースとシンク関係の差によって説明できる。おもにこの3つの要因で説明されるが，そのほかにもいくつかの要因が影響している。

日本のおもな周年生産は冬越しである。日照条件が悪くなる秋から栽培し，低温期に収穫が始まるため，光利用およびエネルギー効率の面ではあまり有効的ではない。LAI（葉面積指数）およびCO_2濃度の適切な管理は非常に重要なポイントとなる。とくに，低温期のLAI変動は冬の収量だけではなく，春季の収量にも大きく影響するため，適切な管理を要する。施設栽培において夏越し栽培が可能になれば，飛躍的な生産性向上や大幅なエネルギー削減が実現できる。そのためにも，暑熱対策技術の開発がもっとも重要な課題である。

日本語版のための解説　その1

地上部の環境制御について，オランダの技術を取り入れるにあたって知っておくべきこと

斉藤　章

◉技術の中心に光合成をおくこと

近年，トマトを中心に環境制御による高収量栽培に関心が寄せられ，今まではなかったような高度なハウスでの栽培が増えてきた。このとき決して忘れてはいけないことは常に植物を中心に考えることである。

高度なハウスでは暖房や保温のほかに，冷房，除湿，CO_2，気流，養水分などの制御が統合的に可能となる。環境制御コンピュータの利用は，これらの制御を容易にする反面，必要設定項目が増えることになり，複雑化するという問題点がある。これは施設園芸先進国のオランダでも同じである。

私たちは植物にはどのような特性があり(植物生理)，生産者としてどのように対応すればよいのか（環境制御）を，経験上だけではなく論理的に理解するべきである。まず考慮すべきことは植物の営みの基本となる光合成（光合成：14ページ）の重要性だ。過去，わが国の施設園芸での実践的技術の議論の中には光合成という概念が足りなかった（ほとんどなかった）。私自身も十数年ほど前までは興味を示していなかった。これが先進国との収量差の要因の一つといっても過言ではない。事実，栽培について光合成を基本に考えるようになってから，生産者への技術説明も論理的になり，説明しやすくなった。生産者も短期間に収量や品質が飛躍的に高まった。と同時に，さらなる向上を目指して，植物生理と環境制御への関心が高まったといえよう。

◉知識と技術をつなげる

物事を理解して行動に移すときは，知識と技術に分けて考え，両方を習得しなければならない。知識は聞かれたら答えられること，技術はそれを実施できることと考えればわかりやすい。わが国の施設園芸で高収量を目指すための情報は，このどちらかに偏り過ぎていることが多かった。学校で習うような植物生理に関する知識の情報は多くあったが，実際の施設園芸での栽培には応用しづらかった。また実践的な栽培に関する技術の情報もあったが，経験上での話が多いため根拠となる理論が理解しづらく再現性が低かった。高収量を実現するためには，光合成を基本にした知識と技術をつなげて，体系的に理解することが大切である。

◉たとえば蒸散の制御

たとえば，蒸散と湿度の関係について見てみよう。植物にとって蒸散は，養水分の吸収と冷

却のために不可欠である（蒸散：38ページ）。植物は蒸散の結果，吸水を行なう。植物に肥料不足を起こさせないようにするには，まずは蒸散を促す環境を作ることが重要である。植物は光合成のために葉で光を受ける。同時に葉は熱も受けることになり，葉温が上昇する。蒸散による気化熱は葉を冷却するために必要であり，蒸散に見合った水の供給が不足すると，植物体温の上昇やしおれの原因となる。蒸散を制御しているのは気孔の開閉である（気孔：42ページ）。私たちは，植物がどのような環境条件で気孔を開閉させるのかを理解しなければならない。これらが知識である。

低温期の密閉されたハウス内では，蒸散と除湿のバランスが崩れて湿度が高くなりやすい（蒸散の抑制：144ページ）。施設園芸では植物を被覆資材で外界と隔離することで最適な生長環境を作ることができる。とくに暖房による温度管理は容易となるが，湿度は温度と比較して制御が難しく，除湿に多くのエネルギーを必要とする。対策としては植物体温の測定や，温度やLAIの適切な管理があげられる（省エネルギー：140ページ）。高湿度による植物体の濡れは灰色かび病などの病気の原因にもなるので避けなければならない（糸状菌：208ページ）。オランダで実用化が始まった次世代型栽培では，乾燥した外気をハウス内に取り込むことで，今までよりも少ないエネルギーで除湿を可能にする（次世代型栽培：136ページ）。これらが技術である。

◉自身の施設や外部環境に合わせて考える

植物はたとえ栽培地域が異なったとしても，植物生理と植物の環境に対する応答は同じである。これらに関しては世界中の知識と技術を積極的に活用するべきである。事実，世界規模で活躍しているオランダのある栽培コンサルタント会社では，本書の原書を短期集中セミナーでの参考資料として利用している。他方，栽培する施設や機器，エネルギー事情や労働賃金，求められる生産物の品質などの社会的背景は各地域により異なる。本書はオランダでの知識や技術，経験をまとめたもので，前述した，光合成を基本とした知識と技術をつなげて理解することができる。読者は本書から習得した基礎知識を自身のハウス構造や外部環境に合わせて考えることが必要である。

本書から得られた知識と技術をもとに，ハウス内環境と生育状態を把握しながら栽培に取り組めば，毎朝ハウスに行くのが楽しくなること間違いなしである。

第3章

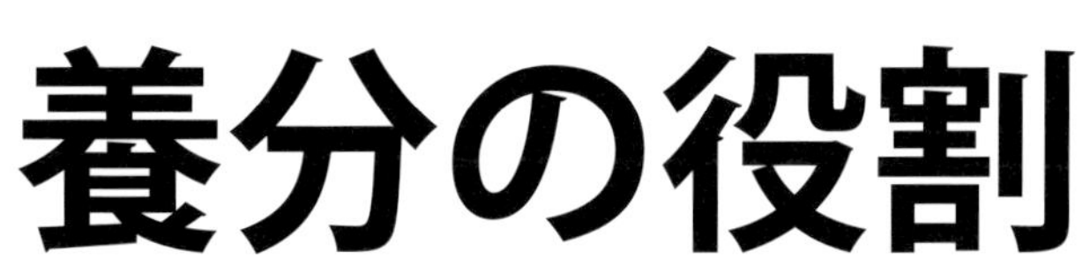

養分の役割

最適な EC は条件次第

日中と夜間で異なるECが効果的である

EC が高すぎると，作物の生育が抑制され，収量は低下する。しかし，高品質を目的とすれば，EC を高く維持して管理することは効果的である。収量をねらうか，品質をねらうか，目的に合わせて，生産者は，植物が日中と夜間で反応が異なることを効果的に利用することができる。

根は，低い養分濃度，つまり低い EC の養液から水をよく吸収する。細胞内のイオン濃度は外部より高い。この浸透圧効果によって，細胞外の水が細胞内へ引き込まれる。

もし，根の周りの環境が高濃度のイオンを含む場合（高 EC）は，水を吸収しにくくなる。このような場合，植物は十分な吸引圧を確保するために，体内調整を行なう。EC が上昇すると，初め生長は抑制されないが，吸水は抑制される。その結果，植物は吸収した水 1L 当たりの生産が増えることになる。しかし，EC が急激に上昇を続けた場合，生産は大幅に低減する。

写真 1　根は，低い養分濃度，つまり低 EC の養液から水をよく吸収する。

写真 2　切り花の研究では EC の上昇が花の重量低下を引き起こすことが示されている。高塩類濃度に対する耐性は，花の種類によって大きな違いがあり，アスターは耐性がかなり高いが，ブバルディアは耐性がかなり低い。

写真3　もし日中と夜間でECに差異をつけることができれば，多くの効果を得ることができる。

理想的なECは存在しない

作物の水と養分の吸収は，いつも釣り合いがとれているわけではない。最適な水吸収には，ECがある程度低いことが必要である。しかし，非常に低いECは養液中の栄養素がわずかであることを意味し，栄養欠乏の危険性が増大する。したがって，生産者は，十分な水と十分な養分の正しいバランスを，いつも見つける必要がある。

EC1.5dS/mは安全の最低値といえるが，作物の種類によってこの値は異なる。この値で管理すれば万事問題なしという最適なECは存在しない。最適ECは，作物や生育ステージ，そして気

培地内に養分がいきわたらなくても，必ずしも障害にはならない

どのような培地を使用しても，多かれ少なかれミネラルが含まれるのは，狭い領域である。これは植物の生長にとってよくないことなのだろうか。オランダのナルドワイクにある研究所のゾンネベルドは，1990年代にいくつかのおもしろい研究結果を出している。

彼はトマトの根を2つに分けて生長させた（右図を参照）。このような方法で，彼は両方の培地に異なったECの養液を供給した。

ここで注目すべき結果が得られた。植物はECの低い培地から水を，ECが高い培地からは養分を吸収したのである。たとえECが10dS/mまで増加しても，もう一方の培地のECが十分低ければ，大きな問題にはならなかった。また，このような大きな差が培地のEC間にあったとしても，収量は標準的なECで管理された場合と同等であった。したがって，培地中の局所的な塩類集積が問題を引き起こすことはないと思われる。研究者はまた，植物がおもに給液される部分に多くの根が密集し，培地中の平均的なECにはあまり反応しないことに注目した（解説：給液は，もっとも活発な根が集まっているところに供給されるからこのような現象が起こる）。

キュウリも同じような反応を示すが，高いEC領域にはより敏感である。これらの試験ではまた，水と栄養素の吸収を分けることが可能であることを明確に示している。

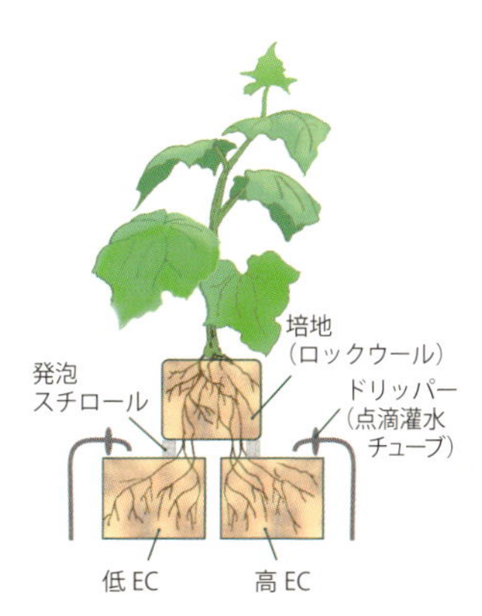

この試験では，植物の半分の根を低いECで生長させ，もう半分を高いECのロックウールで生長させた。植物は低いECの培地から水を吸収し，高いECの培地から養分を吸収した。

候条件によって決まる。さらに，生育に求める生産物の品質によっても最適なECは異なる。たとえば，日射が強いときは，ECを低めにすることが得策である。というのは，そのとき，植物は蒸散のために多くの水を必要とするからである。

一般的に，植物が十分な養分を吸収していれば，低いECでも十分生長する。しかし，生産者は生長に最適なECを維持しないことを意図的に選択する。たとえば，生産にコストがかかるとしても，生殖生長を促したり，食味を向上させたりするために，ECを高めるのである。

生育と収量の低下

ECが高まるにつれ，三つの要因によって生育は阻害され，収量は減る。一つめは，葉の伸長が阻害されることである。なぜなら，植物の吸水量が少なくなると，新しい細胞が膨圧を維持できず，葉は十分に伸張ができなくなるからである。その結果，細胞は小さくなり，葉も小さくなり，最終的には，受光態勢が悪くなり，総光合成や生長が低下し，生産量が減る。

生産が減少する二つめの要因は，気孔の閉鎖である。ECが高いと植物は水を限られた量しか吸収できないので，気孔を閉じて蒸散を制限しようとする。しかし，気孔が閉鎖されれば，光合成に必要なCO_2の取り込み量は減る。このような状況が長時間続けば，生産量は減少する。

これら二つの反応により，生産量は犠牲となる。切り花の研究では，花の重量は，種類によって大きな違いはあるものの，ECが上昇するにつれて低下することが示されている。高塩類濃度に対する耐性は，アスター（キク科シオン属の学名）はかなり高いが，ブバルディア（アカネ科カンチョウジ属）はかなり低い。

高ECは良食味をもたらす

生産が減少する三つめの要因は，実際のトマト生産において利点として使用されている。総乾物生産が減少する直前に，以下のような現象が発生する。つまり，果実の総乾物重は一定を保つが，光合成はまだ阻害されていない状況である。このとき，果実への水の流入が少なくなるため，果実の内容成分も薄められにくくなる。この手法の利用は，オランダ産のトマトの食味に対するドイツの批判に対して，オランダの生産者が最初にとった対応である。後に，良食味の品種が市場に出まわるようになったが，ECの調整は乾物率を増加させることで，既存の品種でもある程度良食味にすることができる。

多くの生産者団体は，培地中のECに必要最低条件を設定している。果菜類（果実）の高い乾物率は高糖度を意味し，それは一般的に良食味を意味する。しかしながら，このECの法則は，すべての果菜類に適用することはできない。たとえば，

EC単独では何もいえない

ECは電気伝導度の略語であり，養液の電気伝導度はmS/cm（dS/m）で測定される。カリウムやカルシウム，硝酸などの溶存イオンの数や性質が，養液の電気伝導度を決定する。マグネシウムイオン（Mg^{2+}）またはカルシウムイオン（Ca^{2+}）は電荷が2倍であることから，カリウムイオン（K^{+}）と比較して，伝導性に大きく貢献している。

清浄水はEC0.0dS/mである。水やりに利用される水のECは，培地耕において非常に重要である。たとえばスペインでたびたび見られるケースとして，原水のECがすでに3であった場合，液肥のECがかなり高くなることを許容しない限り，多くの肥料成分を加えることができない。給液のECが高くなれば，それは作物の生長や生産に損失を及ぼすことになる。

それゆえ，養液のECを測定しても，イオンの合計値がわかるだけで，溶解している個々の肥料成分については何もわからない。たとえECが好適範囲であったとしても，養液に含まれる肥料成分は著しく不均衡な場合がある。多くのセンサはECについては正確であっても，残念ながら，養分のバランスについてはわからないのである。

パプリカはすでにもう8.5％の乾物率を持っている。パプリカでも高いECでは乾物率はわずかに増加するが，食味に大きな違いを及ぼすものではない。

高いECは尻腐れ果を増やす

ECの上昇はリスクをもたらす。すなわち，ECが高くなると，尻腐れ果を増加させる恐れがある。これはカルシウムの果実への分配が少ないことによって引き起こされる。植物が高いECによって吸水を制限されると，蒸散が少ない器官がまず初めに被害を受ける。それらの器官は導管を流れる水からカルシウムが供給されなくなるからである。

ところで，ECを増加させる手法には，いくつかの問題がある。食塩を培養液に添加する試験ではマイナスの副作用が生じている。全肥料成分濃度を高くしてECを上げた場合に比べて，食塩によってECを高めた場合，トマトは食味がよくなったが，果実が軟化するのである。パプリカの場合は，尻腐れ果の発生率が増加した。食塩によりECを上げた場合のキュウリの収量は，通常の肥料成分によりECを上げた場合と比較して，その減少が顕著だった。

養水分の吸収

それでも，栽培においては，高いECによるプラスとマイナスの効果を組み合わせることが可能である。これは，日中と夜間では植物の反応が違うということを利用することによって可能となる。

蒸散のほとんどは日射のある日中に発生する。このときは，植物は十分な水を吸収する必要があるために，低いECは好都合である。一方夜間は，気孔が閉じることで，生産者は高いECを維持できるようになる。この間は，植物は十分に養分を吸収することができる。

トマトを用いた多くの試験で，この反応を明らかにしている。1990年代終わりに行なわれた試験では，日中のECを2，夜間のECを8とした場合，常にECを3.3とした場合と比較して夏期の収量が10％向上した。このことで，品質や保存性，また食味が低下することはなかった。

尻腐れ果について着目した試験もある。この試験では，日中のECを9，夜間のECを1とした場合，逆の設定値にした場合よりも，尻腐れ果が多くなった。これは水の吸収と養分の吸収が，それぞれ独立している十分な証拠といえる。植物は日中ではおもに水吸収のため，夜間は養分吸収のため，それぞれ必要な好適条件がある。

まとめと解説

作物を栽培するうえで，これで万事解決といった最適なECは存在しない。生産者がより高収量を求めるか，それとも高品質（糖度）を求めるかによって，EC管理が異なる。もし，高品質を得るため高EC管理を行なう場合は，とくに尻腐れ果といった要素欠乏症状に気をつける。その軽減策としては，日中と夜間のEC管理を考慮することである。

培地への酸素供給は健全で活発な根系のためには必要不可欠である

健全な根圏が生産物の品質にとって重要である

健全な植物には健全な根が必要である。したがって，根圏環境が適切に維持されていることが重要である。培地中の肥料成分の状態や水分供給，EC，pH といった物理的な環境に加えて，微生物も重要な役割を果たす。

園芸分野では植物の地上部に着目する研究例が多い。このことは，固形培地を利用した栽培においては，根圏環境が生育阻害の要因とはならないことから，合理的ではある。しかし，品質特性に関しては，地下部の重要性ががぜん高まる。トマトの食味を向上させるために EC を調整したり，鉢物植物のコンパクトさを維持するため生長抑制剤を使用せずにリンの量を制限したりすることがある。以下の説明は，おもに固形培地を用いて栽培する場合に，根圏環境の適正管理のために持つべき視点である。

酸素欠乏

植物の根系は土壌や培地中で地上部を支え，養水分の吸収とホルモンの合成を担う。そのような意味で，健全な根端がたくさんあることは重要である。培地への酸素供給は，健全で活発な根系のためには必要不可欠である。根が必要とする酸素要求量の 20 ～ 30％しか利用できない場合，1 日その状態が続くと，根は枯死してしまう。それによって生産量は減少する。若いキュウリやトマトは，根 1g 当たり毎時 0.2mg の酸素を消費する。$1m^2$ 当たり 1kg の根は，少なくとも毎時 200mg の酸素を消費する（根端のみを考えた場合，その部分は酸素をより多く消費することから，根の酸素消費量はこれより多くなる）。毎時 $1m^2$ 当たり 1L の水を吸収すると仮定した場合，酸素で飽和された水は 9mg の酸素を供給する。したがって，残り 191mg は空気中から取り込む必要があ

写真 1　植物の根系は土壌や培地中で地上部を支え，養水分の吸収とホルモンの合成を担う。健全な（白い）根端がたくさんあることは重要である。培地への酸素供給は健全で活発な根系のためには必要不可欠である。

写真 2　培地中には十分な空気がなければならない。また培地中の含水率が 70％以下であれば酸素欠乏は通常起こらない。

る。9mg と 191mg の比率をみると，培養液を必要以上に曝気しても特別な効果が期待できないことは明らかである。より重要なのは，培地中に空気が十分に存在することであり，培養液中に酸素を完全に飽和させることではない。水分含有率が 70 ～ 75％以下の場合，ほとんどの固形培地内では酸素欠乏が起こらないであろう。

ロックウールの水分含有率

理想の水分含有率はどれくらいだろうか。ロックウールで 55 ～ 75％の間であればそれほど問題ではないように思われる。その場合は極端に水が溜まったり乾いたりするような部分はなく，酸素の供給は良好である。水の供給を少し制限することにより，生産物の乾物含量が増加し，食味を向上させることができる。

水不足が深刻な場合，葉の伸長は抑制され，葉面積も小さくなる。その結果，受光量が減り，光合成速度が低下する。また，水不足によって気孔が（一部）閉鎖することでも，光合成速度が低下する。夏期において，ロックウールのような培地への水の供給が完全に停止すると，植物は数時間のうちに回復不可能な状態に陥る。

供給水量の多少

生産者はよく多量の水を少頻度で与えるのがよいのか，それとも少量の水を多頻度で与えるのがよいのかについて考える。しかし，原則として，それほど大きな違いはない。少量の水を多頻度で与えた場合には一定の水分状態を持続させ，塩類の集積は少ない。一方，多量の水を少頻度で与えた場合にはその一部がすぐ培地の外へ流出するので，この場合も塩類の集積は多くはない。仮に多少集積しても培地に少量の水を灌水すれば，水はまんべんなく広がり，局所的に集積した塩も洗い流される。

しかし，少量を多頻度で灌水する場合には欠点もある。頻度が多いとドリッパー間の灌水量のばらつきが拡大しやすくなる。たとえば，灌水ライン上で末端のドリッパーがうまく機能しないと，その部分で水不足が生じる。一般に，圧力補正付きドリッパーであればこれは問題にはならない。

もう一つの問題として，精密に制御された点滴灌水が，植物の必要量に合わせるのに必要かどうかということがある。ある研究では，それは必要でないとされている。平均の EC が同じ場合，標準

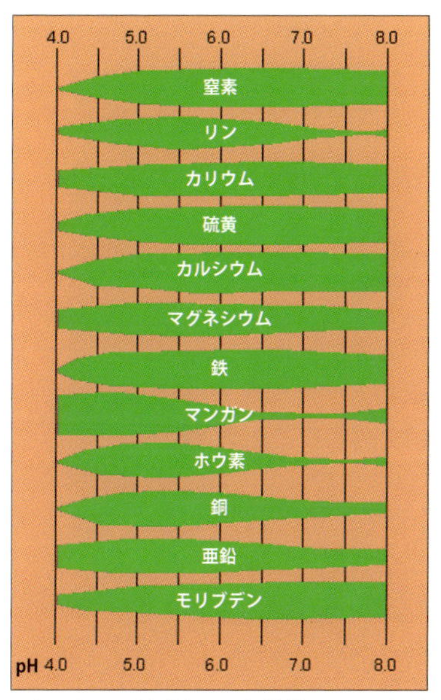

それぞれの肥料元素には有効性において好適な pH の幅がある。

図1　元素ごとの好適pH範囲

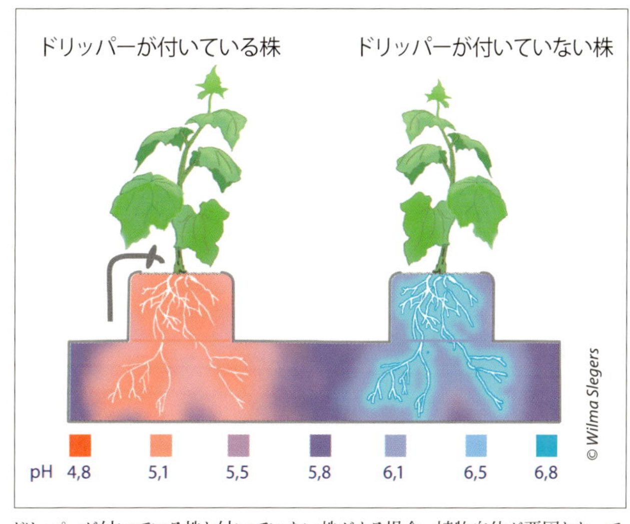

ドリッパーが付いている株と付いていない株がある場合，植物自体が要因となって培地中の pH に差が生じる。植物はアンモニア態窒素の吸収を好む。その結果，ドリッパー近くの pH は，根が内部の電気的中性を維持するために水素イオンを放出するので下がる。植物は生育が進むにつれて硝酸態窒素を吸収し，水酸化物イオンを放出するため，培養液の pH は上がる。

図2　培地中でのpHの違い

Text: Ep Heuvelink, Joeke Postma (Wageningen University) and Tijs Kierkels
Images: Wilma Slegers, Wim Voogt and Grodan

的な灌水と，水要求量分を正確に灌水する精密灌水とでは，収量がほぼ同じであった。したがって，この件はそこまで考えなくてもよいことがわかる。

強日射条件下での低EC管理

植物に吸収された水の90％は蒸散に使われ，10％は新鮮重を増加させるために使われる。

日射量が増加する状況においては，蒸散量は光合成量よりも大きく増加する。これは，光合成系が飽和している間も，蒸散量は日射量が上昇することにより増加するからである。つまり，日射が十分強いときは，蒸散は増えるが光合成はほとんど増えない。この影響は，すぐに葉に現われるが，個体レベルではそれほど影響が現われない。したがって，日射量が増加するときは，水の多い培養液，すなわち低ECで管理すべきである。

ある研究では，日中の低EC管理と夜間の高EC管理が持つ利点を明確に示している。日中の植物は蒸散が多く，低EC管理が望ましい。一方，夜間は気孔が閉じており，植物は十分な肥料成分を吸収することができる。現在の栽培システムでは，生産者は同時に水と肥料成分を与えている。それに対して，日射に合わせてECを調整すれば，生産者は水と肥料をある程度分けて与えることができる。

ECの調整はとても幅広い。ECは養分が不均衡な状態でも理想的な値となりうる場合がある。定期的に培養液中の肥料成分を分析することで，多くのトラブルを防ぐことができる。もし，培養液中にすべての肥料成分が過剰に存在していれば，トラブルが発生するリスクは軽減する。

pHの重要な役割

pHは根圏環境において多くの重要な側面がある。第一に肥料成分の吸収に影響を及ぼす。pHが高すぎる場合，鉄やマンガン，亜鉛，ホウ素，リン，銅の吸収が減少する。一方pHが低すぎる場合，モリブデンやカルシウム，ホウ素の吸収が減少する（図1）。また，pHの設定を誤ると，点滴システムに沈殿物が詰まるような問題が発生する。ロックウールはpH4.8以下で崩壊を始める。そして，根はpH5以下で褐変するかコルク化してしまい，pH4.5以下で死に始める。pHは病原菌類にも影響を及ぼしており，根腐れを起こすフザリウムとフミコラは高pHで活性が高くなる。

水素イオン濃度

したがって，pHは適正に管理すべき項目なのである。pHが1下がると培養液中の水素イオン濃度は10倍になる。pHが2変わると水素イオン濃度は100倍になる。これはpHの数値が水素イオン濃度の（負の）対数であるからである。対数計算は数値を扱いやすくするが，問題点を過小評価させやすい。

もし根圏のpHが適切ではない場合，生産者は培養液のpHを調整することができる。しかし，硝酸態とアンモニア態窒素の関係に目を光らせることのほうがより重要である。植物はこれらどちらの窒素を吸収するかにより培養液のpHに対して強い影響力を持っている。植物が硝酸態窒素を吸収すると，アルカリ性のイオン（OH^-）を放出するためpHは上がる。一方，アンモニア態窒素を吸収するときはH^+イオンを放出するため，pHは下がる。このような反応は根内部もしくは根の表面で行なわれる。根の表面のpHと培養液のpHとはかなり異なるものとなる。このことは，とくにリン酸の吸収能力に対して大きな影響を与える。

培地と根域のpH

植物はアンモニア態窒素の吸収を好む傾向がある。そのため，ドリッパーに近い部分のpHが下がり，培地内と根の周辺のpHに差が生じる（図2）。注意深く窒素施肥管理をすることにより，ある程度この問題を抑えることができる。

また，作物の生育ステージもpHに影響を与える。たとえば，もし一度に多くのバラを採花した場合，植物体は元気に生長し始める。そしてたくさんの硝酸を吸収し，培地内のpHは急激に上がる。また，トマトが果実肥大のために比較的多くのカリウムを吸収することが，pHに影響を及ぼす。根は内部の電気的中性を維持するため水素イオンを放出し，その結果培養液のpHは下がる。バラの刈り取りやパプリカの着果や果実生長などは，培養液のpHの変動を引き起こし，その結果生育にも影響を及ぼす。

いろいろな種類の固形培地

年々多くの種類の固形培地が利用可能となっている。完璧な培地は一つも存在しないが，多くの種類の培地でよい結果を得ることはできる。しかし，栽培や灌水の方法は培地に適応させなければならない。有機培地（とくにピート）は肥料成分に対する緩衝能が大きいので，培養液中の養分の大きな変動が起こりにくい。他方，オランダではロックウールについて豊富な経験を持っているので，栽培中に培地の栄養状態を速やかに変更できる利点がある。

微生物の活動

栽培開始時の培地中の微生物活性は比較的低い。細菌や糸状菌類の胞子はどこにでも存在しているので，栽培開始時とはいっても培地は無菌ではない。

時間とともに，異なった種類の細菌やカビ類が増加する。それらは，生きるための栄養素を，根からの分泌物や枯死した根からの物質に頼っている。1億から10億の細菌が1gの根に存在する。しかし，固形培地中の微生物の活動は，培地内に微生物が利用できる有機物がほとんどないため，土壌中のそれとは比較することができない。加えて，露地の土耕における微生物の活動には長い歴史がある。

栽培初期の培地中の微生物活性は，変化しやすく，また脆弱である。というのは，細菌や糸状菌類は落ち着く場所がそれぞれ異なるからである。このことについてはあまりよく知られていない。ある研究結果は，循環水を消毒しても，微生物の構成にはほとんど影響しないことを示している。

有益な細菌

有益な細菌の添加は，培地中の微生物の活動に影響を与える。国際植物研究所は根粒菌についての知見を持っている。有益な細菌が存在していると，トマトやキュウリでは，準適温時よりも5～10％以上生長が促進される。

菌根菌は土壌中で非常に重要な役割を果たす。根と菌類の間には共生関係がある。植物は，共生により，リン酸のような養分をより多く吸収できる利点がある。また，共生により，根はいくつかの病気にかかりにくくなる。菌根菌は，土壌中とは異なり，固形培地中では役割がなく，固形培地にそれらを導入できるかどうかはわからない。

固形培地中の微生物の活動についての研究は現在進んでおり，徐々に知見が集まっている。しかしながら，土壌中の微生物の活動ほどはまだよく知られていない。

まとめと解説

固形培地耕では根が見えにくいので，根圏（培地）環境の観察を怠りやすい。しかし，根圏環境は栽培作物の生育や品質の特性にかかわることなので，日ごろから気に留める必要がある。根圏が最適な水分含有率となっているか（ロックウールでの理想的な含水率は55～75%である），根に十分な酸素を供給できているか。もし培地の水分量が多すぎると，とくに高温時などには根は酸素欠乏になるかもしれない。根域のpHは5～7の範囲であれば問題は起こりにくいが，それより高く，あるいは低くなる場合は注意が必要である。硝酸態窒素とアンモニア態窒素のどちらを吸収するかは，作物の種類や生育段階，pH，温度などによって異なり，窒素吸収の結果として培養液のpHも変化する。このようなしくみを利用して培地のpHを変化させることも可能である。

栄養生長と生殖生長の複雑なバランス

窒素：植物にとって もっとも重要な養分

窒素は植物体のほとんどすべての器官に存在している。また，窒素は植物にとってもっとも重要な栄養素の一つである。ハウス栽培において窒素は過剰に施肥される傾向がある。多くの場合，窒素の過剰施肥を回避することは難しい。しかしながら，窒素施肥を正確に行なうことができれば，生育制御が可能となり，栽培に新たな可能性が開ける。

植物は実際のところ，とても非効率的である。本来，植物はわずかな量の窒素を含んだ土壌で生き続けられる。植物は空気のほぼ80％を占めている窒素の中で，まさに泳いでいるような状態でゆっくりと生長している。もし，植物が空気中の窒素をほんの少しでも利用することができれば，窒素肥料を用いる必要はなくなるだろう。

空気中の窒素を利用することができる細菌が一部に存在する。それらは大豆やエンドウ，ジャコウエンドウのようなマメ科植物と共生している。ワーヘニンゲンURでは窒素利用細菌を植物中に内生化するための実験を行なっている。ハウス栽培においては，施肥がコストに占める割合は比較的小さいことから，コスト面でのメリットは少ないだろう。しかしもし窒素利用細菌をふつうの植物体に導入できれば，それは世界の食糧問題に対して革命となるだろう。

必要不可欠な栄養素

窒素は植物にとってもっとも重要な肥料要素である。窒素は植物体内の数多くの重要な酵素やタ

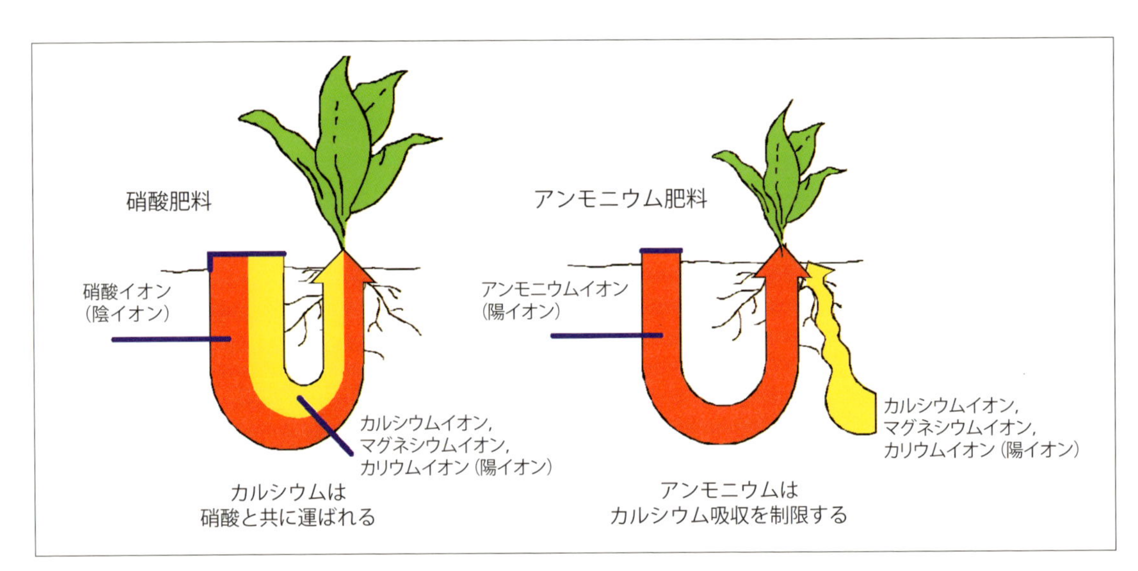

カルシウムやマグネシウム，カリウムの吸収は，窒素源としてアンモニウムを与えられたときよりも，硝酸を与えられたときのほうが多い。

図1　硝酸態窒素とアンモニア態窒素の吸収の違い

写真1　窒素施用量を減らすと花芽形成と着花を促進するが,葉の黄化も早くなる。

ンパク質の中に存在する。さらに，細胞質や，植物の遺伝情報物質であるDNAだけでなく，ほかの化合物質中にも存在する。窒素がなければ，植物はまったく機能せず,存在すらできないだろう。酵素やタンパク質は，植物のすべての代謝過程においてかかわりがある。若いトマトの窒素含有率は，乾物含量の5%に達する。

したがって，栽培においては，このように必要不可欠である養分を注意深く扱うことが課題である。園芸分野においては極端な窒素欠乏は起こりにくい。しかし,窒素は栄養生長（葉や茎の形成）を促進するために，多かれ少なかれ使用されて，実際にはむしろ過剰施肥となりがちである。

栄養生長か生殖生長か

窒素の施用量を減らすことにより，ほとんどの園芸作物にとって有用となる花芽形成と着果が促進される。このように，窒素の施用量を変えるこ

写真2　極端な窒素欠乏はハウス栽培でほとんど見ることはない。

Text: Ep Heuvelink (Wageningen University) and Tijs Kierkels
Images: Yara, Wageningen UR Greenhouse Horticulture and Groen Agro Control

とによって，植物を現状から，あるべき方向へと誘導することが可能である。しかしこれを正確に行なうには，植物の窒素要求量と養液中の窒素濃度を日常的に測定する必要がある。

しかし，たとえこのようなことが正確に測定できるとしても，最善の結果を生み出すことは難しい。なぜなら，私たちはまだ栄養生長と生殖生長の間で，植物をどのように誘導したらいいのかをほとんど知らないからである。通常，ハウス栽培では窒素を過剰に施用しており，そのせいで欠乏状態の情報を見逃している。現状ではこのような過剰気味の供給が必要とされている。たとえば，バラの軽い窒素欠乏では空洞茎が生じ，葉が早く黄化する。

オランダの国際植物研究所における研究では，若いトマトは窒素供給を少なくすると生殖生長傾向になることを示している。

鉢植えの観葉植物では新たな問題が生じる。観葉植物は生殖生長を必要としないので，生産者はできるだけ早く生育させて商品としたい。そのために，窒素を過剰に施肥する傾向がある。しかし，植物の生長を急がせすぎると，購入後にそれを窓辺に置いたとき日持ちしないだろう。環境条件がハウスと家庭では異なるので，植物は家庭ではしおれや葉先の乾燥などを起こしやすい。観賞期間が短いと，購入者には悪い印象となる。そして再び購入しようという意欲が低下する。したがって，このような場合は窒素を制限することが栽培上のルールとなりうる。

硝酸態窒素の問題

窒素過剰の新たな問題として，冬期における葉菜類への硝酸態窒素の蓄積がある。これは植物の特性によって引き起こされる。細胞の液胞はある程度の溶質濃度を必要とする。含まれる溶質は，植物の形状を保つための浸透圧を維持する。強光条件下では，そのために有機酸が使われる。強光条件下では，植物の光合成が進んで有機酸を多く合成しているために，簡単に利用できる。しかし，冬期のような弱光条件下においてはそれらは必要量に達しないため，硝酸のようなほかの物質に頼る必要がある。これが硝酸濃度が高くなる原因となる。

肥料としての窒素は，硝酸態窒素またはアンモニア態窒素として与えられる。アンモニア態窒素の利用には利点がある。その利点は，葉内の硝酸態窒素濃度が高いことによる問題を引き起こさない点である。加えて，植物体内での化学作用にとって有益になる，エネルギー的に高い状態である点である。しかし，それほど単純なことではない。多くの葉菜類が生育する土壌中では，細菌がアンモニア態窒素を分解して硝酸態を作る。しかし，高濃度のアンモニア態窒素は植物にとって有害となるため，培養液の中には一定の濃度でしか供給できない。

1970 年代に，レタスの硝酸態窒素の問題に対する解決方法が発見された。収穫の 1 週間前に硝酸塩の代わりに硫酸塩を与える。この処理は収量には影響しなかったが，硝酸態窒素濃度が減少した。これは養液栽培でのみ可能であるが，有効な解決策である。

ちなみに，最新の科学的知見によると，硝酸態窒素が人間の健康に与える危険性に関しては大きな疑問符が投げかけられている（いわれているほどには，危険ではない。むしろ健康に資する知見もある。（『人を健康にする施肥』国際植物栄養協会・国際肥料協会編, 2015（農文協）などを参照）。

移行性

植物は肥料成分元素を受動的または能動的に吸収できる。硝酸態窒素は能動的に吸収される。アンモニア態窒素は水の流れとともに受動的に植物に取り込まれるので，過剰な量の窒素が吸収される。硝酸態窒素は土壌粒子にほとんど結合しないため，すぐに土壌系外へ流亡する。

窒素はとても扱いやすい特徴があり，植物体内では非常に移行性がある。もし，欠乏が起こりそうな場合，植物は少なくとも若い葉に優先的に窒素を分配して，その部分を守ろうとする。若い組織には同化能力があるので，これは巧妙な方法である。つまり植物は黄化する古葉から窒素を取り去るのである。いくつかの作物，たとえばキュウリでは，これをはっきりと見ることができるが，窒素の完全な欠乏症を意味するわけではない。その目的は最適な分配の実現である。それでも,(きれいな緑色を求められる)観賞植物でのこの特性は,過剰施用する傾向につながる。切り花については通常植物の上部のみを販売し,観葉植物についても追肥をして緑色を回復させるか,もしくは黄化した葉を除去するかの選択をするため,あまり問題にはならない。

まとめと解説

窒素はもっとも重要な肥料の一つである。窒素は,細胞質や植物の遺伝情報物質であるDNAだけでなく,無数の重要な酵素やタンパク質,そしてほかの化合物の中にも存在する。窒素がなければ植物はまったく機能せず,存在すらできないであろう。

園芸分野においては,栄養生長を促進するため過剰施用となりやすい。窒素の施用量を減らすことは,ほとんどの園芸作物にとって生殖生長を促すことになる。作物や養液中の窒素を日常的に観察することは難しく,結果として過剰となりやすい。窒素には,硝酸態のものとアンモニア態のものがあり,培地中では有機物→アンモニア態→硝酸態と変化し,植物体中ではその逆となる。両形態の窒素はほかの養分吸収や培地の pH に影響するので,栽培時には注意が必要である。葉菜類への硝酸態窒素の過度な蓄積が問題提起されているが,養液栽培では解決策がある。一方で,そもそも硝酸塩がヒトの健康に資するという知見も出てきている。

植物の生存に欠かすことができない元素

リンは十分に存在しても欠乏する可能性がある

養液栽培における培養液は，通常極めて多くのリンを含有している。にもかかわらず，植物による吸収の問題はまだ発生することがある。根の周囲あるいは根の中で何が起こっているのかということが極めて重要である。酸性条件での窒素とリンの相乗効果が重要である。

リンは，植物体内の数えきれない代謝過程において必須な要素である。まず，リンは植物体内でほかのものとの間でエネルギーをやり取りする鍵を握る役割を持っている。植物はエネルギーをATP（アデノシン三リン酸）という形で保持している。エネルギーが必要になると，ATPはADP（アデノシン二リン酸）に変換して，エネルギーが放出される。ATPは，‘植物のバッテリー’のようなものである。しかし必要とされるリンの量は比較的少ない。

植物体内ではリンのほとんどはタンパク質の中に存在している。リンはまた，遺伝形質の伝達媒体であるDNAやRNAの中に見られ，カルシウムと同様に細胞膜の正常な透過性に重要な働きをしている。

pHによる根での制御

リン欠乏の最初の兆候としては，葉が小さくなり，濃緑色になるが，その後，葉の一部に枯死が

写真1　キュウリの健全葉（中央）と典型的なリン欠乏の葉。

写真2　重度のリン欠乏のキュウリ。

認められるようになる。そうなると，植物はリン欠乏のために正常には機能しなくなる。おもな問題は，とくに多量のエネルギーを必要とする細胞の伸長などにエネルギーの供給ができなくなることであろう。

不思議なことに，リンが十分に供給されているにもかかわらず，植物はリン欠乏を引き起こすことがある。培養液は通常約1mmol/Lのリンを含んでいる。これは植物が必要とする濃度よりもはるかに高濃度である。それゆえ，リン欠乏が発生するはずはないと考えるだろう。しかし，とくに，根の周辺あるいは根の中のpHの状態によっては

図Aは，酸度（pH）の色分けを示している。
図Bは，同じ植物から出た二つの根について，硝酸肥料を施用されたもの（左側）とアンモニウム肥料を施用されたもの（右側）を示している。硝酸肥料を与えると植物はアルカリ物質を分泌し，その結果土壌のpHは高くなる。アンモニウム肥料を与えると（右側）根は酸性物質を分泌し，土壌のpHは低くなる。これらの根圏の酸度の変化はリン吸収に影響する。pHが高すぎるとリンは沈殿して吸収することができない。
図Cは，植物の種類によって根から分泌されるアルカリ物質の量が異なることを示している。

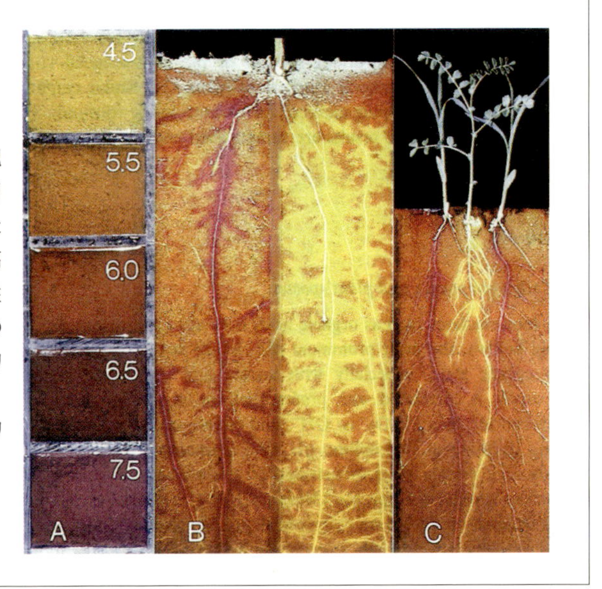

図1　根周辺のpH変化

Text: Willem Keltjens (formerly at Wageningen University)
and Tijs Kierkels
Images: Haifa chemicals

欠乏が起こるのである。

リンの吸収は根の内部条件で決まる

リンの溶解度は溶液のpHに強く影響される。根圏のpHは培養液のpHの平均値とはかなり違う。これは，根から分泌される酸あるいはアルカリによるものである。生産者は培養液のpHを測定して許容範囲であることを理解するが，根によってはその場合でもまだ高すぎることがある。そのようなときには，カルシウムとともにリンが沈殿してしまい，リン欠乏とカルシウム欠乏を引き起こすことがある。

とくに硝酸態窒素を使用していると，培養液のpHは6.5を超えるほど上昇することがある。アンモニウムはこのような問題は引き起こさないが，この窒素肥料の不利な点は，特定の植物ではまったく利用できないことや，多くの植物が高濃度のアンモニウムに耐性がないことである。

しかし，このことはすべての場合に当てはまるわけではない。たとえ根圏のpHに問題がなくても，まだ問題が発生する可能性がある。植物は根の外側の条件によって無機元素を吸収するわけではなく，根そのものの状態によって無機元素を吸収するのである。それゆえに，根の細胞間のフリースペースで何が起こっているのかということが重要になる。硝酸態窒素が使用されると，アルカリ物質の分泌によってこのフリースペースのpHは急激に上がって，リンは根の内部で沈殿する可能性がある。根の外側のpHは6であったとしても，細胞間隙では7.5にまで上昇してしまう。これは致命的である。

対策は組み合わせて行なう

培養液のpHを調節することはできるが，根の中で何が起こっているのかを知るには，異なる測定方法を統合的に用いる必要がある。まず初めは，培養液のpHを注視することである。次に必要なのは，培養液の中の全窒素のうちのどれだけをアンモニウムが占めるのかを把握することである。そして，最後に重要なのは，リン肥料そのものの濃度を適切な範囲に保つことである。

土耕ではさらに対策がとれる可能性がある。もし土壌中で菌根菌を増やすことができるなら，根系を著しく増大させることができ，それによってリン栄養に関する多くの問題を解決できるだろう。

リン施用の適正化

植物が土壌以外の培地で生育しているときには，菌根菌は共生しにくいので，これを使うことは難しい。しかし，このような場合でもリン施肥の適正化は可能である。リンはリン酸分子のチェーンで形成されるポリリン酸の形で与えることができる。このポリリン酸は，沈殿はしにくいが植物には吸収されない。植物が吸収利用するためには，その前に結合が切れて通常のリン酸になる必要がある。しかし，もちろんのことであるが，この変化は急速には起こらない。可給態リン酸への変化は，おおよそ75％が根圏で起こるとされている。このようなことから，根自身が，ポリリン酸を分解させる環境を作り出しているとみられる。しかし，どこで，どのようにしてこの変化を

種子の中のリン

種子の品質は，リンの濃度に関係している。植物は生育の最終段階でリンを葉から果実や種子に転流し，フィチン酸として貯蔵する。発芽時には多くの新しい細胞壁が形成されるため，大量のリンが必要になる。幼植物は若い根で十分なリンを吸収することができないために，発芽時に種子中にどれだけのリンがたくわえられていたかということが重要になる。もし種子にわずかなリンしかなければ，発芽後に苗はすぐに生育を抑制されることになる。

起こしているのか詳細はまだ解明されていない。そして，この変化を明らかにすることは大変難しい。なぜなら，根の表面や根の内部での変化を測定する方法は，実際には不可能であるからである。

アルミニウムの毒性

アルミニウムの過剰害については特別に記しておく必要があるだろう。ロックウールを電子顕微鏡で見るとわかるのであるが，pH6ではとても滑らかな繊維の表面が見える。しかし，pHが3～4と低下すると，ロックウール繊維の表面は穴だらけになる。このようにpHが低下すると，ロックウールは溶け始めて，もともと含有しているアルミニウムが溶け出すために，培養液は過剰なアルミニウムを含有することになる。このような状態では，リンはアルミニウムと結合して沈殿するので，培養液中のリンを植物が吸収しにくくなる。さらに，培養液中の過剰なアルミニウムは植物に有害であり，アルミニウム過剰症を引き起こして生育を強く抑制してしまう。

そのために，培養液のpHが大きく低下するような管理は避けねばならない。このように適正に管理すれば，植物は容易にリンを吸収することができる。

まとめと解説

リンは植物の多くの代謝で必須な要素である。リンを多量に施用しても，植物のリン欠乏は起こりうる。つまり，与えている全リンがどれだけあるかという情報は，それだけでは有効ではない。リンをどれだけ与えているかということと，根の周辺あるいは内部のpHについての情報が，ともにあることが極めて重要であるといえる。このことが，リン栄養の有効性を決定するのである。

また，pHが高いと溶解度が低くなり，植物が利用できなくなる。根圏の値を意識したpHの調整が必要である。カルシウムが存在すると沈殿しやすい。単肥配合をするような場合は，培養液の作成において，リン酸塩の種類の選択には注意が必要である。

植物体のほとんどすべての部分に含まれて機能している

カリウムは膨大な植物の代謝過程で，まとめ役として機能している

すべての植物がカリウムを必要としている。カリウムは植物体内の膨大な代謝過程で機能している。幸運にも，植物はカリウムを上手に利用することができるため，問題になることはほとんどない。

写真１ トマトの葉のカリウム欠乏。古い葉の周辺部を壊死させている（右側の葉の内側に見えるのはマメハモグリバエの食害痕）。

カリウム欠乏は果実の着色不良を引き起こす

トマトは，生殖生長になるとより多くのカリウムを必要とする。カリウムは果実の多収化に必要なだけではなく，果実の高品質化にも必要である。カリウムを十分に与えると，果実中の糖も酸も，そしてカロテンやリコペンなどもより多くなる。また，果実の日持ちもよくなる。

1ha のハウストマトは 600 ～ 1,000kg のカリ(K_2O)を必要とする。さらに，窒素（N）とカリ（K_2O）の比率も重要である。栽培当初（着果前）は窒素対カリ比は 3：1 程度にして，着果後果実の連続生産期に入ると 1：1 の割合にする必要がある。トマトのカリウム欠乏は果実の着色不良を引き起こす。果実のゴールドスペック（銀粉症）はカリ / カルシウム比が低すぎることを示している。

カリウムは不可解な元素である。カリウムは植物体内で窒素の次に多い元素であるが，この元素については，現在でも多くのことがわかっていない。その理由は，窒素と異なり，カリウムは植物体内の分子のどこにも組み込まれていないことに起因する。窒素は植物のタンパク質や糖類，そのほかの生体を構成する物質内に見出される。また，このような物質を分析することによって，窒素の役割がどのようなものかがわかる。しかしカリウムは，植物体ではもっぱら溶解した形で見出される。

カリウムは，少なくとも60の酵素反応で重要な役割を果たしているとされる。しかしその役割がどのようなものなのかは，正確にはまだわかっていない。もしその役割を理解しようとするなら，代謝そのものに立ち入らねばならないが，それは事実上不可能である。そのようなことから，多くの疑問に答えられないでいるのが現状である。たとえば，植物はなぜ必要以上に多量のカリウムを取り込むのか。そんなことをしたら，エネルギーの浪費ではないのか？　といったことである。

補助因子としてのカリウム

このような基本的な疑問にもかかわらず，カリウムの機能を示すたくさんの例が明らかにされて

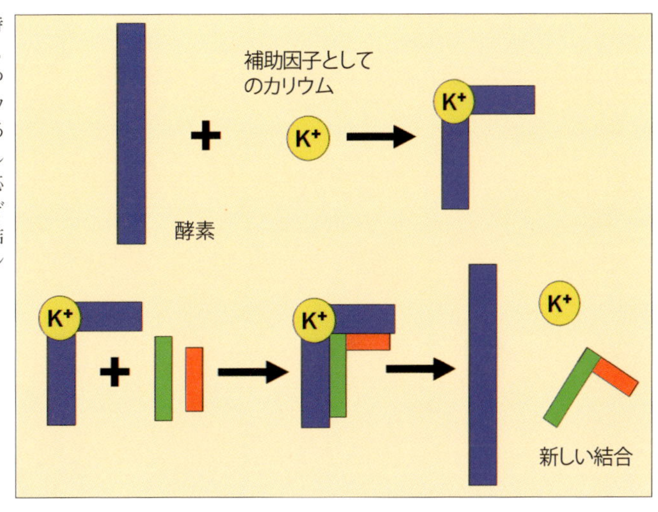

補助因子（カリウム）は酵素（青）が特別な形に折れ曲がることができるようにする。このように折れ曲がっているときだけ，二つの物質（赤と緑色のもの）は酵素とカリウムに結合し，この状態で結合体を形成することができる。補助因子としてのカリウムなしではこのような酵素反応は進まない。反応の最後の過程で，酵素とカリウムはそれぞれ別個に離れて，二つの物質は新しい結合体を形成する（たとえば糖結合体やタンパク結合体など）。

図1　補助因子としてのカリウムは，さまざまな代謝過程で反応が進むように役立っている

写真2　セスジグサ（*Aglaonema*　サトイモ科の観葉植物）のカリウム欠乏では，葉の先端が褐色になる。

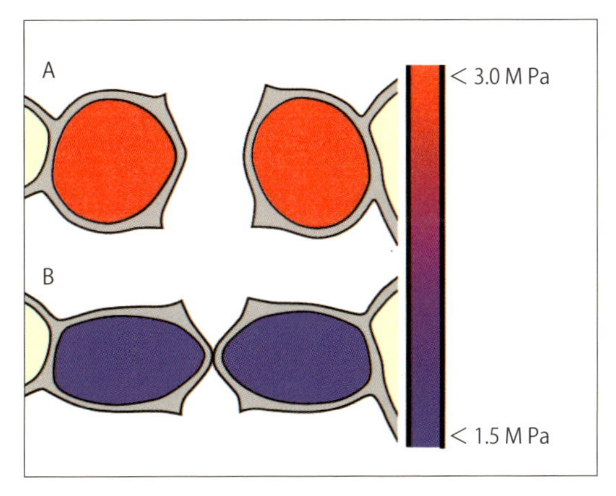

孔辺細胞が水を取り入れて内側の浸透圧が高くなると（1.5～3.0MPa）気孔は開く。カリウムはこの反応を制御している。

図2　気孔の孔辺細胞の開閉

Text: Ep Heuvelink (Wageningen University) and Tijs Kierkels
Images: Blgg and Groen Agro Control

いる。カリウムは植物体内で二つのおもな役割を果たしている。一つは，カリウムは酵素反応における多くの代謝の活性化因子となっていることであり，もう一つは，カリウムは細胞の浸透圧を維持するのに役立っていることである。

カリウムは，植物体内でまとめ役として大きな役割を持っている。カリウムの存在は，多くの代謝過程がうまく機能するために役立っている。光合成，タンパク質や糖などの合成と転流，エネルギーの貯蔵などはその中のほんの一部である。カリウムは，植物の代謝のほとんどすべてに関与している。このように，カリウムは，いわゆる補助因子として，代謝にかかわっているのである。

植物体内のほとんどの反応は，酵素の働きにより行なわれている。酵素は，アミノ酸が長く連なった複雑な分子（タンパク質）であり，酵素としての機能を果たすには適切な立体構造として折りたたまれている必要がある。そのほかの分子は，酵素がうまく折りたたまれているときにだけ結合できる。カリウムは補助因子としてかかわり，酵素が適切に折りたたまれるようにしている。カリウムは，一時的に酵素と結び付き，その後適切な位置に落ち着く。その後，たとえばタンパク質の形成などの反応が起きる。カリウムはその後離れ，再びどこかほかのところで利用される。まさしく，カリウムは再利用されているのである（図 1）。

浸透圧調節物質としてのカリウム

カリウムの二つめのおもな機能は，いわゆる浸透圧調節物質としての働きである。細胞は一定の十分な張力を維持することで機能するのであるが，カリウムはこの働きをしている元素である。この機能はとくに気孔において重要である。気孔の孔辺細胞は，光や CO_2，湿度などの変化に迅速に対応する必要がある。気孔は朝に開かれる。そのとき，孔辺細胞は周辺の細胞からカリウムイオンを取り込んでいる。そうすると，細胞質は浸透圧が高まり，細胞の外側から水分を取り込むことができる。このようにして，孔辺細胞はより高い浸透圧状態になり，気孔が開かれる。もちろん，この過程は周辺のほかのところでも起こる。この気孔が開かれる過程は逆にも進み，それは気孔を閉じる過程となる。気孔の開閉は，蒸散のために重要なだけではなく，CO_2 の取り込みにも重要である。すなわち，光合成にも重要であることになる（図 2）。

カリウムは，孔辺細胞以外の細胞の浸透圧調節物質としても機能する。さらに，糖とミネラルの移動のために重要である。光合成活性の高い葉で生産された糖は，葉にそのまま貯蔵されるか，ほかの場所で利用される。別の場所で使用される場合，植物の輸送システムである師部を経由する。師部では糖を次々に送り出す必要があり，それをカリウムが手助けしている。カリウムは窒素の輸送にも欠かせない。窒素の多くは硝酸態窒素として吸収されるが，硝酸態窒素はマイナスイオンのアニオンである。もし植物が根から葉にマイナスイオンのみを送ると，植物は電気的に不均衡になってしまう。そのため，中和するためのプラスのイオンが一緒に送られる必要がある。これがカリウムである。

品質のための元素

さらにカリウムの農業生産上の重要な働きを紹介する。カリウムは植物体内の非常に多くの代謝過程に関与しているため，しばしば‘品質のための元素’と呼ばれている。カリウムを適切に供給することは，生産物を魅力的にする効果を持つ。すなわち，生産物の味や栄養価，日持ち，輸送性などを向上させる。結局のところ，理想的な光合成や最適な同化産物の輸送は高い品質や日持ちのよさにつながる。また，カリウムを適当に与えることで，植物の耐凍性や，病害虫への抵抗力も向上させることができる。

欠乏症はほとんど起こらない

カリウムは重要な元素であるにもかかわらず，施肥管理のときにはあまり注目されない。それは，これまで問題が発生することがほとんどなかったためである。カリウムは植物体内での可動性が高い元素である。植物体内でカリウム欠乏が発生しても，カリウムは体内のほかの部分から容易に移動して，もっとも必要とされる部分に供給される。

古い葉の先端部のところが壊死することはカリウム欠乏を示している。この部分のカリウムは体内の必要な部分へ送られるために取り除かれて，この部分の組織はもはや水分バランスがとれなくなってしまう。

もし植物体が完全にカリウム不足になると，光合成や糖の分配，エネルギー供給，水分バランスなどあらゆることに支障をきたし，植物はすぐに枯死してしまう。しかし，前述したように，カリウムの供給を良好に維持することはそれほど難しくない。固形培地で栽培する場合には，これまでカリウム欠乏症が発生した例はみられていない。土耕では発生することがあるかもしれないが，その場合でも是正するのは簡単である。

競合

しかしそうはいっても，考慮しなければならない場合が一つある。カリウムとカルシウムは，植物の吸収にあたって互いに競合することがある。そのために，カリウムの過剰施用はカルシウム欠乏につながる可能性があり，ピーマンやトマトの尻腐れ果や葉菜類のチップバーン（縁腐れ），観賞植物の葉先枯れなどの原因となっている。結局のところ，良好なカリウムの供給は極めて重要で，過剰な施用は障害を起こす可能性があるので注意が必要である。

まとめと解説

カリウムは少なくとも 60 の酵素反応において必要であるが，そのしくみについてはあまりよくわかっていない。今のところ，カリウムの植物体内での役割はおもに二つあることがわかっている。一つめはあらゆる種類の酵素の働きを助ける補助因子としての役目である。二つめは，窒素の移動に必要で，細胞の膨圧を維持していることである。カリウムは多くの代謝プロセスに関連しているため，' 品質のための元素 ' とも呼ばれている。

カルシウムは細胞壁を強固にするいわばセメントのようなものである

カルシウムの制御はとても複雑である

植物体内でのカルシウムは非常に繊細な元素である。欠乏すると，ピーマンやトマトの尻腐れ果，葉菜類や観賞植物の葉縁枯れやチップバーン（縁腐れ）などの問題を引き起こす可能性がある。反対に，カルシウム過剰は，トマトの銀粉症（ゴールドスペック）やピーマンの斑点状の退色（stip）につながる。培養液の成分に注意を払うだけでは問題が起こることを防げない。植物体内での分配について考えることが非常に重要となる。カルシウムの問題は制御できるだろうが，そのためにはかなり注意を払う必要がある。

非常に経験豊富な生産者でさえ，ときにはカルシウム不足の問題に悩まされることがある。問題が起こる典型的な状態というのは，たとえば，ハウスでたくさんのパプリカ果実を収穫した後，天候が変化して晴天となるような場合である。晴天と最適な気温は作物栽培に理想的ではあるが，潜在的に尻腐れ果を引き起こす可能性がある。このような天候では葉から多くの水を蒸散するので，

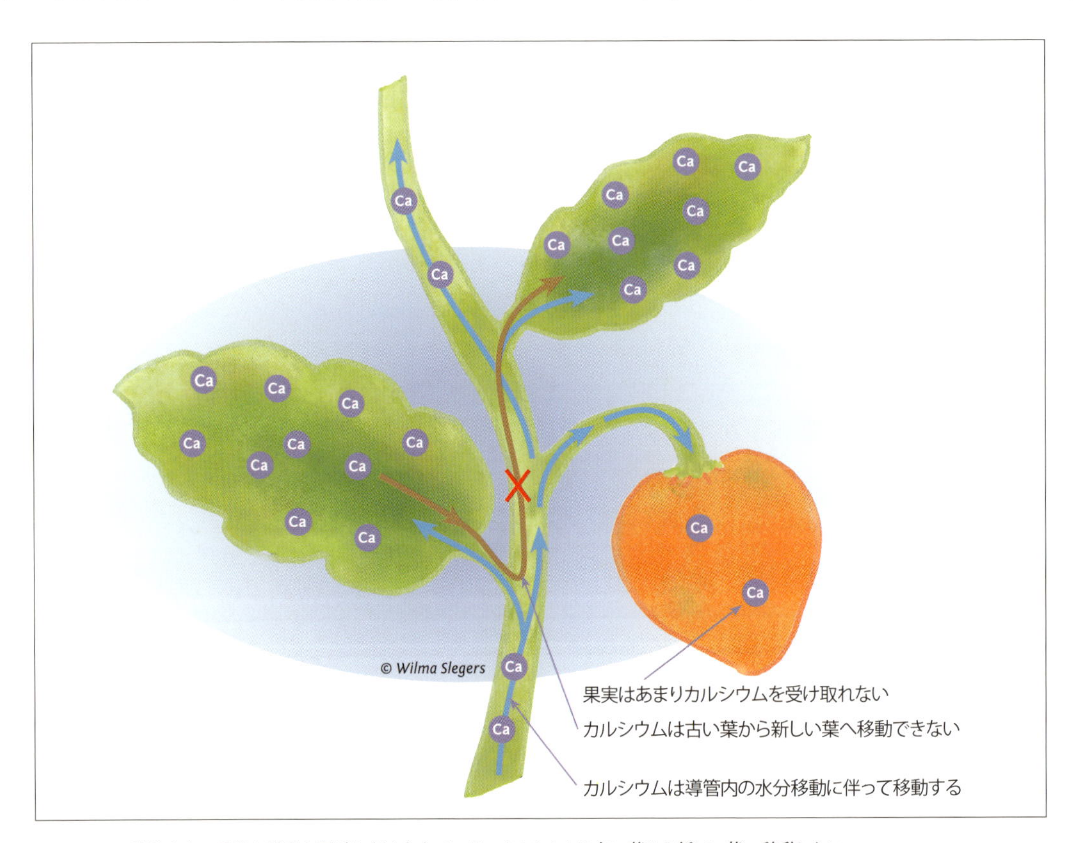

カルシウムの吸収は水の吸収や移動と同時に行なわれている。カルシウムは古い葉から新しい葉へ移動しない。

図1　植物体内のカルシウムの移動

導管の水は葉の方向に引っ張られる。そうすると幼果は導管からの十分な水を受け取れず，カルシウムが不足し，尻腐れ果が発生する。これを防ぐために，生産者は最大限の努力をする必要がある。

カルシウムは，植物体内でほかの元素とは異なる特性を示す。カルシウムは，植物にとって必要な栄養素であるが，それに加えて細胞内では植物ホルモンと同じような働きもしている。このことが，ほかの要素に比べて，カルシウムの制御をより複雑にしている。

壁を固めるセメント

カルシウムは，細胞が正常に機能するために不可欠な元素である。細胞壁の中でカルシウム結合は，壁を固めるセメントのような役割をしている。したがって，カルシウムが不足すると組織は軟らかくなり，崩れやすくなる。さらにカルシウムは，細胞膜にも重要である。細胞は障壁のようになっている細胞膜を通じて物質を取り込んでいる。カルシウムの量が少なくなりすぎると，細胞膜は障壁機能が弱くなって漏れやすくなり，いろいろなものが細胞の中に入りやすくなってしまう。これとは別に，非常に少量のカルシウムが細胞質内に存在し，メッセンジャーとして機能している。ほんのわずかなカルシウム濃度の変化が，植物ホルモンと同様に，すべての代謝活性に影響する。そして，このような代謝の変化が細胞の崩壊を導くことがある。原理的には，この反応は植物にとって有効である。なぜなら，たとえば，細胞の崩壊により，カビや細菌のさらなる侵入を防ぐことができるからである。感染した細胞が壊死すれば，カビや細菌はそれ以上は侵入できない。

尻腐れ果や葉焼け，チップバーンなどの場合，カルシウムが欠乏して細胞膜は漏出を起こしやす

写真 1　観葉植物のカルシウム欠乏によるチップバーン

写真 2　果実中のカルシウム不足によるピーマンの尻腐れ果

Text: Ep Heuvelink (Wageningen University) and Tijs Kierkels
Images: Groen Agro Control

くなる。このことは，果実や葉で影響を受けた部分が半透明になるのでわかる。そうなると，細胞外から水分が内側に流れ，細胞内で連鎖反応を開始させるカルシウムの濃度過剰が起こる。すなわち，細胞が決められたように死滅するこの反応は有効で，一度起こると止められず多量の細胞が壊死することになる。そして，死んだ細胞は乾燥，あるいは腐敗し始める。

不可逆的な反応

「転ばぬ先の杖」というが，治療より予防というのは事実である。もし障害が発生すると，もう手の施しようがない。その過程は不可逆的であり，元には戻らない。

もちろん，何よりもまず，十分なカルシウムが培養液中に存在しなければならない。しかし，それでも問題が起こる可能性がある。カルシウム，カリウム，マグネシウムおよびアンモニウムの間の関係は重要である。これらの栄養素は根から吸収されるときに競合する。カルシウムは，ほかの要素と異なり，根冠とその上のわずかな部分でのみ吸収される。そのため，カルシウム吸収のためには根が若く健康である必要がある。

通常，植物は必要とする元素をおもに二つの方法で根から吸収する。一つは，水分吸収に伴う受動的吸収，もう一つはポンプを使うような能動的吸収である。カルシウムはほとんどいつでも受動的に吸収されている。その結果，蒸散が過剰になって水分供給が間に合わないような状況が起こると，カルシウム不足が起こりやすくなる。

カルシウム，カリウム，マグネシウムおよびアンモニアは，植物に吸収された後は，植物体内を水の流れとともに移動する。その水の流れは蒸散が盛んな部分に向かうため，カルシウムも蒸散の多い葉に多く供給される。果実や若い葉，葉の先端，生長点などのほとんど蒸発しない部分への水分供給は，蒸散が多い部分に比べてはるかに少なくなる。植物の蒸散が多いときは，ほとんどの水は，蒸散の多い部分に移動するため，蒸散の少ないもしくはほとんど蒸散しない部分ではカルシウム欠乏が発生しやすくなる。加えて，カルシウムは再移動しない元素である。カリウムや窒素は古い葉から新しい葉に移動することができるが，カルシウムは移動できない。

若い葉の先端に見られる，いわゆる葉焼け症状のほとんどは，その部分のカルシウム不足によって引き起こされている可能性がある。

盛んに蒸散している植物でも，幼果は，「糖の流れ」から水を受け取ることができるために，生長できる。これは導管とは異なるシステムを経由して供給される栄養素を含んだ溶液である。

生産場面での欠乏対策

これまで記したことを理解することで，生産者は問題を回避する対策を実施できる。まずは，適切な水管理と培養液に十分なカルシウムが含まれていること，同時に培地中にカリウムとマグネシウムが適切な割合で存在することが必要である。

さらに，遮光カーテンの使用などによって，急激な蒸散が起こらないようにすることも大切である。そうすることで，収穫量は多少減るかもしれないが，尻腐れ果のリスクは大幅に低減できる。また,蒸散しない部分（果実）の生長も抑制され，その結果限られたカルシウムの供給量でも必要量が充当できることになる。ピーマンを栽培しているとき，果実がまったくついていないような状態では，若い果実の生長が強くなる。そうなるよりも，果実を少し残したり，緑の果実が着色するのを待つなりして，ある程度の着果負担を持たせるほうがよいかもしれない。

もし観賞植物の葉先が枯れるというような可能性があるときは，蒸散を抑制することが適切な対策である。そうすることで，生長点近くのほとんど蒸散をしない若い葉は，十分なカルシウムを受け取ることができる。

根圏の温度を高める

カルシウム欠乏を防ぐほかの対策は，蒸散がほとんどないとき，つまり夜間などに水の流れを促進することである。そのときに根の温度を高めると，相対的に水の流れは幼果や葉に向かう。そうすることで，若い組織には多くの必要とされる養分が供給される。

また，幼果や若い葉に塩化カルシウム溶液を散布することは効果的である。しかし実際には，繰り返して散布するためにコストがかかるし，収穫果実にかからないようにフィルムで覆ったりする必要があるため, この方法はあまり利用されない。この塩化カルシウムの散布は，ハクサイが結球する前に行なわれる程度である。

多くの栽培上の問題について，育種も重要な貢献をしている。感受性は作物間で異なるだけでなく，同一作物の品種間でもかなり異なることがある。たとえば，プラム型トマトはとても感受性が高い品種である。一方で，ほかの品種では，カルシウム吸収が抑制されるような高い EC でもそれほど高い感受性は示さない。

ある種の果菜類では，果実内部に尻腐れ果と同様なカルシウム欠乏を起こすことがある。果実内部のカルシウム欠乏は，問題がより大きい。なぜなら，障害果を出荷前に見つけることができず，消費者がそれを見つけることになるからである。

まとめと解説

カルシウムは細胞を強化するために必要である。加えて，細胞内のメッセンジャーとして重要な機能を持っている。カルシウムの吸収や移動は水の吸収や移動と同時に行なわれるので，吸水が抑制されるとカルシウムの吸収も減り，蒸散の少ない果実や若い葉にはカルシウムの移動も少なくなる。植物のどこにカルシウムを分配するかは非常に重要である。カルシウムの配分はある程度制御できるが, かなりの注意と労力を必要とする。カルシウム欠乏は, トマトやピーマンの尻腐れ果，レタスやイチゴ，観賞植物などのチップバーンの原因となり, 過剰となるとトマトの銀粉症（ゴールドスペック）を発生させる。果実内のカルシウム欠乏などに由来する障害果の判別については，非破壊計測装置の開発が進みつつある。

バランスは夜間に回復する

多くの生理障害は，カルシウムの分配が少ないことに起因する

トマトやピーマンの果底部の乾いた褐色部分（尻腐れ果），レタスやハクサイのチップバーン（縁枯れ），ポインセチアの若い葉や花葉の縁の枯れ上がり，アンスリウムの仏炎苞の奇形など，さまざまな生理障害はカルシウムと関連している。これらは必ずしもカルシウム不足で起こるわけではないが，植物体内での特定の部分へのカルシウムの分配が少ないことに起因している。さまざまな環境要因がカルシウムの組織内での分布に影響を与えている。

写真1　トマトの尻腐れ果は，夏季の高温時に発生しやすい。

Text: Ep Heuvelink (Wageningen UR Greenhouse Horticulture) and Tijs Kierkels

写真 2　ポインセチアの縁枯れは，カルシウムの移行が不十分であり，細胞の崩壊が発生した結果である。

写真 3　ピーマンの着果数が不十分である場合も問題が起こる。着果数が少なすぎると，果実肥大が急激に起こり，カルシウムの供給が追いつかずに，尻腐れ果が発生する。

一見したところ，病気や欠乏症状のようであるが，そうでないかもしれない。このような症状の一般的な表現として，‘生理的要因に由来する異常’（生理障害）といわれている。このような症状は，植物が何らかの生理的異常を起こしたときに発生する。例としては，尻腐れ果，チップバーン，器官内部の褐変，新葉の縁またはその全体の壊死などがある。

カルシウム分配の不足

上記のどんな場合においても，植物はバランスがとれていない。このような生理障害は，ハウス内環境の光や CO_2 培養液の EC，あるいは水分ストレスなどにその原因がある。一方で，植物自身に原因がある場合もある。それは，着果が多すぎたり少なすぎたりするなどの場合である。多くのこれらの障害は，植物体中の特定の部分へのカルシウムの分配が少ないことの結果である。

これらの現象は，果菜類や葉菜類，切り花から鉢物までさまざまな作物で認められている。カルシウムは適正に施肥される必要はあるが，この問題はカルシウム施肥のみでは解決できない。

問題はカルシウムの特別な性質によって引き起こされている。この元素は，水の流れに強く依存して動き，蒸散がもっとも活発な部分に多く行き

Images: Robert Eddy (Purdue University, USA) and Groen Agro Control

着く。そして，カルシウムの再移動はほとんど起こらない。また，水分が欠乏していくような部位から師管を通じて再輸送されることはない。この事実は，裏を返せば，十分蒸散する部位においてはカルシウム欠乏の問題は起こらないということである。障害は，とくに果実や若い葉，葉の縁，特定の花の構造などにおいて発生する。

望ましくない反応

さらに，カルシウムは変わった性質を持っている。細胞膜内のカルシウム濃度は，かなり低く維持されているのである。実際，細胞膜内のカルシウム濃度は細胞膜外のカルシウム濃度の1/1000程度の低濃度である。細胞内外のこのカルシウムの濃度差は維持される必要があり，これが崩れると別の複雑な問題が発生する。細胞膜は生命維持に重要な役割を持っているが，カルシウムはそこで役割を担っている。細胞膜の外側のカルシウム濃度が極端に低下すると，細胞膜内の物質が細胞膜の隙間を通って内側から漏れ始め，逆に外側の物質が細胞内に流入する。また，細胞中の液胞も漏れ始める。正常な状態では分離されている物質が混ざり合い，望ましくない反応が起こる。このような反応が起きた場所は，トマトやピーマンの尻腐れ果の部分のように褐変する。多くの種類の花のチップバーンの場合は，褐変せず，腐敗する。その部分は触ると乾いている。このような褐色は，酸化によって引き起こされる。

褐色部位

もう一つのカルシウムの性質は，少量で植物ホルモンのような働きをすることである。ホルモンは植物中で情報伝達物質として働いている。特異な環境条件において，情報はこのホルモンにより伝達され，その結果，細胞が破壊される。そして褐色の部位を発生させる。

この反応を発生しないようにしなければならない。発生すれば，果実や花などの生産物は価値がなくなるからである。生産者はそれらを廃棄しなければならない。目には見えない部分でも，カルシウム不足は以下のような問題を果実で引き起こす。つまり，硬さがなくなり，ビタミンC含量が低くなり，店持ちが悪くなり，保存中に腐敗したりする。

日射が強いときには遮光を

過剰な蒸散が生じるような状況では，これまで述べてきたような問題が起きやすい。また，感受性が高い部分が急激に生長する場合は，異常の発生するリスクが高まる。経験則からいうと，乾物重の増加と軟らかい部分へのカルシウム供給のバランスが維持されることが重要である。

このような理由から，日射が強すぎるときは遮光が有効である。遮光をすると果実収量は減るが，尻腐れ果発生のリスクを減らすことができる。花きでは，葉先が枯死するリスクがあるときは，遮光によって蒸散を減らすことが勧められる。

果菜類の中で，とくにピーマンでは摘果には注意が必要である。果実を少なくしすぎると逆に尻腐れ果のリスクを高める。つまり，果実が少なすぎると急激な果実肥大が起こり，それにカルシウム供給が追いつかないからである。

逆に，日中に蒸散が多い場合でも問題が出ない場合もしばしばある。このような例は，夜間や早朝に十分な根圧を維持できた場合である。根圧は，導管経由で水を押し上げる。これによって，十分なカルシウムを，ほとんど蒸散がない部分へと供給できるのである。

根域温度を適度に高める

生産者は，夜間に根圧を形成するように管理することができる。根域の温度が低すぎると十分に根圧を形成できない。根域温度は適度に高くするとよい。また逆に，たとえば夜間の気温を下げるなどの方法で，夜間の蒸散を抑制するのもよい考えである。夜間に葉温が高く，ハウスの窓を開けると，蒸散を促進しすぎて，蒸散しない部分へカルシウムが行き届かない。

培養液のECも重要である。高ECは生理障害を引き起こすが，ECがどの程度高いかによって，発生する問題は異なる。試しにトマトの培養液ECを日中は高めの9dS/mに，夜間は低めの

1dS/m にすると尻腐れ果が激発した。逆に日中低め，夜間高めの設定では，尻腐れ果はほとんど発生しなかった。また，一日中 5dS/m にすると，通常より低い EC 管理に比べて収量が減り，尻腐れ果率が若干上昇した。

これに加えて，カルシウム吸収は最適化される必要がある。カルシウム吸収量が少なすぎると，必要な部分へと供給されず，すぐに障害が発生するであろう。カルシウムの吸収を低下させる要因としては，高 EC や，カルシウムに対して高い比率のカリウム，マグネシウム，アンモニウムイオン濃度となった場合がある。

まとめと解説

野菜や花きにおける生理障害のかなりの部分は，カルシウムの欠乏に関係している。植物体内にはカルシウムが移動しにくい部位（蒸散の少ない果実や若い葉など）があるので，カルシウムの移動を意識して葉と果実の蒸散を管理することで，潜在的な生育低減リスクを抑えることができる。とくに夜間に過蒸散にならないように管理することがポイントである。養液栽培では，夜間の培養液 EC を高めると葉からの過蒸散が抑えられ，尻腐れ果は発生しなくなる。また，日中光合成を十分行なわせ，夜間に根圧を形成させることも重要である。

マグネシウム欠乏：葉脈間の黄化

マグネシウムがなければ葉は緑を保てない

マグネシウムは植物の中でさまざまな機能を果たす。この元素は，多くの酵素の活性に欠くことができない。光合成やエネルギー供給に重要な役割を担う。さらに，タンパク質を作る細胞器官の形成を担っている。マグネシウムのもっとも見える形での役割は，クロロフィルを構成していることである。マグネシウムなしでは，葉は緑色にならない。

写真１ マグネシウム欠乏は葉の古い部分から発生する。

クロロフィルは緑の色素であり，植物はこれによって光エネルギーをとらえる。植物はこのエネルギーを化学エネルギーに変換し，光合成に利用する。つまり，水と CO_2 を，糖と酸素に転換する過程に使用する。クロロフィルにはいくつかの形態があり，それぞれ少しずつ異なる。しかし，マグネシウムは常に分子の中心に位置する。興味深いのはクロロフィルが，私たちの血液を赤色にしているヘモグロビンの化学構造に似ていることである。

葉の古い部分の脱色

マグネシウムはクロロフィルの中心に位置するため，欠乏は葉脈間の黄化として直接目に見える。これはクロロフィルが十分に作られないから生じ

写真2　キュウリでのマグネシウム欠乏（右へ行くほど厳しい欠乏状態である）

写真3　ガーベラのマグネシウム欠乏では葉は赤くなる。

る。しかし，マグネシウムが欠乏する植物体中で，マグネシウムのクロロフィルへの供給の優先順位が高いわけではない。通常，植物体中の5%のマグネシウムがクロロフィルに存在するのみであるが，欠乏すると植物体中のクロロフィルに供給されるマグネシウムの割合が35%まで増加する。そのため，欠乏が発生すれば，ほかのプロセスを犠牲にして，光合成のほうに優先的にマグネシウムが振り分けられる。また，植物体中では，古い葉から新しく形成される葉へマグネシウムが移動する。これが，葉の古い部分が黄化する原因である。

土壌あるいは培地中の重金属が多い場合は，植物の機能を阻害する症状が起こるのも理解できる。たとえば，カドミウムや亜鉛，鉛などの重金属は，マグネシウムにそっくり取って代わってクロロフィルの中心を占有してしまう。マグネシウムが，このような別の重金属に置き換えられれば，クロロフィルはもはや機能せず，光合成は停止する。これは重金属が植物に対して障害を引き起こす主要な機構である。

マグネシウムは細胞壁にも含まれるが，もっとも多量に含まれるのが細胞質である。マグネシウムはさまざまな酵素反応を担い，この点ではカリウムと似ている。

多くの過程で重要な役割

マグネシウムが担ういくつかの役割には以下のようなものがある。

①タンパクを合成するための遺伝子翻訳機構
②タンパクを合成するための細胞器官の形成(リボゾーム)
③光合成に引き続く過程に関与
④植物へのエネルギー供給のためのATPの形成
⑤葉緑体内のpHを調節する特殊機能

細胞質内における存在量が多いので，マグネシウムは浸透圧調節物質としても機能する。浸透圧とは，高濃度の溶液が膜を介して存在した場合，そこに水を引き込む力のことである。この圧力により，細胞は，張力を維持でき，強固であり続けられるのである。細胞はその硬さを，細胞質のイオン濃度を変えることによって変えることができる。細胞質のイオンは浸透圧調節物質と呼ばれる。細胞中の液胞は，細胞質の調整の役割を担う。浸透圧調節物質が多いと，液胞中に貯留し，細胞質の濃度を至適条件に保つ。浸透圧調節の役割は，マグネシウムだけではなくほかの元素によっても補完される。たとえばカリウムはその例である。マグネシウムは植物体中では多くの重要な役割を担っているので，その移動について知見が少ないことはむしろ驚きである。どのようにして根の細胞から吸収されるのであろうか？　どのように液胞に入るのであろうか？　また，適切な部位にマグネシウムが届いた後に，どのようにしてそこから再移動するのだろうか？　液胞中での存在形態やほかの膜構造の透過はどうなのか？　明確にされていないことはまだまだ多い。

欠乏症状

マグネシウム欠乏は，いまだにハウス栽培の中で発生している。これはマグネシウムの元素としての‘難しい性質’に起因するからである。植物中では，たとえば窒素ほどではないものの，極めて動きやすい元素である。そして根での吸収では，ほかの元素との競合もある。

とくに花き栽培の場合，鉢物やコンテナ栽培では，カリウム，カルシウム，マグネシウムの間での不均衡が発生する。

生産者によってはマグネシウムの施用量が少なすぎる場合がある。これはとくに栽培初期に認められ，作が進むにつれて，生産者が生育を促進さ

必須元素とは

自然に存在するおよそ90種類の元素のうち，植物は17元素あれば生育し，次世代を残すことができる。以下の三つの要件を満たせば，必須元素と呼ばれる。

1）この元素がなければ，植物は栄養生長または，生殖生長を完結できない。
2）この元素の機能は他の元素によって代替されない。
3）この元素が直接的に生長や代謝に関与している。

この17の元素は，炭素，水素，酸素，窒素，リン，カリウム，カルシウム，マグネシウム，硫黄，鉄，マンガン，銅，ニッケル，ホウ素，亜鉛，モリブデン，塩素である。植物種によっては，ナトリウムまたはコバルトが必須となるものがある。これらの元素は，しばしば多量要素と微量要素に分けられる。多量要素は微量要素に比べ多くの量を必要とする。必須元素ではないが，植物にとって明確にプラスの効果が認められるケイ素のような元素もあり，有用元素と呼ばれる。

せるような場合には，施肥の中でマグネシウムが増やされるであろう。もしECが上昇した場合，液肥中のマグネシウム濃度は相対的にECの上昇以上に高める必要がある。つまり，通常はマグネシウムの濃度の維持について生産者は見過ごしがちである。

葉の黄化は，花き類，とくに鉢物では，その価値を損ねる重要な障害である。古葉の黄化を，より多量のマグネシウムを養液で与えてpHを調整することにより，防いだ事例がある。

さらに，古葉の葉脈間の黄化に加え，マグネシウム欠乏によってほかの問題が発生する。光合成により合成された糖が，貯蔵される場所へと十分に移動しないのである。葉に糖が集積すると葉中でフリーラジカルの発生が誘発される。フリーラジカルは反応性が高く，細胞や遺伝子に損傷を与えるものである。根の生長もマグネシウム欠乏により抑制されるので，マグネシウムの供給にはさまざまな理由で注目する必要がある。

過剰症状

マグネシウムの過剰は，乾燥時期に発生しやすい。固形培地を使用した養液栽培では発生例はほとんどないが，鉢物栽培では発生しうる。乾燥によって，葉中のマグネシウムの濃度は光合成速度が減少する程度まで上昇する可能性がある。これはいくつかの要因により発生する。光合成にとっては同様に重要なカリウムのクロロフィルへの移動が阻害されること，また，マグネシウム自体の細胞内での移動が乱れることなどが原因とされている。

まとめと解説

マグネシウムは光合成の場となるクロロフィルの中心にあるため，きわめて重要な元素であるが，通常はマグネシウム全体の5%がクロロフィルにあるだけで多くは細胞質に存在している。しかし欠乏状態になると，マグネシウムはクロロフィルに優先的に供給され，35%まで増加する。

古い葉の葉脈間が黄化する場合は，マグネシウム欠乏が疑われる。土壌に重金属が多い場合，クロロフィル中のマグネシウムが重金属に置き換えられることによる障害も場合によってはありうるので注意が必要である。花きではマグネシウム欠乏は鉢物の生産現場でも発生しうる重要な障害である。極端に乾燥した場合は，過剰症が発生することもある。マグネシウムは重要な元素であるが，あまり意識されない。培養液でECが高い場合でも，どの元素が高いのか，マグネシウムは低すぎないかなど，とくにカリウムやカルシウムとのバランスを意識した適正な管理が必要である。

タンパク質の構成要素であるアミノ酸に必要

硫黄は植物のカビ耐性を強化する

カビが硫黄を含む化合物で抑制されることは100年以上前から知られている。しかし，施肥された硫黄が植物に病害抵抗性を付与することは最近理解され始めた。いつ硫黄を施用するかを考慮する必要がある。

硫黄は特別な元素である。ほかのすべての元素とは異なり，根から吸収されるだけではなく，葉からも吸収される。これは1990年代に大気汚染（硫黄化合物を含む）が解消されるにしたがい，明らかとなっていった。つまり，大気がきれいになるにつれ，硫黄欠乏が露地栽培作物で再び見られるようになったのである。一方で，ハウス栽培でもより大気はきれいになったであろうが，十分に施用されているためか欠乏症状は報告されていない。

アミノ酸構成要素

植物は硫黄の要求性が比較的高い。作物の種類によって異なるが，リンに匹敵する量が必要なものもある。植物は硫黄を空気中からも取り込める

写真1　植物は硫黄を二次代謝産物に組み込む。これらは，灰色かび病のようなカビへの抵抗性を増す物質として機能する。

写真 2　硫黄は散布などによりカビ病害を抑制するだけではなく，肥料として吸収した硫黄も病害抵抗性を高める。

が，もっとも重要な経路はやはり根からである。

植物はこの元素をアミノ酸の材料として使う。アミノ酸は多様なタンパク質の構成要素である。植物体中の硫黄の70％はタンパク質中に存在する。つまり，生体中での多くの酵素とビタミンAは，硫黄なしでは合成できない。さらに，硫黄は含硫脂質の中に含まれる。その脂質は，クロロフィルを含む葉緑体の脂質膜の中に見られる物質である。タンパク質や酵素，脂質などは植物にとって必要不可欠である。植物の能力は，タンパク質や酵素，脂質などの活性いかんによる。つまり，植物は硫黄をタンパク質や酵素，脂質に優先的に振り分ける。

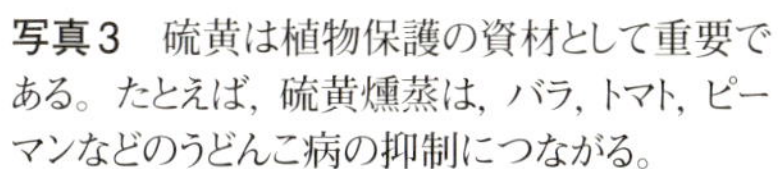

写真 3　硫黄は植物保護の資材として重要である。たとえば，硫黄燻蒸は，バラ，トマト，ピーマンなどのうどんこ病の抑制につながる。

通常の土壌や養液栽培においては，植物が必要とする濃度を超えて十分量存在するので，植物は，タンパク質や脂質以外のほかの目的のためにも硫黄を使用する。つまり，植物は硫黄を二次代謝物に組み入れる。この濃度はキャベツやタマネギにおいては非常に高い。タマネギ，ニンニク，カラシナの特異的な風味は，この硫黄を含む二次代謝産物に由来する。キャベツの場合も同様である。近年の研究で明らかにされた，ブロッコリーやカリフラワーで発見された含硫化合物（硫黄化合物）が，ある種のガンから人類を守ることができるという結果は，信頼できそうである。今これについての科学的根拠が研究されている段階である。

二次代謝産物

アリインのような硫黄を含むほかの二次代謝産物もまた，自然治療薬として考えられてきた。フリーラジカルは非常に活性の高い物質であり，細胞やDNAを損傷する。一般的にこれらの二次代謝産物はフリーラジカルを捕捉して消去する。また，硫黄を含む二次代謝産物の多くが，ヒトにとって，またペットにとっても有効である。ペットへの処方としては，ノミがつかないようにするアリインを含む錠剤がすでに開発されている。

植物は多くの利益を二次代謝産物から得ている。この重要性はハウス栽培における作物でも同様である。しかし，このような知識は最近になって広まってきたのである。硫黄を含んだ二次代謝産物による植物防護のしくみは，毒となる因子の無毒化から，カビへの抵抗性の付与まで多岐にわたる。たとえば，硫黄を含んだ二次代謝産物のグルタチオンは，フリーラジカルを消去し，タンパク質の安定化に重要な役割を担う。これらは毒性物質の生成を阻害するほか，除草剤のような外来の物質に対してもその作用を阻害するように働く。これは，いくつかの植物の除草剤耐性がグルタチオンによる解毒作用に由来することからも説明がつく。

カビに対する抵抗性

植物の自己防御はさらに進展し，カビ病害に対する抵抗性が付与されれば，将来の生産者には利益があり，その重要性は明らかである。オランダのハウス栽培は病害虫制御に対して自然のしくみ（たとえば天敵など）を利用して進展した。さまざまな企業が多くの手法を提供した。しかし，ことカビの病害になると化学農薬の助けを借りる必要があった。

制御物質としてもっとも古くから知られているのは硫酸銅である。今日でも使用されており，硫黄は病害制御において重要な役割を担っている。実際，バラ，トマト，ピーマンなどのうどんこ病の抑制に，硫黄を蒸発させる装置が使われている。

最近では，硫黄は葉に外から与えられたときに抗カビ効果があることに加えて，根から吸収されたときも植物のカビ抵抗性に寄与することが理解されるようになった。

硫黄が植物を強くする

1960～1970年代にかけて，硫黄施肥が植物の病害抵抗性を増加させるという可能性にターゲットを絞った研究が散見されるようになった。しかし，複雑なため実際の圃場で応用されることはほとんどなかった。また，そのころは，植物保護資材（化学農薬）は多くあった。

今では薬剤の作用はよりピンポイントで効果的になったが，農薬の利用についてはより厳密に注意しなければならない状況となった。これが，硫黄が再び脚光をあびるようになった理由である。

ナタネやブドウ，ジャガイモなどの圃場試験において，硫黄代謝物は植物を強化するのに重要な役割を担っていることが示されてきた。ドイツの研究者Bernd Zechmannは，植物にカビに対するSIR（硫黄誘導抵抗）が獲得されるとしている。彼らはその含硫物質を特定しており，先に述べたグルタチオンやグルコシノレートが硫黄施肥により増加することを示した。場合によっては，植物は硫化水素（卵の腐ったにおい）を発して，カビに立ち向かう。十分に硫黄を施肥すれば硫化水素の発生も増える。

ほかの多くの物質が植物の免疫系に重要な役割を担うことが明らかとなったが，それも施肥により影響されるのである。先のドイツ人の研究によれば，ある病害の抵抗性には植物の硫黄栄養の状態が強く関与している。しかし，カビから攻撃を受けている間に，実際にSIRが獲得されるのかなど，厳密な植物反応については，まだ知識が不十分である。この手法の利点は，抵抗性が簡単には破られないことにある。結局のところ，この抵抗性は多くの物質により成り立っているからであろう。

多少のストレス

では，SIRによる手法が十分に開発されるまでに，生産者がこれに関連して実践できることは何だろうか？　まず，私たちは，硫黄の濃度が低いと硫黄関連の二次代謝物質が減るという知識を得た。これにより病気にかかりやすくなる。

次に，少しのストレスは植物の生産上悪くはないということも知っている。植物は，刺激によって含硫二次代謝物質の生産を始めるからである。弱い水ストレスや，至適温度や至適ECから若干外れることは，植物を軟弱にしないことにつながる。含硫二次代謝産物が少なすぎるとき，キャベツはカビに感染しやすくなる。植物にとっては含硫二次代謝産物の合成にはエネルギーがかかり，乾物生産を犠牲にしている。それにもかかわらず，上に示したような事例では，植物はカビ病にかかりにくくなり，結果として収量増加につながっている。ストレスは必要なのかと問われれば，多少のストレスは必要である。植物は余った硫黄を二次代謝産物として蓄積するので，十分に硫黄を与えることで硫黄の効果が出るだろう。しかしこれはコストのかかることでもある。

まとめと解説

硫黄はほかの元素とは異なり，根からも葉からも吸収される。硫黄はアミノ酸の材料として使われていて，植物体中の硫黄の70%はタンパク質の中に存在する。

日本は火山国であり，硫黄欠乏が通常の栽培で生じることはなく，ハウスにおける土耕栽培ではむしろ多肥による過剰障害が問題となるぐらいである。一方で，養液栽培などで，硫黄が低すぎるような状態は，病害発生を助長する可能性もあり，避けるべきである。コストが許すのであれば，硫黄濃度はやや高めに設定するほうがよい。いずれにしても，硫黄を含め，植物体や養液などの成分は定期的に分析し，適正範囲に保つのが肝要である。

ケイ素は必須ではないが有益

培養液へのケイ素の添加は検討する価値がある

ケイ素は謎の元素である。植物の生長には必須ではないが，場合によっては，ほかの元素よりも多量に吸収される。徐々にではあるが，ケイ素の有用性に関する知見が増えつつある。病害に対する抵抗性や生産量の向上である。しかし，多くはいまだ知られていない。

写真１　ケイ素は植物の自然防御力を強化する。ケイ素により植物体内の抗カビ物質が合成される。実験では，セントポーリアのうどんこ病の罹病性がケイ素の施用により低下した。この効果は，品種によって35～80%の範囲で異なった。

写真2　キュウリにおけるケイ素添加のデメリットとしては，収穫のときに手で触った場合，指紋が果実表面に付着することで，見た目が悪くなることである。

地殻成分の1/4はケイ素関連の物質である。ケイ素は砂や粘土，石英，花崗岩などの中に見られる。土壌で生育する植物は，多かれ少なかれケイ素を吸収して育っている。しかし，ケイ素は，植物にとって必須元素であるとは考えられていない。

より強い植物とは

窒素やカリウム，マグネシウムなどは必須元素といわれ，これらがなくては，植物は生きることができない。しかし，ケイ素は必須元素ではない。そのために，養液栽培の標準的な培養液組成にはケイ素は入っていない。土壌を使って栽培された植物ではケイ素がいくぶん含まれるが，養液栽培（培地や水からのケイ素の供給がないような場合）された植物ではケイ素がほとんど入っていない。こうみると，養液栽培は，'不自然な状態'といわざるをえない。

疑問は，これは問題ではないのか？　ということである。ところで，多くの研究事例は，ケイ素が植物の生産量の向上や耐病性向上，蒸散抑制，元素の過剰毒性緩和などに役立っていることを報告している。しかし，植物の種ごとの実態は異なり，また科学的な知見も限られている。

たとえば，ケイ素を施用してなぜ生産量が向上するのか，なぜ病害抵抗性が増すのかといったことは明確ではない。イネ科の作物はケイ素を蓄積することでよく知られており，ケイ素により石のように硬くなる。イネは細胞壁に非晶質の（結晶化していない）ケイ素を蓄積する。細胞層の間には，その空隙を埋めるように，また，表皮細胞（細胞の最外層）とクチクラの間には層状にケイ素を蓄積する。このような硬くなった組織は，カビの菌糸の侵入に対して，また吸汁する害虫に対しても物理的な障壁となるだろう。もう一つの機構も働いている。それは，ケイ素が植物自身の天然の

写真3　国内外のさまざまな研究によると，ケイ素の追肥は病害抑制の効果がある。

防御機構を強化することである。すなわち，ケイ素が抗菌作用のある物質を作り出しているというものである。しかしながら詳細な機構については不明である。

蒸散の抑制

同じように未解明の部分は，ケイ素がマンガンの毒性を緩和する現象である。たとえば，レタスでは，古葉に褐色の斑点が発生することがある。試みにケイ素を追肥すると，このような症状が緩和された。マンガンの吸収自体には影響を与えなかったが，葉中のマンガン分布を均等にする効果がケイ素にはあった。つまり，マンガンが局在して過剰障害により特定の部位を褐変枯死させることは起こらなかったのである。このような効果はほかの元素に対しても認められ，亜鉛とリン酸の間に，よりよいバランスがとられるようになったのである。しかし，これについても作用機作に関しては不明の点が多い。

中国の研究者が，トウモロコシにケイ素を施用することにより，気孔を介した蒸散を抑制することを発見した。このことは，水利用効率の向上を意味する。ハウス栽培される作物については知見がほとんどないが，省エネルギーの視点からも，施設園芸にとって興味深いことである。

収量の増加

ケイ素の追肥後に生産量が向上するのは，いくつかの要因の組み合わせの結果である。植物体の養分バランスがとれるとともに，病害発生が抑制され，植物体はより健全になり，結果的に収量が増加すると考えられる。試験的には，クロロフィル含量が多くなり，葉が重くなり，イネなどでは葉が立性となる。さらにCO_2を取り込む酵素であるルビスコの量が増える効果も認められている。

これらすべての科学的な研究の結果は，ハウスの作物に対してケイ素が好ましい作用を及ぼしている，とする多くの研究を実施するための理由を提供している。一方で，多くのケイ素の化合物は容易には吸収されず，それらは給液配管に析出して沈殿物となる。結局，施肥を考えた場合には，メタケイ酸カリウムがもっとも適切な肥料であろう。セントポーリアのうどんこ病の罹病性は，ケイ酸施用により低下した。この効果(発病抑制率)は，品種によって35～80％の範囲で異なる。しかし，灰色かび病の罹病率は，ケイ酸の施肥によって影響されないとされている。

研究結果と生産現場の違い

キュウリへのケイ素の施用効果は確実に認められ，10％程度増収した。さらにうどんこ病も抑制された。生産現場での効果の明確さはなぜかやや低下するが，2～5％の増収は常に達成されている。加えて，ケイ素の施用により，カビ対策の農薬の使用量は15％程度削減可能となる。なぜ，実験室レベルでの効果と生産現場での効果が異なるのか，その原因はまだ不明である。

キュウリにおけるケイ素添加の欠点としては，収穫のときに手で触った場合，指紋が果実表面に付着することで，見た目が悪くなることである。

ズッキーニやバラも，実験環境ではプラスの効果が認められた。ズッキーニは10％増収した。イチゴでは，ケイ酸施用によってうどんこ病の症状は軽くなったが，果実の品質は逆に悪くなった。バラでは，生産現場ではわずかに生産量が向上する程度の効果はあるようである。

研究所では，海外で報告のあったマンガン過剰をケイ素により軽減するという効果を確認している。レタスのケイ素施用は褐色斑点をかなり減少させた。ちなみに，ケイ素を施用した植物のケイ素濃度は，施用していないものに比べてわずかに高いに過ぎない。

有用効果の詳細はほとんど未解明

海外のさまざまな研究からは，ケイ素の追肥は病害抑制と生育促進に効果があることは明確である。一般に，いわゆる植物活性剤のメーカーは多種の製品を売り込んだり，提供しようとしたりするが，それぞれの製品が作物生産に実効があるという結果はほとんどない。

吸収やその効果については，植物の種類や品種で大きく異なる。トマトやピーマン，ガーベラ，カーネーションなどの多くの作物（とりわけレタス）は，ケイ素をほとんど吸収しない。キュウリやバラ，メロン，ズッキーニ，イチゴ，アスターやマメ類は，培養液にケイ素を加えれば体内濃度が上昇することが知られている。

多くの研究での問題は，ケイ素の効果を認めるとするものは，実験規模が小レベルのものであり，栽培圃場レベルの大規模なものでは確認されていないことである。なぜ，実験室レベルでは非常に効果があるが，圃場では明瞭にならないか，その理由は不明である。

結論としては，ケイ素の植物体中での役割についてはいまだに情報がほとんどないといってよい。園芸分野でメリットがあるとするのであれば，さらに多くの研究が必要である。今まで得られた知見の応用については，コストによって実際に利用すべき技術かどうかを判断すべきであろう。

まとめと解説

ケイ素は必須元素ではないが有用元素であり，多くの植物に対して，病害の抑制や，生育そのものを促進する可能性がある。園芸作物ではケイ素を補助的に入れることにより，セントポーリア，バラ，キュウリ，ズッキーニ，レタスで有用な効果が認められている。イネではケイ酸肥料が販売され，一定量利用されているが，園芸作物でもコストと効果のバランスで導入される可能性がある。

鉄欠乏はもっとも一般的な欠乏症状

鉄は光合成や呼吸に必須である

鉄は光合成において主要な役割を担う。そのため，欠乏すると植物の乾物生産能力を直接的に減少させる。キレートにする（化合物が金属イオンをはさむように結合する）と鉄の吸収が容易になる。いずれにしても，鉄は注目すべき元素である。

写真 1　バラはとくに鉄欠乏になりやすく，通常の品種の 2 ～ 3 倍量の鉄を要求する品種もある。

写真 2 鉄欠乏により葉が黄化するということは，鉄が光合成にとって不可欠なクロロフィルなどの緑の色素と関係があることを示している。

すべての欠乏症状の中で，鉄欠乏はハウス栽培でもっとも普遍的に発生する欠乏症状である。発生する要因としては，鉄の施用量が少なすぎる場合や pH が高すぎる場合，あるいは低温や高湿度，さらには，これら要因が組み合わさった場合などがある。

代謝の低下

鉄欠乏は，若い葉が葉脈を緑のまま残して，黄化する症状として認められる。マンガン欠乏と類似するが，明確に区別することができる。それはマンガン欠乏の場合は，鉄欠乏の場合と異なり，最初に黄化する葉は植物体の先端の若い葉ではなく，中央に位置する葉や，下に位置する古葉だからである。鉄欠乏がひどくなると，葉が完全に黄化ないしは象牙色になり，最終的には枯死する。ハウス栽培においては，このような著しいケースではなくて，より軽微な場合を知っておく必要がある。この場合は，外観的な症状としては認められないが，細胞の代謝が阻害されているため，外から見てもわからない潜在的な障害が発生しているのである。

鉄欠乏によって葉が黄化するということは，鉄が緑の色素，すなわち光合成にとって不可欠なクロロフィルと関係があることを示している。鉄はクロロフィルの構成要素ではないものの，その合成には必須である。このことは，鉄欠乏によって直接的な生産低下が生じるということを意味する。結局，クロロフィルが十分に作られなければ，

Text: Ep Heuvelink (Wageningen University) and Tijs Kierkels
Images: Blgg and Wim Voogt

植物のモーターはフルスピードで動かないということになる。

太陽エネルギーによって，クロロフィルの中の電子はエネルギーレベルのより高い状態になる。この電子は連鎖反応の中に組み込まれ，元のエネルギー状態まで戻る。この過程で，取り込まれたエネルギーは多くの化学物質の合成に使われ，結果的に水とCO_2から糖類が合成される。鉄を含む酵素であるチトクロムや鉄硫黄タンパク質は，それぞれが電子伝達の一連の反応の中で異なる役割を担う。このような事実からも，鉄は光合成に必須であると結論付けることができる。

さらにこの元素は，ほかの多くの機能を持っている。細胞の呼吸において役割を担い，根粒における窒素固定にも関与する。

キレート

植物は，鉄を可溶化した状態で，または有機物と結合した形で吸収する。世界中のいたるところで鉄の吸収は問題を起こすが，とくに石灰質の土壌では大きな問題となる。これはこの土壌のpHが高すぎることに起因する。一般に鉄は可溶化した状態で植物に利用可能となり，ハウス栽培においては，生産者が適切なpHで管理している限り問題が発生することはない。しかしpHが6.5を超えると，吸収低下が発生し始める。また，培養液に亜鉛やマグネシウムが多いと，鉄吸収は阻害される。さらに，鉄はリン酸と結合して沈殿しやすく，そうなるとまったく吸収されなくなる。

かつて養液栽培で経験した鉄欠乏の問題は，EDTAやDTPA，EDDHAといった鉄のキレート剤の出現によって解決された。これらは，培養液中で鉄と結合することによって鉄を可溶化する。しかしキレートもpHに影響を受ける。それぞれのキレートは適用可能なpHの範囲があり，たとえばDTPAは6.5まで安定であるが，それ以上は不安定になる。

キレートの効果がより複雑になる場合もある。つまり，いったんキレート化された鉄がほかの元素により押し出されることがあるのである。このような観点からすると，EDDHAはほかのキレートより安定的なキレートといえる。鉄の有効化の手法は，栽培上はとくに鉢物における培地管理で参考になる。

鉄吸収を抑制するほかの条件として，UV（紫外線）によってキレートが分解されることを知っておく必要がある。すなわち，生産者は，原液タンクに光が当たらないようにカバーをするとか，タンクの中の液のpHが徐々に上昇することがないようにするなどの注意が必要である。

鉄欠乏は，低温や過湿な培地などの根圏環境のストレスによっても増幅される。鉄は植物体内では再移動しにくい元素であり，古い葉から新しい葉へは移動できない。そのため，鉄は栽培中には常に一定量供給される必要がある。

多くの植物に鉄欠乏が発症する

鉄欠乏を発症しやすい植物は多い。園芸作物で

鉄は普遍的に存在する

鉄は，ふつうにある元素である。地殻を構成する物質の5%を占めている。鉄は，土壌の色を決める大きな要因になっている。地下水の鉄分が少なすぎることはなく，むしろ多すぎることがしばしばである。このように鉄は多量に存在するにもかかわらず，土耕栽培あではなぜ鉄欠乏が発生するのだろうか？　それは，酸化された状態では，鉄は植物に有効ではないからである。植物は鉄を利用するために，いくつかのメカニズムを発達させた。牧草のなかには，鉄が結合した有機物から有機物を取り除く機作を持つものもある。この場合，この鉄と結合していた有機物と鉄の両方を吸収するのである。このメカニズムは現在では広く用いられるキレート開発のヒントとなった。キレートは，鉄をはさむ巨大分子であり，沈殿させない効果がある。ギリシャ語のカニのはさみ（chela）に由来する言葉である。牧草以外の作物はもっと簡単な機構を発達させた。根から土壌を酸性化させる物質を放出して，鉄を可溶化させるのである。

は，バラやアザレア，アジサイ，ペチュニア，シクラメン，イチゴ，そのほか多くの果樹類で発生する。鉄欠乏の発症しやすさは品種によっても大きく異なる。たとえば，シクラメンでも二倍体の赤い品種は鉄欠乏になりやすい。また，バラはとくに鉄欠乏になりやすいことで知られている。ある品種では，ほかの品種の2～3倍の量の鉄を要求するものもある。しかしながら，このように鉄欠乏になりやすい作物でも，pHの上昇やほかの元素とのバランス，培地の温度，水分状態などに注意すれば，発症を防ぐことができる。いまだに鉄欠乏がよく見られるのは環境が悪いからであり，環境が悪いと，欠乏が発生するレベルにまですぐ達してしまう。

まとめと解説

養液栽培では，培養液のpHが上がりすぎないように，またキレートが分解しないようにUV（紫外線）を遮断するような配慮も必要である。いまだに鉄欠乏がよく見られるのは，可給態の濃度が低下しやすいことを示している。対策としては環境を整えることである。鉄欠乏になりやすい作物でも，pHの上昇，ほかの元素とのバランス，培地の温度，水分状態に注意すれば，発症を防ぐことができる。培養液のECを下げて管理するような場合でも，微量要素濃度は標準濃度を維持すべきである。

日本語版のための解説　その2

植物の生育にとって よい地下部環境と管理法

池田英男

◉地下部管理と光合成

植物の生育にとって，良好な地下部条件とはどのようなものであろうか？

植物の生育にとって，光合成は極めて重要である。光合成を最大にすることは，生育を促進して，果実の収量や品質を高め，あるいはきれいな花や香りのよい花を咲かせるための基本となる。光合成とは，おもに葉のクロロフィルで行なわれる化学反応であり，水とCO_2を原料にして，光のエネルギーを利用しながら，炭水化物（糖）を作り，酸素（O_2）を放出する作用である。したがって，高収量や高品質を目指す栽培では，植物に原料である水やCO_2を豊富に与えることは非常に重要であり，炭水化物と一緒になって種々のアミノ酸やタンパクを構成するための窒素やリン酸，カリウムなどの肥料を豊富に与えることも重要である。地下部管理はこのような観点から考えられるべきであろう。

◉培地学

オランダでトマトやパプリカ，キュウリ，イチゴなどをハウスで栽培する際には，95％以上が養液栽培であり，ロックウールやヤシ殻などの土壌以外の固形培地が利用されている。わが国で，養液栽培はいまだにハウスの4％程度しかないのとは大きく異なる。

作物栽培で土壌を用いる日本では‘土壌学’はかなり発展したが，残念ながら‘培地学’と称される学問分野はほとんど発展しなかった。培地学からみれば，土壌はたくさんある培地の一つであり，かなりの複雑系といえる。

植物は根から水や酸素，養分（肥料要素）などを吸収している。それらを豊富に吸収でき，根が生育する場としての環境をどのように管理するかということは重要であり，高収量と高品質を達成するためには，培地や根圏環境について知る必要がある。

◉培地の理化学性（物理性と化学性）と生物性

培地の物理性としては，透水性や保水性などが重要な項目である。物理性は培地の粒径や粗密などによって異なり，ベッドへの培地の詰め方などによっても異なる。物理性はまた有機物か無機物かによっても大きく異なる。

有機物の理化学性は経時的に変化するが，変化の程度は，温度や管理法，栽培する作物などよって異なる。ヤシ殻やもみ殻などの有機培地は，カリウムを多く含み，C/N比が大きく，窒素はほとんど含まない。液肥を与えて栽培を開始すると，カリウムは水溶性なので，初期には培養液の中に溶け出してカリウム濃度を上げる。また液肥の中の窒素を培地が吸収するので，使用開始当初は培地内の液肥の窒素濃度は低下する。

また，新しい有機培地は，堆肥化が始まり，時間がたつと当初の硬さは維持できずに軟らかになる。その速さは温度などによっても異なる。栽培法によっては，植物が大きくなることによって，自重で培地を鎮圧して透水性を阻害することがある。このような変化を生ずるので，そのことを知らずに栽培していると，いつの間にか液肥の透水性が変化して，酸素不足などの問題を起こしかねない。

培地の特性として，点滴法で与えられた培養液の広がり方にも注意が必要である。すなわち，上下方向のみならず水平方向への水分の広がりも重要なのである。

◉根の表面の水分を動かす

葉の表面の空気は動く必要があるのと同様に，根の表面の水分は動く必要がある。根の表面の水分が動くことで，根に酸素や無機要素を供給できる。固形培地を利用した栽培では，ベッドに点滴供給された培養液は，その都度培地の中に浸透という形で動いていき，根の表面に到達する。多くの場合，１回に多量に給液するよりも，少量ずつ多頻度で給液するほうが，その都度水分と空気が動くので植物の生育がよくなる。とくに低温期には第１回目の給液をいつ開始するかということも重要で，日の出から2～3時間が過ぎて植物体が十分温まってから給液を開始しないと，裂果を増やす原因になるといわれている。

◉根の観察

ベッドや培地の中の根は見えない，あるいは見えにくいが，根の状況を知ることは栽培では大切である。培地がプラスチックフィルムなどで覆われている場合には，ハサミやカッターナイフなどで袋を切って，培地の外に見える根や，培地そのものを切って断面に現われる根を観察する。そして，根の分布，太い根と細い根の割合，根の色などを記録することが必要である。写真を撮っておくこともよい方法である。

◉培地の量

培地の量が多いと，制御はしにくいが緩衝能が大きくなる。したがって，温度は安定しやすいし，水や肥料はいくぶん多くても少なくても植物は生育するので，栽培技術が多少劣ってもそれなりに植物栽培はできる。一方，培地の量が少ないと厳密な管理が求められるので，栽培技術はある程度高くないとうまく植物を育てられない可能性が高い。

同じ量の固形培地を使用する場合，広く浅く使うよりも，狭く深い培地として使用するほうが根は好きな条件のところに分布できるので，よい環境を形成しやすい場合がある。高収量や高品質の作物生産を実現するためには，地上部環境を整えて光合成を促進することが基本となるが，その際に液肥を使う栽培を用いれば，目的達成はより容易になる。

第 4 章

植物の防御と生産物の品質

生物と非生物の狭間で

ウイルスの制御は不可能であり，感染を防止する以外に手はない

ウイルスは作物栽培において大きな問題となる。オランダのトマト栽培で問題になっているペピーノモザイクウイルス（注：日本未発生）を例に考えてみよう。ウイルスは植物のエネルギーを浪費し，物質生産や光合成を妨げる。またウイルスは，切り花や鉢植え植物の観賞価値を著しく下げる。たとえ一見して症状が認められなくとも，最終的に被害が甚大となるので，ウイルスフリー作物が求められることになる。

写真1　ウイルス（この写真はペピーノモザイクウイルス）は光合成を阻害し，植物から多量のエネルギーと生存に必要な栄養分を奪う。これは作物生産の損失となる。

植物ウイルス対策を考える場合には，植物に入ってからでは遅い。つまり，病害を管理するというよりも，作物の保護（予防）が重要である。植物に入ってしまったウイルスを制御することは不可能なため，生産者の労力は植物の保護（ウイルス病の予防）に注がれなくてはならない。

ウイルスは完全には理解されていない奇妙な病原体である。第一の疑問は，ウイルスは生物かどうかという点である。一部の研究者は「ウイルスは生物ではない」と考えている。それというのも，ウイルスは，生物が満たす共通基準である代謝と自己増殖を行なえないからである。生物の進化の歴史の中で，どのようにウイルスが現われたのかもはっきりしていない。単細胞生物などから放たれて一人歩きし始めた遺伝子なのだろうか？　RNA（遺伝情報の担体）からの副産物なのだろうか？　それらも推測に過ぎない。

写真 2　適切な衛生管理は感染を防ぐ。

単なる遺伝物質である

ウイルスは非常に小さく，タンパク質の外皮に包まれたDNAまたはRNAの遺伝物質のみで構成されている。ウイロイドはさらに変わり者で，RNAのみによって構成されている。ウイロイドは，遺伝物質が紐状によられたものに過ぎない。ウイロイドについては，これまで33種のみが知られている。

園芸分野でよく知られているウイルスにはトマトモザイクウイルス（*Tomato mosaic virus*），ペピーノモザイクウイルス（*Pepino mosaic virus*），トウガラシモザイクウイルス（*Pepper mosaic virus*）があり，スペインではトマト黄化葉巻ウイルス（*Tomato yellow leaf curl virus*）もよく知られている。これらのウイルスは，わい化，黄化，葉巻や葉のモザイク症状などの，外観上の問題を引き起こす。ウイルス感染によって作物生産はかなり低下する。しかし，観賞価値を高めるとして，園芸上有益とされるウイルスも非常に少数ながら存在する。モザイク紋様を示すアブチロン（*Abutilon*）属植物（アオイ科の植物）の葉やチューリップ花弁の縁取りはウイルスによるものである。

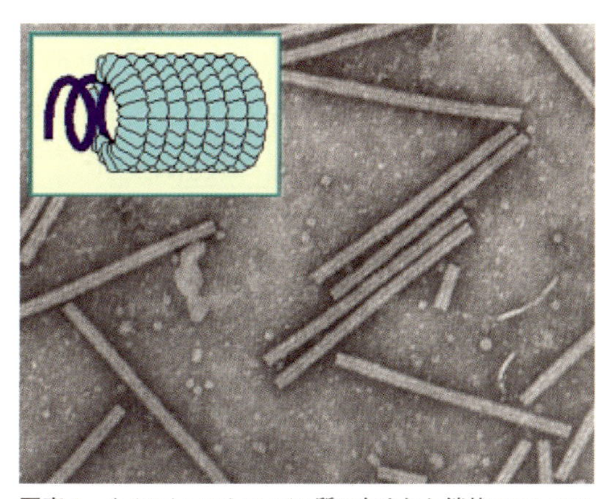

写真 3　あるウイルスはタンパク質に包まれた鎖状RNAのみからなる。そのような単純なものが大きな影響を与えるのは驚きである。

媒介者が伝染を担う

ウイルスは増殖するのに植物を必要とする。しかし，まず植物体内に侵入することが必要である。ウイルス側からみると，これは簡単なことではない。ウイルス自身ではそれを行なうことはできない。ウイルスを運んでくれる媒介者の助けが必要なのである。この媒介者とは，おもに，アブラムシなどの吸汁昆虫や線虫，あるいは土壌中の糸状菌などである。人間も媒介者となることがある。この場合は，接ぎ木，剪定，摘葉などの作業や，

Text: Ep Heuvelink (Wageningen University) and Tijs Kierkels
Images: Groen Agro Control and Harry Stijger

植物の間を無造作に歩くことなどによって，植物が傷害を受けたときにのみ，ウイルスの植物体への侵入が可能となる。作物の管理作業においては，管理する植物個体を変えるごとに，指にスキムミルクを塗ることでウイルスの伝搬は防げる。いくつかのウイルスは花粉で伝染する（訳者注：種子が伝染源となることも知られている）。

伝染が媒介者に依存しているということは，これをウイルスの管理に結び付けることができることの裏返しである。先に植物体内に入ってしまったウイルスを制御することは不可能であると述べたが，媒介者には対処できる。害虫管理や施設の衛生管理によって（作物周辺を人間が歩き回ることを制限することも含めて）ウイルスによる感染は防げる。

今日では天敵などを利用する生物防除が可能であるが，その場合には，昆虫をハウス内に常在させておかねばならない。そのためには，生産者は，ハウス内を完全に殺菌してしまうのではなく，生物的なバランスを保つ必要がある。ウイルスフリーの繁殖体や抵抗性品種の利用も，栽培現場をウイルスから守る方法である。

ウイルスは光合成を阻害する

ウイルスは自身の増殖のために植物を利用する。しかし，それは簡単なことではない。特定のウイルスが，特定の植物の種や属に感染できるだけである。それゆえ，ウイルスの種類はたくさんあっても，トマトやバラ，カランコエなどの個々の植物種には，特定の植物ウイルスしか感染できない。さらに，多くのウイルスは外観上の被害を引き起こさない。

植物は，それ自身のDNAやRNAを増幅させるのと同様に，ウイルスを増幅させる。そのため，ウイルスは植物自身のDNAやRNA増幅や物質生産に一次的な被害を与える。この分のエネルギーは植物生産の損失になる。つまり，大量のウイルスが生産されるために，大量のエネルギーが浪費され，その結果が生産の低下として表われる。

さらに，光合成反応そのものを低下させる。ブドウでは50％もの低下が認められている。ウイルスは，その外皮タンパク質を，本来あるべき場所ではないチラコイド膜に結合させることで，光合成を阻害する。チラコイド膜は葉緑体内の膜構造であり，光合成に必要なタンパク質の担体となっているが，ウイルスのタンパク質は容易にそこに入り込む。そのため，重要な酵素であるルビスコの機能も損なわれ，葉内でのCO_2の輸送が妨げられる。しかし奇妙なことに，ブドウの葉に窒素とリン酸を十分に施用することで，この問題は解決できる。専門の研究者にとっても，この反応は不思議なものである。

自己防衛機構

研究者たちは，よく知られている植物ウイルスであるタバコモザイクウイルス（*Tobacco mosaic virus*）を感染させることによって，葉緑体の劣化が引き起こされることを発見した。葉緑体は常に新陳代謝を必要としているが，ウイルスタンパク質が細胞内に蓄積されると，この新陳代謝が不十分になる。しかし，その詳細はまだよくわかっていない。

このウイルスの特徴は，葉に，黄色と緑色の部分が入り混じるモザイク症状を引き起こすことである。緑色の部分は，ウイルスに抵抗性を示した細胞の集まりである。黄色い部分では葉緑体が攻撃を受けている。研究者たちは，緑色部分があるということが，植物中での感染阻止に何らかの役割を果たしているのではないかと推測している（訳者注：すなわち，緑色部分の細胞はウイルス感染が進んでいない細胞なので，その機作を解明できれば，植物体のウイルス拡大阻止が可能になるのではないか）。これは，ペピーノモザイクウイルスの感染初期のトマトなどで認められる。

ウイルス感染のほかの特徴的な症状として，葉の壊死斑（ネクロシス）形成がある。これは，植物の自己死によるものである。さらなるウイルス感染を防ぐために，葉の一部分が死ぬのである。それにより，ウイルスが移動できなくなる。ウイルスは自力では移動できず，細胞間移行も，維管束系を通しての生長点への移行も，植物体液（師管液や導管液）の流動に頼っているため，感染部位の細胞が死ぬことにより，植物体液が流動しなくなると，ウイルスはほかの細胞や部位に伝播できなくなる。しかし植物のウイルス感知が遅れた場合は，植物体内に広がってしまう。

キュウリモザイクウイルス（Cucumber mosaic virus）の感染によって，糖の師管への輸送が妨げられることが認められている。また，植物の呼吸も増加する。複雑であるが，これは一種のストレス反応であると結論付けられている。

潜在感染ウイルス

これまでみてきたように，ウイルス感染は植物に多大な影響を及ぼす。外観上の症状を示していない植物でも，ウイルス感染によって収量が低下する。たとえば，バラの露地栽培に関するアメリカの研究では，いくつかの異なる種類のバラのモザイク病ウイルスが収量，花の品質，茎長，病害抵抗性に影響を及ぼすことが示されている。しかし実際のところ，生産者たちはこれらのウイルスが植物に害を及ぼしていることに気付いていなかったのである。

茎頂培養された植物がより大きく育つという結果から，潜在感染ウイルスの有害性が明らかになった。植物の先端である茎頂は，通常，ウイルスが移行するよりもわずかに早く生長するため，ウイルスフリーとなる。この先端を試験管内で増殖することにより，完全なウイルスフリー植物が得られる。一般的に，これらの植物はウイルスに感染したものよりも生育が早く，生産量が多い。

まとめと解説

ウイルスは植物の生存に必要な機能を利用して増殖するため，感染後の増殖抑制や発症抑制はできない。そのため，作業資材の消毒や，植物への付傷を防ぐことで，接触感染を避けることが重要である。昆虫や糸状菌などにより媒介されるウイルスでは，媒介生物を防除することによって，ウイルス病の発生を防がねばならない。ウイルスによる被害は，ウイルス増殖によるエネルギー浪費や，細胞内のウイルス増殖部位の機能阻害に起因する。

糸状菌が植物病害のほとんどを引き起こす

植物と糸状菌の間の恒常的な軍事競争

糸状菌は，自身で同化作用を行なえないために，植物に寄生する。糸状菌は，植物に侵入するためのさまざまな方法を発達させた。それに対して，植物も周到な防御を発達させた。植物自身による防御は，生産者たちの助けとなっている。

植物病害の大部分は糸状菌によって引き起こされる。糸状菌と植物の相互作用は絶え間ない軍事競争のようである。植物は防御を発達させ，あるいは育種によってわれわれが植物にそうさせ，糸状菌はその障壁を再び打ち破る。

自己防御機構

無数の糸状菌が巧妙に植物に侵入して養分を吸い尽くしてしまうと考えると，健全な植物が存在していることは奇跡であるともいえるが，植物の防御機構も負けてはいない。

糸状菌は葉緑体を持っておらず，同化作用が行なえないため，ほかの生物にその栄養分を依存している。キノコのような糸状菌は死んだ生物上で生存し，別のあるものは生きている生物に寄生する。両方を行なう糸状菌もいる。その最たる例は灰色かび病菌（*Botrytis cinerea*）であり，多くの

写真1　灰色かび病菌は死んだ生物上でも生存できる。そのため，枯れた葉を取り除くことが重要である。

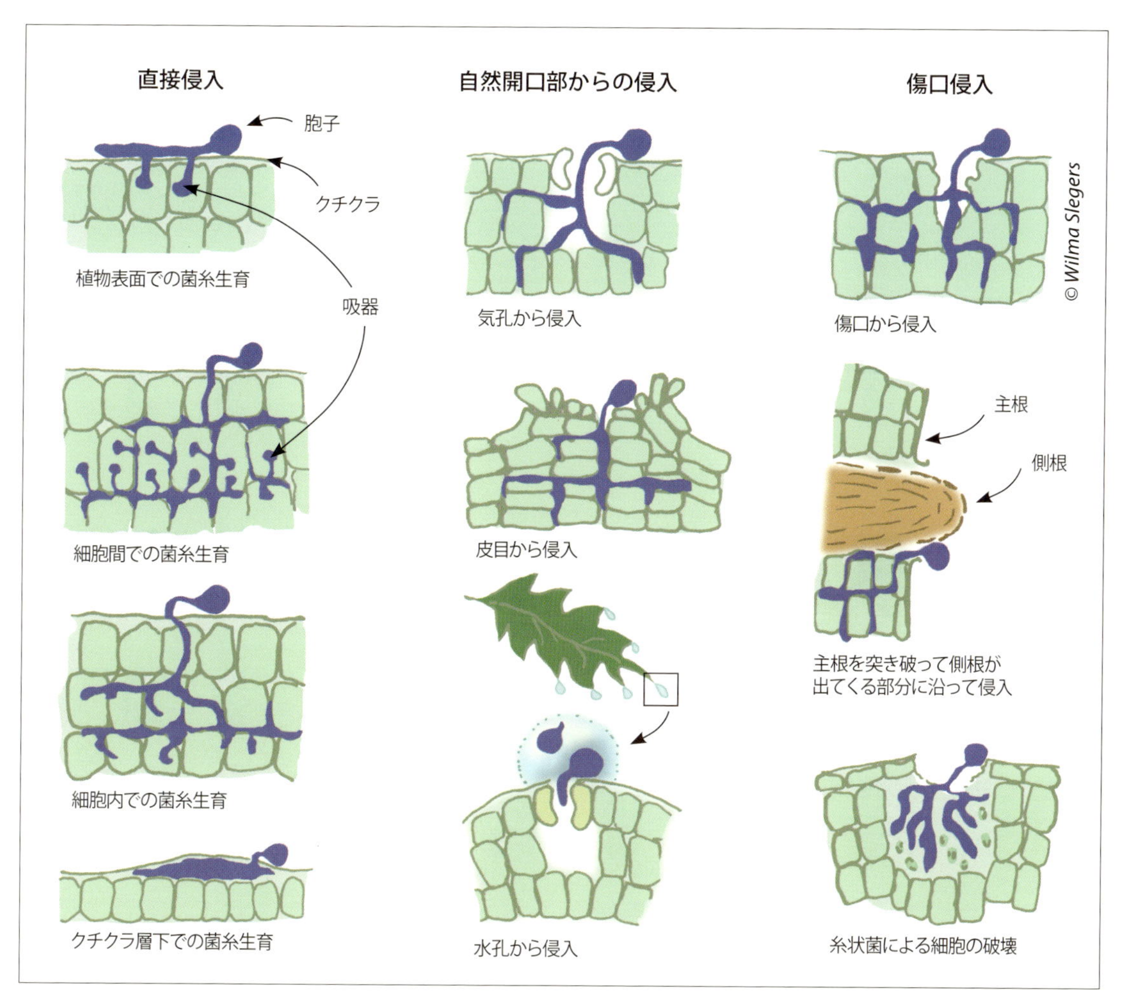

糸状菌は，直接，あるいは自然開口部や傷から植物に侵入する。

図1　糸状菌の侵入様式

作物に被害を及ぼす。

灰色かび病菌が，生きた生物上でも死んだ生物上でも生存できるという事実は，作物栽培施設からの枯れた葉の除去が重要であることの理由となる。そのような糸状菌は，放置された枯れ葉の上などで生存し，作物を再び攻撃する。

糸状菌は炭水化物を探している

通常，糸状菌は，被害を与える前に植物体内に侵入する。しかし例外もある。すすカビは，葉や果実の表面にアブラムシが分泌した排泄物の上で生育し，光合成を妨げ，結果として果実品質を低下させる。

しかし，ほとんどの場合，糸状菌は植物内部に入り込む。弱い寄生者は，植物の傷や開口部などに依存し，気孔，皮目，水孔，主根を突き破って側根が出てくる部分，古くなった子葉などから侵入する（図1）。

灰色かび病菌もこれらの開口部から侵入する。しかし，より攻撃的な寄生者はより有効な武器を持っている。彼らは葉のワックス層であるクチクラを，物理的な圧力と化学物質によって侵すことができる。フザリウムは，クチクラのもっとも重要な成分物質であるクチンを分解する酵素，クチナーゼを分泌する。同時に，糸状菌は，酵素によって弱った部位を貫通できるとがった貫穿糸を形成する。糸状菌は，本当に探しているもの，すなわ

Text: Ep Heuvelink (Wageningen University)
and Tijs Kierkels
Images: Wilma Slegers

ち栄養分となる炭水化物を得るために，細胞内部に入り込む必要があり，そのためには細胞壁を溶かすためのほかの酵素も必要としている。これが，葉緑体を持たず，炭水化物を自分自身で作れないがために，糸状菌が行なっていることの実態である。

いったん細胞内に侵入すると，多くの糸状菌は，必要な養分を吸収するための器官である吸器を形成する。糸状菌は実際には細胞膜には侵入せず，膜を介して養分を吸収することもある。

さまざまな病徴

糸状菌による被害はさまざまである。多くの葉が侵されれば光合成が阻害され，防御層であるクチクラが侵されれば蒸散が抑えられなくなり，植物は大量の水分を失う。根や水輸送系への感染は，しおれを誘発する。

しかし，これらの目に見える症状とは別に，目には見えないことも含めると，より多くのことが起こっている。細胞壁や細胞膜が崩壊すると，植物体内で通常分離されている物質が混ざり合ってしまい，致命傷となる。多くの生体反応が制御できなくなり，これが退色や腐敗病斑として表われる。

植物の自己防衛

しかし，植物はこれらすべてに対して手をこまねいているわけではない。牙や爪によって自衛している。その武器は物理的なものと化学的なものの両方である。糸状菌は発芽時に水を必要とするが，多くの植物では葉が長時間濡れないようにしている。

毛じやワックス層，葉の形も防御のための形態である。厚いワックス層と強固な細胞壁も被害を抑える助けとなる。おそらくケイ素がそれらをより強固なものにしている。もしこれらの障壁によっても糸状菌の侵入を防げない場合には，植物は，糸状菌が養分吸収を行なうための吸器を細胞内で封じ込める。

さらに，植物は強力な化学兵器を持っている。糸状菌が細胞を破壊するために酵素を分泌すると，植物はその酵素を不活性化する物質で応戦する。もし糸状菌が，細胞を殺すための毒素を用いた場合には，植物は毒素を中和する解毒剤を発動する。

まだ十分には解明されてはいないが，植物は，糸状菌を免疫や二次代謝産物で抑えようともしている。これは，植物のストレス反応として作られる硫黄を含む物質によるものである。植物は過敏感反応も示す。すなわち糸状菌の侵入に反応し，植物は非常に迅速に自分自身の細胞のいくつかを自己死させる。これは侵入した糸状菌の菌糸を殺すことになる。

ストレスがより強い防御をもたらす

植物は，糸状菌に対する抵抗性あるいは耐性を持つことが可能である。しかし抵抗性が1遺伝子のみに起因しているなら，糸状菌は非常に迅速にこれに対応することができる。ほんのちょっとした適応によって，再び攻撃できるようになる。すなわち，抵抗性は壊される運命にあるのである。一方，耐性は，複数の遺伝子によるものであり，よりうまく機能しており，植物が侵されても，被害が小さく抑えられる。

これまで述べてきたように，生産者には，糸状菌による被害を小さく抑えるための選択肢がいくつかある。生産者は，まず品種の選択が可能であり，抵抗性や耐性による利益とほかの形質を天秤にかけなければならない。

環境の制御が第二の選択肢としてある。糸状菌は，通常，発芽の際に，高湿度条件や水分を必要とするが，このような条件は制御が可能である。

一般的に，健全で旺盛な生育をしている植物は，糸状菌や特定の弱い病原菌に対して，ある程度の抵抗性を有している。ときにはストレス環境（別の言葉でいうと，不適な環境）が，逆に植物の抵抗性を強める。このような条件では，硫黄を含む二次代謝産物が生成される。この場合，硫黄がもっとも重要な因子であり，ケイ素によってこの代謝が補助されると考えられる。最後に，ハウス内を清浄に保つことなどの衛生管理が非常に重要であることを忘れてはならない。葉の残渣を取り除くことによって，その後に起こりうる多くの問題を防ぐことができるからである。

拮抗菌

拮抗菌についても研究されている。これは病害を起こす糸状菌（ピシウムやフザリウム）の生育を抑える有益な糸状菌である。拮抗菌の多くは，自然界に存在している。しかし，排液や固形培地の消毒が不十分な場合などでは，うまく機能しないことがある。もし糸状菌が100％殺されていなければ，有害な糸状菌の生き残りから，いずれは被害が発生する。そして90％の殺菌では，まったく殺菌されない場合よりも被害が大きくなることすらある。

糸状菌の役割

糸状菌について，病原性を持つという負の側面を述べてきたが，最後に，有用な部分について述べよう。多くの糸状菌は，非常に有益な役割を担っている。たとえば，キノコとして食料を提供するだけでなく，自然界では植物性物質の主たる分解者であり，元素の生物循環の要である。健全な土壌は，有機農業に非常に重要であるが，その活性は，糸状菌が大勢を占める，良好で多様な微生物の混合物に依存している。

まとめと解説

糸状菌は同化作用を行なうことができない。糸状菌のうち，生きた植物を侵して栄養分を得るのが植物病原菌である。糸状菌は植物を侵すために，物理的・化学的なさまざまな機能を獲得し，植物もそれに対するさまざまな抵抗性機構を獲得してきた。しかし，1遺伝子による抵抗性は，病原菌の変異により容易に無効化されてしまう。抵抗性のみに頼らず，適切な環境制御を行ない，ときには抵抗性誘導なども利用して，総合的に糸状菌病害を防ぐことが重要である。

害虫の天敵は植物の信号に反応する

害虫の被害に困った植物は SOSの香りを放出して助けを呼ぶ

害虫の攻撃を受けた作物はSOSの香りを放出する。すると害虫の天敵がその香りに反応し，香りの出た場所に引き寄せられる。園芸学の分野ではこのようなしくみをより利用できるかもしれない。たとえば，育種において一つの足がかりを提供してくれるだろう。それによって，化学薬剤の使用減少や，より効果的で総合的な植物保護が可能となるかもしれない。

植食性昆虫の種類は，植物の種類よりも10倍多い。しかも，それらの個体数はたいてい多い。それゆえ，とくにタンパク質を求めている空腹な虫たちの大群に，作物は常にさらされているといえる。

しかし，合理的な見方をすると，ふつうの虫にとって植物はそれほど魅力的なものではない。植物は毒素（二次代謝物）で満たされ，タンパク質の含有率はあまり高くない。さらに，植物は多数の直接的または間接的な防御メカニズムを発達させてきた。しかし，このような防御をどのように出し抜くかを知る害虫が常に存在するのも事実である。

これは，植物と虫との間で進められている軍拡競争である。多くの虫は，いくつかの植物種の防御機能をうまく不活化することで，これらの作物を利用するようになってきた。たとえばモンシロチョウの幼虫であるアオムシは，キャベツが生産

捕食性カブリダニを用いた選択試験では，カブリダニはハダニの被害を受けた植物に向かって一緒に移動し，未被害の健全植物からは離れる。カブリダニは被害植物が放出するSOS物質に誘引される。

図1　捕食性カブリダニを用いた研究室での試験

写真 1　植物の香りに対する捕食性カブリダニの反応性をテストするためのＹ字型の試験装置（注：オルファクトメーターと呼ばれる）。

する特異的な毒素（カラシ油配糖体）に対して感受性を示さないため，キャベツ上で生存することができるのである。

直接防衛の手段

植物の直接的な防衛メカニズムといえるものは，毒素や消化阻害物質，葉上における厚みのあるクチクラ層や毛じなどである。一方，植物の間接的な防御メカニズムは，「敵の敵は味方」の原理による。つまり，植物は害虫の天敵に対して友好的である。植物の節に見られる毛じは，天敵の隠れ家となる。また，ある種の植物は，天敵昆虫に対して特別な食べ物を作る。さらに，1980年代以降，植物は必要時にSOSの信号を放出することが証明されてきた。害虫のハダニに加害されているキュウリ株は，ハウス内に生息する捕食性天敵（カブリダニ類やカメムシ類）に対して，彼らがどこにいればいいかを教えている。

あなたがどのような香りに注意すべきかを知っていて，害虫の被害を激しく受けた作物の近くを通り過ぎたならば，あなたは実際にその香りを感じることができるだろう。SOS物質の多くはよ

写真 2　植物は自身が害虫から被害を受けた際にSOS信号を出すために，捕食性カブリダニ類は害虫がどこにいるかがわかる。

Text: Ep Heuvelink (Wageningen University)
and Tijs Kierkels
Images: Wilma Slegers

い香りがする。刈りたての草の香りがその一例である。研究者たちは，測定装置を用いて，ある特定の被害やハウス内での被害発生場所を知らせるための早期警報システムの開発を行なっている。

多くの種類の香り

植物の‘香り’は非常に多い。植物は，害虫に応じて，ある特異的な警報物質を‘香り’として放出する。それらは，たとえば，テルペンや脂肪酸誘導体のグループに含まれる化学物質である。

一般に，特異的なSOS物質は，単純な機械的損傷の場合には植物から放出されない。特異的なSOS物質は，ある特定の害虫による食害に反応して放出されるのである。植物は自身が損傷を受けたことではなく，害虫に食害を受けたことが「わかる」のである。植物は害虫が出す唾液や消化液に反応する。たとえばアブラムシ類は，師部（師管）に向かって植物細胞間に口針を突き刺す際に唾液を注入する。これは実際には二つのタイプの唾液がある。第1のタイプは潤滑剤として機能し，第2のタイプは植物が直ちに師管を閉ざすのを妨げる。

唾液の認識は，植物細胞内の連続的な化学反応を始動させる。これは最終的にはジャスモン酸の生産という結果に行き着く。この植物ホルモンは，いくつかの遺伝子のスイッチを入れる。これが，害虫を引き寄せないための毒素や消化阻害物質の生産，さらにはSOS物質の生産に通じる。これらのSOS物質は揮発成分であり，葉の気孔から放出される。その濃度は，放出した植物に近いほど高い。捕食性昆虫は，高い濃度のSOS物質に対して，飛来または歩行移入して被害場所を見つけ，好物である餌（害虫）を見つける。植物は害虫ごとに特異的な香りを放出するため，それぞれに相応しい天敵が現われる。

捕食性のカブリダニやカメムシは，害虫個体群がいなくなるまで捕食行動を行なう。その後すぐに，香りの生産は減少する。一方，寄生蜂は，植物を加害中の害虫の体内に産卵することから，害虫個体群の減少や香り生産の減少までの期間は若干長くなる。そのため，ダメージの減少までの時間が長くなる。

高められた準備状態

ところで，反応するのは天敵だけではない。害虫もまた植物の香りに反応する。そして，彼ら害虫の反応はさまざまである。いくつかの害虫は，危険なその信号を避ける。なぜなら，その植物はすでに食べられていて，天敵に出会う恐れもあるからである。ほかの害虫たちは，実際に誘引されるものの，付近のほかの植物に向かって進む。

しかしながら，付近のほかの植物もまたSOSの香りに気付いている。その結果，彼ら植物は，害虫に対して事前準備を高めた状態となる。そのため，付近のほかの植物が食害を受け始めると，一連の防御反応が通常よりも早く進む。彼らは，毒物質や捕食性昆虫類を誘引する物質をずっと早く生産する。

自然の働きを強める

このような知識は園芸学の分野にいくつかの見方を提供してくれる。ワーヘニンゲンURにある昆虫学研究室で実施された一部の研究は，実際への応用に焦点を当てている。研究の結果から，栽培で植物自身の防御機能を利用することは可能であるとみられる。しかし，同じ種類の植物であっても，助けを大声で呼ぶものや，大変小さな声で呼ぶものがいるようである（図1）。

最近まで，このような点について育種の観点から注意が向けられることはなかった。育種家らは植物の抵抗性には確かに注意を払うが，植物が自然の援軍（注：害虫を攻撃するために誘引する天敵類のこと）を動員できる程度については注意を払わなかった。たとえば，キュウリ栽培のハウス1棟を持っていて，それらのキュウリが害虫にいつ攻撃されたのかを明確に示してくれるのであれば，捕食性のカブリダニ類やカメムシ類，寄生蜂，タマバエ類などのすべての天敵類の放飼がより効果的になる。弱い救助信号で騒ぎ出し，放浪せずに被害を受けた場所に一直線に移動できる。

実際，このようにして，作物に関するいくつかの問題を解決して多くの収量を上げることができる。自然の働きの一つを強化することで，植物保護のための化学薬剤の利用をさらに削減することも可能である。

ジャスモン酸の散布

育種家や天敵供給業者，植物生理学の研究室などを含むプロジェクトの中で，ワーヘニンゲンURの昆虫学研究室では新たな可能性を探索中である。植物の防御応答に関する適切な遺伝子の選別は，新たな可能性を探索する過程を加速させるはずであるが，より強いSOS信号を出し，天敵をより効果的に誘引する植物を発見するといった結果が出るまでには，10年近くの期間を要することになると思われる。

そのステージに達する前の段階として，植物の応答を強化するもう一つの方法がある。それはごく微量のジャスモン酸を植物に散布することである。こうすることで，害虫に対する植物の事前準備の状態を高めることができる。この方法は植物の免疫システムを強化するワクチンの類いとしてとらえられる。この方法は，防除困難な害虫に対して非常事態的に使用する場合，あるいは援軍の全部を動員する必要がある場合の手段の一つとなるかもしれない。問題は，ジャスモン酸が極めて高価であることである。

まとめと解説

害虫の被害を受けた植物がさまざまな防御応答を示すことは，国内外の研究で知られている。SOS物質の放出と天敵誘引を介した間接的な防御応答については，基礎研究レベルではさまざまな知見が集積されているが，応用研究については少ないのが現状である。一方，化学薬剤に依存した害虫防除は，抵抗性の発達などで一層困難な状況にあることから，天敵の働きを高めるための技術の一つとして，SOS物質の応用が期待される。

収穫後の品質：すでに持っている状態を持続させる

店持ちをよくする基本は栽培管理である

店頭で自分の生産物を見た生産者が，ため息をつく。外観上は完璧な条件でハウスから出荷した生産物の品質が，店頭で大きく低下してしまう場合である。収穫後の品質保持には技術を要する。しかし，生産ハウスでできることはたくさんある。重要なポイントは，①生産物の水分バランスが適正か，②生産物への菌混入が予防されているか，そして③生産物の成熟が制御されているか，である。いずれにせよ，よい品質の基礎は栽培管理で決まっている。

写真1　バラの首曲がり（写真）やガーベラの茎曲がり，葉のしおれなどは，いずれも植物体の水分バランスに関係した問題である。栽培法は，この問題の程度と強くかかわっている。

生産物の収穫とは，たいていの場合，もととなる植物体から収穫物を切り離すことである。その結果として，水と同化産物は供給されなくなる。これは生産物に幾多の困難な状況をもたらす。たとえば，花の場合，水が十分に供給されていれば，多くの光が降り注ぐ暑いハウス内でも問題ないが，収穫されて花瓶に生けられると，すぐに花首が曲がってしまう。これは，暑いハウス内で生育した植物は過蒸散になりやすいから起こることである。品質保持の観点から着目すべきポイントである。

収穫後はもはや生産物の品質を向上させることはできない。つまり大切なことは「すでに持っている状態を持続させる（現状維持）」ことである。

写真2 キュウリがより短い期間で目標の大きさまで達したら，その果実は生理的に若く，葉が黄化するリスクは小さくなる。

だいたいにおいて，ハウスでの生産管理法が収穫物の品質の基礎となるといえる。さらに老化や蒸散を抑えるさまざまな方法があるので，それらについてみてみよう。

品質は難しい概念である

顧客を満足させ続けるためには，品質と店持ちをベストにしなければならない。しかし，品質というのは難しい概念である。品質にはまず,外観,形，みずみずしさ（含水率），糖や酸含量など，測定可能な要素がある。他方，品質評価では，測定はしにくいが感性も重要な要素となる。

ドイツのスーパーマーケットで，同じトマトに違うラベルを貼って販売するというテストをした例がある。テストの結果では，ラベルが「ドイツの畑で育てたトマト」と表示してあると，同じトマトを「オランダやイタリア産」と表示したときより高い評価を与えた。「ドイツ産有機栽培トマト」という表示があるとないとでは，この違いはさらに大きくなった。ラベルのないトマトは試験に供したトマトの中で最低の評価となり（これらはすべて同じトマトであることを忘れないでいただきたい），ラベルのあるものがもっとも味がよいとされた。

収穫後の品質や店持ちのよさには，品種の選択は必須である。これは「オランダトマトは水っぽい」という，1990年代の負のイメージから逃れたいオランダのトマト生産者がとった最初のステップであった。品質に関しては，生産法も重要な役割を果たした。それまでは，品質を犠牲にして生産量を重視していたのは明らかである。トマトは，もし糖レベルを高くすれば味はよくなる。しかし，それは乾物率を高くすることを意味しており，水っぽさは低減するが，収量も減ることを意味する。この原理はすべての果菜類に当てはまる。

生理的時間経過

果菜類についてのもう一つの重要な概念は，収穫物の生理的時間経過である。これは，ダイコンを考えるとわかりやすい。通常栽培ではダイコンは根が肥大する。そして抽台すると,ダイコン（根の部分）は空になるまでその内容成分は花のほうに吸い尽くされ，最終的にはスポンジ状（すが入る状態）になる。すかすかのダイコンを好んで買い求める人はいない。そのため，植物が開花ステージに達しないようにしなければならない。もしダイコンが早く望みの直径まで肥大すれば，それは生理的にまだ若いから，収穫物にすが入る可能性は小さくなる。もし望みの太さまで肥大するのにより時間がかかれば，開花期に近くなる。つまり生理的に老いていることになる。

キュウリでも同じことである。仮に果実が少ない時間で収穫サイズに達するなら，生理的に若く，黄化する危険性は小さくなる。早く生育させるには，①株当たりの果実数を少なく維持する，②茎数を少なくする，③より多くの光照射でより多くの光合成を達成することである。逆に，キュウリでは，生産者が若すぎる果実を収穫してしまうと，首が弱いキュウリになるという別の問題が発生する。

水分バランスの維持

水分バランスを維持することは，切り花の店持ち（花持ち）にとって重要である。バラの首曲がり（写真1）やガーベラの茎曲がり，葉のしおれなどはいずれも，植物体の水分バランスに関連した問題である。切り花は吸収できるより多くの水を蒸散する。吸水量が少ない原因は，木部導管のバクテリアであるかもしれないが，一般には導管内の空気が原因である。栽培法はこの問題に大きな影響を持っている。つまり，キクは，多くの小さい木部導管からなれば，導管が大きいものより簡単に導管から空気を取り除く（気泡による導管の詰まりを防ぐ）ことができる。導管の大きさは，部分的には品種にもよるが，旺盛な生育でも大きくなる。このため，ハウスで生育を早めすぎた場合，花持ちは悪くなる。

また，もしバラを常に高湿度環境で栽培すると，気孔が‘怠け’出す（つまり開閉反応が鈍くなる）。いくつかの品種では，相対湿度85％でこのような現象が起こっている。これはハウス内（生産現場）では問題にはならないが，このような条件で生育させたバラを花瓶に生ければ，常に気孔が開いているため，蒸散過多になる。その結果，バラはすぐにしおれてしまう。‘怠けた気孔’を収穫後に再び適切に機能するように訓練することが可能であるかを確認する研究が行なわれている。

灰色かび病の防除

収穫物のもう一つの問題は，カビが生えることである。灰色かび病は，バラを栽培しているハウスにはだいたい常に存在している。したがって，収穫後に生産物上で真菌胞子の発芽を防ぐことは課題となる。胞子が発芽するには高湿度（相対湿度93％以上）の持続か，結露のような自由水が必要である。これはバラを寒い貯蔵所に置いたときなどに発生する可能性がある。それゆえ，貯蔵温度は，生産物の蒸散を抑制する適温より若干高くするほうがよい。たとえば，10℃の代わりに4℃というような低温には置かないことである。そうすれば，寒い貯蔵庫から取り出すようなときでも，結露の発生を減らすことができるのである。

ホウレンソウのような葉菜類でも，水分は菌を増殖させる。しかし，葉菜類の店持ちの悪化は，大部分が水分バランスの悪化や成熟（葉の黄化）が進んだ結果である。

アンチエイジング（老化防止）

蒸散と給水のバランス（水収支）を維持することのほかに，店持ちを保証するもっとも重要な方法は老化に対抗することである。老化（成熟）は，植物ホルモンが重要な役割を果たしている生理的過程の相互作用である。これに関しては，エチレンはもっともよく知られているものの一つである。果実にとってエチレンは熟す（成熟の一形態）のに必要であるが，花にとってはエチレンはしばしば致命的となる。つまり急速に成熟・老化させるからである。

切り花は，チオ硫酸銀の利用により，エチレンから保護することができる。たとえば，スマートフレッシュ（注：商品名，日本での適用はリンゴ，ナシ，カキのみ）としてよく知られている1-MCPなどが食品用に存在する。

原則として，生産物の保管は低温で行なう。これは蒸散や老化を遅延させ，結果として店持ちを延長できる。しかし，トマトやパプリカのような

（亜）熱帯起源の生産物の中には低温に耐えられないものもある。これらは，低温に置くと細胞膜が損傷を受け，細胞が漏出し始める。低温で，細胞膜は半液体から半結晶性に変化し，それによって膜が破損する。このような現象が起きる温度は作物の種や品種によって異なり，低温障害に対する感受性の違いとなって現われる。

あちらを立てればこちらが立たず（利益の対立）

流通業界と消費者の間の利益は相反する。これは，どの程度の熟度あるいは若さで収穫すべきかという問いに帰結する。家庭菜園のイチゴは，たいてい店で買ったものよりおいしい。これは第一に，家庭菜園ではできるだけ熟してから収穫しているのと，たいてい収穫してすぐ食べているからである。植物は常に果実に糖を蓄積する。しかし，よく熟した果実は輸送が難しく，店持ちも悪い。そのため流通業者は未熟な生産物を収穫したい。消費者に受け入れられる食味で収穫する時期を選択することは大切な技術である。食味の悪さへの批判の結果，トマトは以前より熟してから収穫されるようになった。また，切り花の場合でも問題は同様である。

まとめと解説

収穫後生理は，それ自体が主題である専門書もあるぐらい多岐にわたり，経営上極めて重要なポイントである。しかし，管理の原則はシンプルで，①収穫物の水分バランスの維持，②菌の混入の防止・低減，そして，③生産物を早く熟させないことである。そしてとても大切なのは，このような状況を達成するための基礎は，栽培期間中に築かれるということである。つまり，栽培管理の履歴が，品質や店持ちに大きく影響することを肝に銘じるべきである。

監訳・翻訳・日本語版のための解説者（所属は執筆時）

［監訳］

中野明正（農研機構　野菜花き研究部門）
池田英男（大阪府立大学名誉教授）

［翻訳］

第１章　植物の機能

細胞……………………………………………………… 鈴木克己（静岡大学）
DNA ……………………………………………………… 鈴木克己（静岡大学）
光合成…………………………………………………… 鈴木克己（静岡大学）
CAM 植物 ……………………………………………… 鈴木克己（静岡大学）
パプリカのシンクとソース………………………… 東出忠桐（農研機構　野菜花き研究部門）
光合成産物の分配…………………………………… 東出忠桐（農研機構　野菜花き研究部門）
呼吸……………………………………………………… 東出忠桐（農研機構　野菜花き研究部門）
ホルモン………………………………………………… 榊原　均（理化学研究所）
蒸散……………………………………………………… 河崎　靖（農研機構　野菜花き研究部門）
気孔……………………………………………………… 河崎　靖（農研機構　野菜花き研究部門）
糖輸送…………………………………………………… 河崎　靖（農研機構　野菜花き研究部門）
生物体内時計………………………………………… 福田直子（農研機構　野菜花き研究部門）
最適葉面積……………………………………………… 斎藤岳士（農研機構　野菜花き研究部門）
潜在的な収量…………………………………………… 斎藤岳士（農研機構　野菜花き研究部門）
品質管理………………………………………………… 斎藤岳士（農研機構　野菜花き研究部門）
種子生理………………………………………………… 牛島弘貴（愛三種苗（株））
繁殖……………………………………………………… 牛島弘貴（愛三種苗（株））
台木……………………………………………………… 牛島弘貴（愛三種苗（株））
根………………………………………………………… 望月佑哉（農研機構　野菜花き研究部門）
分枝……………………………………………………… 榊原　均（理化学研究所）
開花生理………………………………………………… 福田直子（農研機構　野菜花き研究部門）
単為結果………………………………………………… 松尾　哲（農研機構　野菜花き研究部門）
植物の移動……………………………………………… 太田智彦（農研機構　野菜花き研究部門）

第 2 章　植物の環境反応

光……米田　正（昭和電工（株））
光質……米田　正（昭和電工（株））
光進入……東出忠桐（農研機構　野菜花き研究部門）
温度……河崎　靖（農研機構　野菜花き研究部門）
積算温度……河崎　靖（農研機構　野菜花き研究部門）
コンパクトな鉢花……福田直子（農研機構　野菜花き研究部門）
温度感受性……岩崎泰永（農研機構　野菜花き研究部門）
CO_2……岩崎泰永（農研機構　野菜花き研究部門）
根圏環境……望月佑哉（農研機構　野菜花き研究部門）
次世代型栽培……中野明正（農研機構　野菜花き研究部門）
省エネルギー……安　東赫（農研機構　野菜花き研究部門）
蒸散の抑制……安　東赫（農研機構　野菜花き研究部門）
オランダにおける秋の生産低下……安　東赫（農研機構　野菜花き研究部門）
〈日本語版のための解説その 1〉……斉藤　章（(株) 誠和。）

第 3 章　養分の役割

EC……梅田大樹（農研機構　野菜花き研究部門）
健全な根……梅田大樹（農研機構　野菜花き研究部門）
窒素……梅田大樹（農研機構　野菜花き研究部門）
リン……礒崎真英（三重県農業研究所）
カリウム……礒崎真英（三重県農業研究所）
カルシウム……礒崎真英（三重県農業研究所）
カルシウムの分配……中野明正（農研機構　野菜花き研究部門）
マグネシウム……中野明正（農研機構　野菜花き研究部門）
硫黄……中野明正（農研機構　野菜花き研究部門）
ケイ素……中野明正（農研機構　野菜花き研究部門）
鉄……中野明正（農研機構　野菜花き研究部門）
〈日本語版のための解説その 2〉……池田英男（大阪府立大学名誉教授）

第 4 章　植物の防御と生産物の品質

ウイルス……窪田昌春（農研機構　野菜花き研究部門）
糸状菌……窪田昌春（農研機構　野菜花き研究部門）
SOS の香り……下田武志（農研機構　中央農業研究センター）
収穫後の品質……斎藤岳士（農研機構　野菜花き研究部門）

著者

エペ・フゥーヴェリンク（Ep Heuvelink）
オランダ・ワーヘニンゲン大学・准教授

タイス・キールケルス（Tijs Kierkels）
ジャーナリスト

オランダ最新研究
環境制御のための植物生理

2017年3月20日　第1刷発行
2023年4月5日　第5刷発行

著　者　エペ・フゥーヴェリンク
　　　　タイス・キールケルス
監訳者　中野明正・池田英男 他

発行所　一般社団法人 農山漁村文化協会
〒335-0022　埼玉県戸田市上戸田2-2-2
電話　048(233)9351(営業)　048(233)9355(編集)
FAX　048(299)2812　振替　00120-3-144478
URL　https://www.ruralnet.or.jp/

ISBN978-4-540-16119-3　DTP製作／㈱農文協プロダクション
〈検印廃止〉　印刷・製本／凸版印刷(株)